Roloff | Alt wie Methusalem – Eine Reise zu den Jahrhundert-Bäumen Deutschlands

Andreas Roloff

in Zusammenarbeit mit der
Deutschen Dendrologischen Gesellschaft

Alt wie Methusalem

Eine Reise zu den Jahrhundert-Bäumen Deutschlands

50 Nationalerbe-Bäume im Porträt

Quelle & Meyer Verlag, Wiebelsheim

Die Angaben in diesem Buch sind vom Autor und dem Verlag sorgfältig erwogen und geprüft, dennoch kann keine Garantie übernommen werden. Eine Haftung des Autors bzw. des Verlags und seiner Beauftragten für Personen-, Sach- und Vermögensschäden ist ausgeschlossen.

Bibliografische Information der Deutschen Nationalbibliothek
Die Deutsche Nationalbibliothek verzeichnet diese Publikation in der Deutschen Nationalbibliografie; detaillierte bibliografische Daten sind im Internet über http://dnb.d-nb.de abrufbar.

www.quelle-meyer.de

Umschlagabbildungen: Andreas Roloff
Druck und Verarbeitung: Belvédère Print & Packaging b.v.
Printed in Europe/Imprimé en Europe
ISBN 978-3-494-02272-7

Inhaltsverzeichnis

Intro

Dieses Buch handelt von einem Wunder: Es gab 2018 eine Idee, mehr alte Bäume zu schützen – ihren unschätzbaren Wert zu verdeutlichen, ihre unwiederbringlichen Potentiale bewusst(er) zu machen, wenn ein solcher Baum verloren geht. Und diese Vision hat geklappt und wird Realität – das wäre nicht möglich geworden ohne die finanzielle Förderung der Eva Mayr-Stihl Stiftung (Waiblingen), die Umsetzung über die Deutsche Dendrologische Gesellschaft e. V. (DDG) mit ihrem Kuratorium Nationalerbe-Bäume und die Unterstützung des Bundesumweltministeriums – DANKE!

Nun sind es bereits 50 Nationalerbe-Bäume geworden. Relativ gleichmäßig über Deutschland verteilt, damit es von einem dieser Bäume zum nächsten nirgends mehr als 100 km Distanz gibt und man mehrere dieser Uraltbäume in kurzer Zeit aufsuchen kann. Oft stehen sie allerdings nicht an einer Bushaltestelle oder an einem Bahnhof, so dass man sich für das letzte Stück Weg dann gegebenenfalls etwas einfallen lassen muss. Aber dann wird man belohnt und zehrt vermutlich Tage davon, wenn nicht sogar (viel) länger.

Alte Bäume lassen niemanden kalt: Wenn man so einen Methusalem das erste Mal aufsucht und sieht, das wirken lässt, sich Zeit nimmt. Wenn man sich dabei vorstellt, was solch ein alter Baum schon alles erlebt hat, ohne weglaufen zu können. Und wie er sich Jahrhunderte lang erfolgreich angepasst hat. Davon können auch wir Menschen etwas lernen: nicht wegzulaufen, sondern etwas auszuhalten, neue Varianten der Anpassung auszuprobieren, sie zu testen und dann zu optimieren. Zunächst ist bei Bäumen alles auf Wachstum und Größerwerden ausgerichtet, um der Sonne entgegenzuwachsen oder aus dem Schatten anderer Bäume heraus und sich im Boden zu verwurzeln. Dann irgendwann wird deutlich: mehr bzw. größer muss nicht sein. Die einzig realistische Variante ist dann, sich zu bescheiden und zu nutzen, was geklappt hat. Es mit anderen zu teilen.

Wir können so viel lernen von alten Bäumen. Und sie zu unseren Freunden machen. Viele von ihnen haben schon 20 und mehr, manche sogar 50 Menschengenerationen kommen und gehen gesehen, und sind gelassen geblieben bei dem, was sie alles erlebt haben … Genießen wir es, dass es sie gibt und bewahren sie für unsere Nachkommen!

Andreas Roloff – in Dankbarkeit Oktober 2025

Der Autor:
Prof. Dr. Andreas Roloff
Seniorprofessur für Baumbiologie an der TU Dresden
Leiter des Deutschen Baum-Institutes e.V.
Pienner Str. 7, in 01737 Tharandt
E-Mail: andreas.roloff@tu-dresden.de

gemeinsam mit der Deutschen Dendrologischen Gesellschaft e. V.
(s. Folgeseite und S. 83)

Vorwort

Das Projekt Nationalerbe-Bäume innerhalb der Deutschen Dendrologischen Gesellschaft (DDG) geht auf eine Initiative von Prof. Dr. Andreas Roloff, TU Dresden/Tharandt, zurück. Die Zeit war reif, eine Initiative zum Schutz alter Bäume zu ergreifen, welche bundesweit 100 bemerkenswerte Bäume auszeichnen soll. Diese 100 Bäume sollen stellvertretend dafür stehen, dass der Erhalt und die Pflege alter Bäume eine wichtige Aufgabe für uns alle ist. Mit der Auszeichnung ist eine Begutachtung des Baumzustandes verbunden sowie ggf. die Entwicklung eines Pflegekonzeptes und anstehende Baumpflegemaßnahmen. Durch die Eva Mayr-Stihl Stiftung wird das Projekt finanziell gefördert.

Erst im Herbst 2019 gestartet, ist nun im Juli 2025 mit der Ausrufung des 50. Nationalerbe-Baumes ein großer Meilenstein auf dem Weg zur gleichmäßigen Abdeckung aller deutschen Regionen erreicht worden. Zu diesem bemerkenswerten Jubiläum erscheint dieses Buch. Alle bisher ausgerufenen Bäume werden ausführlich dargestellt und für 6 Regionen Deutschlands zusammengeführt (NW, NO, MW, MO, SW, SO), so dass man damit interessante Baumreisen in einer Region konzipieren kann. Die Ausrufungen werden von der Presse und den Medien begleitet und erzeugen deutschlandweit eine beachtliche Resonanz. Dies zeigt, dass unser Anliegen, auf bemerkenswerte Bäume aufmerksam zu machen und ein Bewusstsein für ihren Schutz zu schaffen, große Aufmerksamkeit erzeugt.

Über die Webseite www.nationalerbe-baeume.de werden Sie über den weiteren Fortgang des Projektes informiert. Über diese Webseite können auch weitere Baum-Kandidaten vorschlagen werden. Die erfolgende Auswahl nimmt ein Kuratorium vor, welches sich aus Fachleuten der DDG und einer Vertreterin der fördernden Stiftung zusammensetzt.

Die Initiative Nationalerbe-Bäume ist also erfolgreich! Wir hoffen auf noch weiter zunehmende Aufmerksamkeit für dieses Projekt, zum Wohle und Schutz der alten, bemerkenswerten Bäume in Deutschland.

Eike Jablonski,
Präsident der Deutschen Dendrologischen Gesellschaft (DDG) e. V.
3. Juli 2025

Teil I

1. Was ist interessant und wichtig zur Gestalt von alten Bäumen?

1.1 Einführung

Ältere Bäume geraten zunehmend in den Fokus, weil es immer weniger davon gibt und das Bewusstsein für ihren biologischen, ökologischen, kulturellen und mentalen Wert zunimmt. Aufgrund dessen ist es auch angemessen, dass sie neben mehr Wertschätzung und Aufmerksamkeit auch mehr finanziellen Aufwand erhalten. Damit haben es Kommunen, Privateigentümer und Naturschutzvertreter allerdings oft schwer und müssen diesen Aufwand rechtfertigen. Um den Wert alter oder besonderer Bäume zu würdigen, haben sich in den letzten Jahren neue Begriffe etabliert wie „starke" und „Charakterbäume" sowie diese Initiative der Nationalerbe-Bäume.

Im Folgenden werden die drei Begriffe erläutert, ihre Bedeutung an Beispielsbäumen veranschaulicht und die Initiative Nationalerbe-Bäume vorgestellt: Seit Oktober 2019 werden vom Kuratorium Nationalerbe-Bäume der Deutschen Dendrologischen Gesellschaft e.V. (DDG) besonders wertvolle alte Bäume zu Nationalerbe-Bäumen ausgerufen. Diese sollen aus Sondermitteln gepflegt und geschützt werden, so dass sie in Würde altern und zu Uraltbäumen werden können. Von solchen Bäumen gibt es viel zu wenige in Deutschland. Die ersten 3 Ausrufungen fanden im Herbst 2019 statt und wurden in den Medien deutschlandweit intensiv kommuniziert (www.nationalerbe-baeume.de), inzwischen sind es 50 Bäume geworden – ein bewegendes Jubiläum.

1.2 Starke Bäume

Der Begriff „stark" macht deutlich, dass es sich um größere oder dickere Bäume handelt, jedoch ist der Fokus dabei nicht primär auf Champion Trees gerichtet (Rekordbäume: die höchsten oder dicksten einer Baumart, eines Bundeslandes oder Deutschlands, www.championtrees.de). Wenn man mit dem Suchblick nach starken Bäumen durch's Land fährt oder wandert, fallen viele Bäume auf, die bisher „in der 2. Reihe" standen (Abb. 1.1), unbemerkter und nicht so bekannt sind wie viele Champion Trees. Gerade etliche dieser „kleineren Brüder/Schwestern" stellen besonders interessante und schöne Exemplare dar (ROLOFF 2020b). Der Begriff „stark" bezieht sich dabei vor allem auf die Wirkung dieser Bäume: sie soll stark sein. Dabei darf und kann es sich durchaus um das subjektive Empfinden und Erleben des jeweiligen Betrachters handeln – wie bei Kunstwerken muss nicht jeder diese Wirkung genauso empfinden. Die mehrdeutige Interpretation des Begriffes „stark" ist also beabsichtigt und soll auf besonders interessante, schöne oder eindrucksvolle Bäume hindeuten. So kann auch ein 420-jähriger Buchsbaum mit nur 80 cm Stammumfang ein starker Baum sein.

Stark in der Wirkung, die das Besondere betont, kann ein Baum z. B. sein durch:

- sein Alleinwachsen als Solitär,
- Mehrstämmigkeit,
- ein hohes Alter,
- einen besonders dicken Stamm,
- eine besonders beeindruckende Erscheinungsform,
- einen mythologischen/magischen Ort.

Eindrucksvolle Beispiele werden in den Abbildungen 1.2 bis 1.4 vorgestellt.

1.3 Charakterbäume

Für einen Teil dieser starken Bäume trifft sicher auch der Begriff Charakterbaum zu: Als solche werden seit einiger Zeit markante Einzelbäume bezeichnet, die besondere individuelle Merkma-

Abb. 1.1: Starker Baum aus der „2. Reihe“, eine Fahl-Weide mit einem Stammumfang über 6 m (an der „Taille“).

Abb. 1.2: Eur. Lärche in Seiffen/Erzgebirge (SN), ein starker Baum mit gebogenem „Feng Shui“-Stamm.

Abb. 1.3: Esche am Schloss Solitude/Stuttgart (BW): starker Baum durch mächtigen Stammanlauf und Riesenkrone.

Abb. 1.4: Robinie im Schlosshof Strehla (SN): starker Baum durch den sehr dicken schiefen Stamm und ihr hohes Alter

le aufweisen (Roloff 2017, Hartig & Roloff 2019), z. B.:

- Asymmetrie der Krone,
- schiefer oder gebogener Stamm,
- „Defekte“ wie Stammrisse, -beulen oder -löcher, Zwiesel, Totäste,
- besondere Rindenstrukturen,
- Symptome der Lebensgeschichte.

Danach suchen viele Baumliebhaber in letzter Zeit zunehmend (berichten auch die Baumschulen), und daran merken wir eindrucksvoll einen interessanten Wandel in der Wahrnehmung und Vorliebe bei Baumfreunden, der eigentlich gut nachvollziehbar ist und in die jetzige Zeit passt: Nicht mehr ein gerader astfreier Stamm ist wichtig – wie in der Forstwirtschaft aus verständlichen Gründen für die Holznutzung –, sondern zunehmend die Ästhetik, oft sogar das Künstlerische. Bäume erhalten immer stärker auch mentale Bedeutung für das Wohlbefinden (z. B. durch Erleben der Jahreszeiten, Farb- und Formenvielfalt, Geruch der Blüten oder des Herbstlaubes) und für die Gesundheit (Luftqualität, Kühlung/Beschattung, Farbe grün) und werden in der Stadt daher immer mehr auch nach ihrer Wirkung beurteilt. Diese nimmt natürlich meist mit dem Alter und den Stammdimensionen immer weiter zu. Tote Äste sind dann nicht mehr nur negativ für die Holzqualität, kritisch für die Vitalität oder gefährlich für die Verkehrssicherheit, sondern erhalten auch positive Bedeutung durch ihre Wirkung für die Baumästhetik: Capar David Friedrich „Der einsame Baum“ (Abb. 1.5).

Diese verbreitete umfassendere Bewertung von Bäumen wird auch bei der Ausrufung vom Baum des Jahres und der wachsenden Beliebtheit von Haus- oder Familienbäumen deutlich. Genau all diese Ansprüche erfüllen Charakterbäume in hohem Maße. Beispiele solcher Charakterbäume

Abb. 1.5: „Der einsame Baum“ (Caspar David Friedrich 1822, Alte Nationalgalerie Berlin): starker Charakterbaum einer Alteiche mit vermutlich durch Blitzeinschlag abgestorbener Kronenspitze – dieser Baum würde viele Punkte bei einer Bewertung erhalten

werden in den Abbildungen 1.5 bis 1.7 vorgestellt.

Um die Charakterstärke und den ästhetischen, biologischen und ökologischen „Wert“ alter Bäume ermitteln zu können, wurden in einer umfassenden Untersuchung an 30, mindestens 300 Jahre alten Bäumen zwei Aufnahmebögen für alte Bäume entwickelt (RIEDENKLAU 2020, 2022, RIEDENKLAU & ROLOFF 2022, ROLOFF 2020b, Tab. 1). Die im Rahmen der Masterarbeit aufgenommenen Bäume verteilen sich auf 7 verschiedene Bundesländer Deutschlands, die entwickelten Erfassungsbögen sind an 7 Eiben (*Taxus baccata*), 8 Eichen (*Quercus robur, Qu. petraea*) und 15 Linden (*Tilia platyphyllos, T. cordata*) erprobt worden.

Auffallend sind die Unterschiede der Gesamtpunktzahlen zwischen den untersuchten Gattungen: Die Linden erhielten im Durchschnitt 55 Punkte, die Eichen 47,7 und die Eiben 38 Punkte. Die Eichen und Linden erhalten somit deutlich mehr Punkte als die untersuchten Eiben. Ihre großen Dimensionen, hohlen Stämme, Stammöffnungen und ausladenden Kronen sind charakteristisch für alte Bäume vieler Laubbaum-Gattungen (Abb. 1.5). Genau diese besonderen Ausprägungen führen zu höheren durchschnittlichen Gesamtpunktzahlen. Die beschriebenen Charakteristika entwickeln Eiben nicht oder nur in begrenztem Ausmaß, folglich fallen hier die Gesamtpunktzahlen deutlich niedriger aus. Zudem ist ihr Stamm durch Austriebe oder herabhängende, noch dazu immergrüne Zweige der Krone meist nicht zu sehen, was die Baumwirkung deutlich verringert und zur Vergabe von weniger Punkten führt.

Damit steht eine Methode zur Verfügung, um die besonderen Charakteristika der älteren Bäume wissenschaftlich zu erfassen und zu bewerten, hervorzuheben und bewusster zu ma-

Abb. 1.6: Wild-Apfel bei Glashütte (SN): ein Charakterbaum durch seinen hohlen Stamm und geneigten Habitus

Tab. 1: Aufnahmebogen zur Schnellerfassung und Bewertung starker, sehr alter Bäume ab 300–400 J. zur Einschätzung ihres Wertes für Ästhetik und Ökologie (Zahlen in Klammern: Punkte; Riedenklau & Roloff 2020)

Schnellerfassung

Erfassungs- und Bewertungsbogen für alte Bäume zur Beurteilung ihres ästhetischen, ökologischen und kulturellen Wertes

Benötigte Bewertungszeit: ca. 10 Minuten
Benötigte Messgeräte: Höhenmesser (oder alternative Hilfsmittel für die Bestimmung der Höhe); Maßband

Allgemeine Informationen für die Aufnahme
Datum, Baum-Nummer, Name des Baumes, Baumart, Ort, Straße, Geografische Koordinaten

Habitus und Umgebung
1. Zugänglichkeit des Baumes: ☐Frei zugänglich (1) ☐Privatgelände (0)
2. Der Baum wird beworben: ☐Nein (0) ☐Ja (1)
3. Lage des Baumes: ☐Freistehend (3) ☐in dichter Gruppe oder Bestand (-1) ☐Zwischen Gebäuden (1) ☐Kronenkonkurrenz (0)
4. Baumhöhe in Metern: ____________________ (Meter x Faktor 0,25)
5. Lebensphase: ☐I-III (0) ☐IV (1) ☐V-VI (2) ☐VII (3) ☐VIII (3) ☐IX (2)

Sonstiges: ____________________

Zwischensumme Habitus:

Stamm
6. Umfang in Metern: ____________________ (Meter x Faktor 0,5)
7. Sicherheitsdefekte: ☐Risse (2) ☐Fäule (-1) ☐Schädlingsbefall (-1) ☐Bohrmehl ☐Bohrlöcher ☐Ausfluglöcher
8. Vitalitätsanzeichen: ☐Überwallung ☐Wülste ☐Austriebe ☐Zuwachsstreifen

(4x = 4; 3x = 3; 2x = 2; 1x = 1; 0x = 0 Punkte)

Sonstiges: ____________________

Zwischensumme Stamm:

Krone
9. Belaubung: ☐Nadelbaum ☐Laubbaum ☐Immergrün ☐Sommergrün
10. Auffällige jahreszeitliche Erscheinung: ☐Keine (0) ☐Blüte (1) ☐Laubfärbung (1) ☐Früchte (1)
11. Anzahl toter Starkäste: ☐1-2 (1) ☐3-5 (0) ☐6-10 (-1) ☐>10 (-2)

Sonstiges: ____________________

Zwischensumme Krone:

Erfolgte Maßnahmen (soweit erkennbar)
12. ☐Einkürzung ☐Auslichtung ☐Kappung ☐Nein (0)
→ ☐Fachgerecht (1) ☐Nicht fachgerecht (-1)
13. Stamm-Maßnahmen: ☐Nein (0) ☐Ja (1)

Sonstiges: ____________________

Zwischensumme Maßnahmen:

Historie / Besonderheit des Standortes
14. Alter des Baumes in Jahren: ____________________
→ Quelle: ☐Geschätzt (Alter x Faktor 0,005) ☐Nachgewiesen (Alter x Faktor 0,01)
15. Besonderer Ort? ☐Nein (0) ☐Ja: (2) ____________________

Sonstiges: ____________________

Zwischensumme Historie:

Erreichte Gesamtpunktzahl:

chen. So wird eine intensivere und fundierte Auseinandersetzung mit den individuellen Merkmalen alter Bäume ermöglicht, um z. B. zu entscheiden, welcher Baum stärker gefördert werden sollte. Die Wertschätzung alter Bäume kann durch die Erfassungen deutlich gesteigert werden.

Die neu entwickelten Aufnahmebögen zur Erfassung alter Bäume mit ausführlichen Erläuterungen können auf der Internetseite des Instituts für Forstbotanik und Forstzoologie der Technischen Universität Dresden (www.tu-dresden.de/forstbotanik, ganz unten auf der Eröffnungsseite) sowie auf der Website der Nationalerbe-Bäume abgerufen, heruntergeladen und verwendet werden. Sie finden bereits für vielfältige Zwecke etlicher Baumfreunde, Institutionen und für wissenschaftliche Untersuchungen Anwendung.

Abb. 1.7: Silber-Weide bei Frankfurt/Oder: ein Charakterbaum durch seinen Krakenhabitus

2. Alterungsprozesse an langlebigen Baumarten – was spielt sich dabei ab und mit welchen Folgen?

Der älteste lebende Baum der Welt mit einem einzelnen, noch durchgängig lebenden Stamm ist eine Langlebige Grannen-Kiefer im Hochgebirge Nevadas/USA mit ca. 5.000 Jahren (Schütt & Lang 1996). In Europa dürfte es eine Europäische Eibe in Devon/Großbritannien sein, mit etwa 1.500–2.000 Jahren (Abb. 2.1) und an der Basis noch miteinander verbundenen Stammteilen.

2.1 Baumalterung und Altersherleitung

Bäume altern auf ganz andere Weise als Menschen und Tiere. Dadurch, dass sie im Optimal- und Regelfall jedes Jahr neue Blätter, neue Triebe, neue Wurzeln und neue Jahrringe entwickeln, gibt es immer junge Gewebe, die noch nicht einmal ein Jahr alt sind. Diese ständige lokale Verjüngung an allen Organen ist der Grund dafür, dass selbst Bäume mit einem Alter von über 1.000 Jahren noch ganz junge einjährige Organe und Gewebe aufweisen (müssen), die so lange weiterleben, sich teilen, wachsen und verjüngen, wie ihre Wasser- und Nährstoffversorgung (bei Blättern auch ihre Belichtung) sichergestellt ist. Das kann schließlich auch nur noch bei einem Teil des ursprünglichen Baumes funktionieren, muss aber fortlaufend erfolgen mit einer maximalen Unterbrechung von 1–2 Jahren. Sonst sterben die betroffenen Stamm- oder Kronen-

Abb. 2.1: Eiben-Methusalem mit 13,30 m Stammumfang und einem Alter von über 1.500 Jahren (Kenn, Devon/UK).

teile, Triebe, Wurzeln und Zucker-Leitbahnen ab, oder Wasser-Leitbahnen werden funktionslos.

Bei einer Reihe von Baumarten kommt es ständig zu **klonalen Austrieben** aus oberflächennahen Wurzeln auch schon zu Lebzeiten des Altbaumes mit Schösslingen, der sog. Wurzelbrut, z. B. bei Robinie, Zitter-Pappel (Abb. 2.2) und Götterbaum. Bei solchen vegetativ entstandenen Bäumen zählt man das Alter immer wieder von 1 an, rechnet also nicht das Alter der (oft gar nicht genau bekannten) Vorgänger- oder Mutterbäume mit hinzu. Der gesamte Klon (also nicht ein Einzelbaum) ist dann inzwischen so alt wie der erste, ursprüngliche Mutterbaum (oder so alt wäre, falls dieser bereits abgestorben ist). Klonbäume können mit dieser Strategie theoretisch immer weiterleben und in Einzelfällen mehrere 10.000 Jahre überleben. Dies ist z. B. besonders gut bekannt und untersucht für den Klon „Pando" mit über 40.000 Individuen einer Nordamerikanischen Zitter-Pappel (Weisgerber 2010). Solche Klonbäume sind dadurch also sozusagen „unsterblich" – bis sie ggf. von einer Krankheit, einem einschneidenden Naturereignis oder von Menschen komplett zum Absterben gebracht werden. Eindrucksvoll ist dieser Prozess auch bei den sog. Krakenweiden (Abb. 1.7, Roloff 2020a).

Bei sehr alten Bäumen mit über 400 cm Stammumfang sind die **Jahrringe** regelmäßig nicht mehr zur Altersherleitung nutzbar, da diese Bäume (fast) immer innen hohl sind und daher ihre frühe Lebensgeschichte nicht mehr aus einer Zuwachsbohrung (oder womöglich nach Absägen aus einer Stammscheibe) rekonstruierbar ist. Man könnte dann nur noch den verbliebenen äußeren Stammmantel zu Hilfe nehmen, allerdings sind Hochrechnungen des Baumalters aus seinem Stammumfang oder seinen Jahrringen der letzten Jahrzehnte dabei meist unzulässig bzw. bleiben Schätzungen mit Angabe eines Unsicherheitsbereiches (Gillner & Roloff 2016: Abb. 2.3, Roloff 2021b, Steinfurth & Roloff

Abb. 2.2: Etwa 20 bis 40 Jahre alte Zitter-Pappeln – alles ein Klon unbekannten Ursprungsalters mit unterirdisch verbundenen Wurzeln und unterschiedlich alten Wiederaustrieben.

Abb. 2.3: Auf etwa 1.120 Jahre (± 130 Jahre) altersdatierter Olivenbaum auf Korfu (Griechenland) mit 11,10 m Stammumfang (90 % des Stammes hohl), daraufhin zum europäischen Naturmonument ausgerufen, da mindestens drittältester wissenschaftlich datierter Olivenbaum (nähere Details in: GILLNER & ROLOFF 2016)

2021). In sehr wichtigen Fällen kann man sich wie bei einem uralten untersuchten Olivenbaum auf Korfu mit Jahrringerhebungen an immer jüngeren Bäumen in der Umgebung behelfen, was aber sehr aufwändig ist und auch noch kein genaues Alter des betreffenden Baumes liefert.

Dabei stellt sich oft die Frage: Wie führt man bei sehr alten Bäumen wie in den Abbildungen des Kapitels 1 eine seriöse **Stammumfang-Messung** durch, damit man dann verschiedene Bäume miteinander vergleichen kann (z. B. für ein Bundes- oder Bundesland-Ranking)? Dafür hat sich die Umfangmessung mit einem langen Maßband, möglichst in 1,3 m Stammhöhe um den Baum herum, etabliert (MICHELS & ROLOFF 2018). Dies scheint zunächst eine klare und simple Anweisung zu sein, ist aber bei alten Bäumen längst nicht so einfach: Wenn z. B. gerade in etwa 1,3 m Höhe Beulen am Stamm sind, misst man stattdessen an der „Taille" darunter oder darüber und gibt die abweichende Messhöhe mit an. Und falls sich der Stamm schon unter 1,3 m Höhe teilt, soll man nur den stärksten Stämmling messen und nicht um beide oder mehrere herum – sonst würden etliche Haselnuss- und Holunder-Großsträucher zu „dicken Bäumen". Bei Standorten am Hang muss man als Messhöhe das Mittel zwischen 1,3 m über dem oberen und dem unteren Wurzelanlauf nehmen.

Wenn man in solchen Sonderfällen oder an wulstigen bzw. beuligen Stämmen sehr alter Bäume wie in Abb. 2.3 mehrere Stammumfangmessungen hintereinander macht, wird man oft verschiedene Ergebnisse erhalten und mittelt diese dann. Gelegentlich wird auch aus Umfangmessungen im zeitlichen Abstand von einem oder mehreren Jahren der jährliche Umfangzuwachs und daraus dann sogar eine jahrgenaue Altersangabe versucht herzuleiten. Das ist jedoch aus dem soeben genannten Grund nicht zulässig, aber auch deshalb nicht, da sich der Zuwachs im Verlauf von Jahrzehnten oder gar Jahrhunderten sehr deutlich verändert haben kann. Gründe dafür können zeitweise Konkurrenz und Beschattung durch Nachbarbäume sein, Standort- und Klimaveränderungen, und es gibt auch eine altersbedingte Zuwachskurve mit stärkerem Zuwachs in der Jugend bis zu einem Maximum im „mittleren" Baumleben und danach wieder allmählicher Abnahme.

Dies soll hier nochmals an einem realen Beispiel verdeutlicht werden, wie ich es für eine Uralteiche beschrieben fand: Es gab aktuelle jährliche Umfangmessungen sowie ältere von vor 10 und vor 50 Jahren. Daraus wurde dann ein Alter von 700 Jahren hergeleitet, und so kam ein etwa doppelt so hohes Alter heraus, wie wir es aus dem Standort, der Konkurrenzsituation (Eiche als sehr lichtbedürftige Baumart) und aus der Baumgestalt abgeleitet haben.

Somit können zur Altersherleitung dann bei sehr alten Bäumen oft nur Hilfe bieten: die heutige Baumgestalt/-skulptur, alte Fotos (gibt es frühestens von etwa 1900), Gemälde (i.d.R. frühestens von etwa 1800 oder selten 1500), auf denen der damals schon beeindruckend große Baum zu sehen ist, oder alte Beschreibungen des früheren Baumes (z. B. in Urkunden – in extrem seltenen Fällen zurück bis ins 14. Jahrhundert, wenn es sich um Gerichts-, Thing- oder Grenzbäume handelte). Solche Beispiele wird man allerdings kaum jemals finden.

Leider hat vor über 700 Jahren niemand aufgeschrieben, wenn zur Fertigstellung einer Kirche oder Burg ein Baum gepflanzt wurde (wenn das überhaupt stattfand, nur äußerst selten) – so etwas kann daher nur vermutet werden. Dabei wird dann wohlwollend durchaus häufiger das Baumalter so hergeleitet: Ist die Kirche von 1225 und daneben steht eine dicke Linde, ist diese heute auch 800 Jahre alt. Das bleibt aber meist bloße Spekulation, denn sie kann evtl. auch erst viel später gepflanzt worden sein – z. B. zum Bau der Nachfolgekirche 1525 – und wäre somit erst 500 Jahre alt. Oder es könnte auch ein 400 Jahre alter Wiederaustrieb der ursprünglichen Linde sein, die damals abgestorben war.

Es gibt in Deutschland viele eindrucksvolle und schöne Geschichten zum Baumalter mit Aufrundungen auf bevorzugt 1.000 Jahre von 700, 500 oder sogar von 300 Jahre alten Bäumen, besonders wenn es um den ältesten Baum Deutschlands geht (s. Kap. 7.3), der noch einen einzelnen Stamm oder zumindest an der Basis noch miteinander verbundene originale Stammreste aufweist. Leider hat bislang keine einzige Bezeichnung der vielen „1.000-jährigen“ Eichen, Linden oder Eiben einer genaueren Überprüfung standgehalten, daher gibt es hierzulande wohl auch keinen sicher belegten über 1.000 Jahre alten Baum mehr. In England hingegen sind es nach eigener Einschätzung und Erhebung über 100 Uraltbäume, die mehr als 1.000 Jahre alt sind. Zu den Gründen dafür siehe nachfolgende Kapitel.

2.2 Lebensalter-Gruppen und Wachstumsphasen bei langlebigen Baumarten

Für das Thema Baumalterung von einem durchgängig lebenden Stamm ist die Unterscheidung von drei Baumartengruppen nach ihrer Langlebigkeit wichtig, die sich inzwischen für verschiedene Fragestellungen bewährt und etabliert hat (Roloff 2018, Reihenfolge alphabetisch nach Gattung):

- Kurzlebige (KL) mit 80 bis 100 Jahren Lebenserwartung: z. B. Kultur-Apfel, -Birne, -Kirsche, Sand-, Moor-Birke, Blauglockenbaum, Eberesche, Schwarz-, Grau-Erle, Götterbaum, Hybrid-, Zitter-Pappel, Fahl-, Sal-Weide;
- Mittelalte (MA) mit 150 bis 300 Jahren Lebenserwartung: z. B. Spitz-, Berg-Ahorn, Amberbaum, Rot-Buche, Rot-Eiche, Esche, Stech-Fichte, Hainbuche, Baum-Hasel, Gleditschie, Schwarz-, Wald-Kiefer, Mehlbeere, Nussbaum, Schwarz-Pappel, Robinie, Rosskastanie, Schnurbaum, Silber-Weide;
- Langlebige (LL) mit regelmäßig über 400 Jahren Lebenserwartung: z. B. Eibe, Stiel- und Trauben-Eiche, Ginkgo, Ess-Kastanie, Sommer-, Holländische und Winter-Linde, Ahornblättrige Platane, Riesen-Lebensbaum, Riesenmammutbaum, Flatter-Ulme, Libanon-Zeder (im Gebirge auch Berg-Ahorn, Eur. Lärche, Weiß-Tanne, Zirbe).

Es geht hier im Folgenden um die dritte Gruppe: die langlebigen Baumarten (LL) und dabei um die sog. „Methusalembäume“ mit 400 bis 1.000 und mehr Jahren Lebenserwartung (Parker & Lewington 2012), entsprechend den Lebensstadien V-IX in Abbildung 2.4, welche beim Alterungsprozess im Idealfall an diesen Baumarten unterschieden werden können (genaue Altersangaben/-spannen sind dafür nicht möglich oder sinnvoll, da sie zu sehr von der Baumart, dem Standort und erfolgten Schäden abhängen):

[I] Jugend-Phase: Kronenaufbau, Etablierung oder Pflanzung am Standort
[II] Explorations-Phase: Netzwerk von Langtrieben im Wipfelbereich
[III] Degenerations-Phase: Längliche Bürstenstrukturen
[IV] Stagnations-Phase: Kurztriebkrallen bzw. Pinsel-Strukturen im Wipfelbereich
[V] Retraktions-Phase: Absterben mehrerer Hauptachsen im Wipfelbereich
[VI] Kronenrückbau-Phase: Aufbau einer Sekundärkrone in mittlerer Baumhöhe
[VII] Baumveteran-Phase: Stammöffnungen/-fäulen, Verdichtung der Sekundärkrone
[VIII] Zerfalls-Phase: beginnende Aufgliederung des Stammes in Teilbäume
[IX] Baummonument-Phase: mehrere eigenständige Individuen
[X] Verjüngungs-Phase (Wiederaustrieb aus dem Stock)

2.3 Umbauprozesse in alten Baumkronen

Spätestens ab einem Baumalter von 200–400 Jahren (Stadium V in Abb. 2.4) gehören Absterbeprozesse mit zur Überlebensstrategie solcher Bäume, denn in dessen Verlauf werden die Kronen meist kleiner und somit die Transportwege für Wasser und Nährstoffe von den Wurzeln zu den Blättern und für die Zuckerlösung von den Blättern zu den Wurzeln verkürzt (Stadien V–IX).

Neuere eigene Untersuchungen dieser Alterungsprozesse an sehr alten Bäumen haben ergeben (Abb. 2.5a–c), dass jedes Jahr relativ häufig eine variable Anzahl von Nebenzweigen im Wipfelbereich absterben, bisweilen auch einzelne oder mehrere Wipfel-Hauptäste, und zugleich aus schlafenden oder neu angelegten Knospen

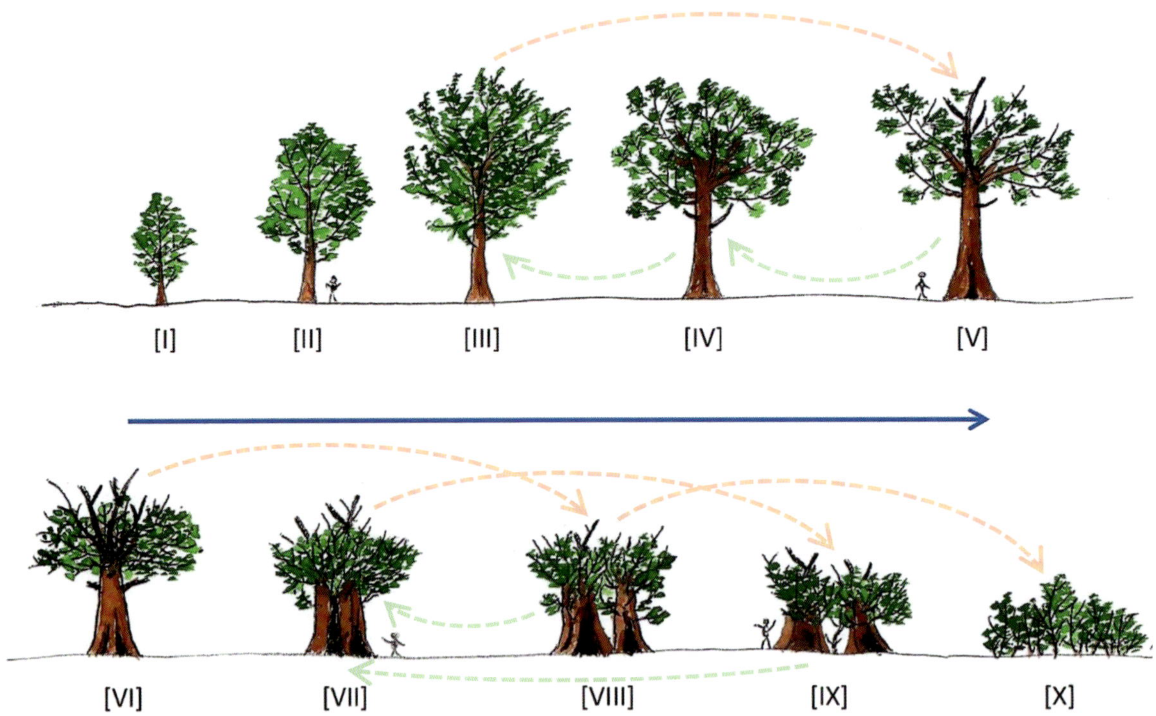

Abb. 2.4: Alterungsprozess langlebiger Baumarten (z. B. Eiche, Linde): schematische Darstellung in 10 verschiedenen Stadien über einen Lebenszyklus von 500–1.000 Jahren (Erläuterung im Text).

Abb. 2.5a: Partieller „Rückzugsprozess“ im Wipfelbereich einer 180-jährigen Stiel-Eiche mit Absterben von Wipfel-Grobästen und Reiterationen.

Abb. 2.5b: Umfassender „Kronenrückbau“ im Wipfelbereich einer 230-jährigen Stiel-Eiche mit Absterben von Wipfel-Starkästen.

(etwas) weiter unten in der Oberkrone neue Triebe erscheinen. Dies nennen wir Reiterationen: Ihr Anteil in der Krone nimmt im hohen Alter immer mehr zu und kann schließlich (nahezu) 100 % betragen. Wenn man sich diesen ständigen „Umsetzungs- und Rückzugsprozess" genauer ansieht (Abb. 2.5a-c), läuft in der Krone solcher alten Bäume eine beeindruckende Dynamik ab, die man bei einmaligem oder wiederholtem, oberflächlichem Betrachten gar nicht wahrnimmt. Es findet damit ständig ein fundamentaler, langanhaltender Kronenumbau statt.

Dabei werden die Kronen natürlicherweise kleiner (sog. „Rückzug" bzw. „Rückbau", DUJESIEFKEN et al. 2016, FARJON 2017, FAY & DE BERKER 2016, LONSDALE 2013, READ 2000, ROLOFF 2018), da ein mindestens partielles fortlaufendes Zurücksterben von Zweigen stattfindet (Stadien V-IX in Abb. 2.4), ohne dass dies der „Anfang vom Ende" sein muss.

Die Totäste im Wipfelbereich haben zwar Auswirkungen auf die Verkehrssicherheit der Altbäume, sie müssen jedoch kein Anzeichen eines baldigen Absterbens des ganzen Baumes sein! Das wird erst wahrscheinlicher, wenn bis in den Grobastbereich größere Kronenteile absterben (Abb. 2.5b), wie z. B. durch Trockenstress in den Extremsommern 2003 und 2018/19. Aber selbst danach kann bei wieder günstigeren nachfolgenden Bedingungen noch ein Neuaufbau der Oberkrone oder auch einer Sekundärkrone weiter unten erfolgen (Abb. 2.5c). Die Vielfalt der Abläufe ist enorm und lässt sich schwer schematisieren bzw. in festgelegten Teilschritten beschreiben.

Die bei älteren Bäumen häufigen und für längere Zeit durchaus altersentsprechend normalen Vitalitätsstufen VS 2 und 3 (ROLOFF 2001, 2018) machen deutlich, dass neben der Verzweigung dann noch andere Kronen- und ggf. Baumparameter für die Gesamteinschätzung solcher Bäume mitberücksichtigt werden müssen. Sie sind von Baum zu Baum unterschiedlich und müssen in ihrer Erfassung praktikabel sein. Dazu gehört z. B. die o.g. Frage, ob vor allem schwächere Seitenzweige absterben (Abb. 2.5a) oder Hauptäste bis in den Grob- und Starkastbereich (5 bis >10 cm Durchmesser). Weiter sind bedeutsam das Baumalter sowie Reiterationen; bei diesen besonders, ob der Aufbau einer Sekundär-

Abb. 2.5c: Erfolgreicher Aufbau einer Sekundärkrone nach Absterben des oberen Wipfelbereiches mit dem Ergebnis einer günstigen Einschätzung der zukünftigen Entwicklung für diese 230 Jahre alte Stiel-Eiche.

Abb. 2.6: Jährliches Entfernen aller Äste und Zweige führt früher oder später zum Absterben der alten Bäume.

krone (Abb. 2.5c) erfolgt oder unterbleibt: Ersteres ist positiv einzuschätzen (Retraktion), letzteres kritisch („Resignation", ROLOFF 2001, 2018, WEISS 2020).

2.4 Gründe und Voraussetzungen für das Altwerden

Die Frage „Gibt es denn ein ‚Rezept' für's Altwerden bei Bäumen?" wird sehr häufig gestellt, seit die Initiative Nationalerbe-Bäume entstanden ist. Eine Beantwortung ist etwas komplizierter, aber wird damit auch spannender. Dazu wäre zunächst die Gegenfrage sinnvoll: Warum werden die meisten Bäume und Baumarten **nicht** so alt?

Denn um sich dahinzuarbeiten, welche Voraussetzungen für ein hohes Alter vorliegen müssen, sind zunächst die Gründe interessant, warum die allermeisten Bäume kein Alter von 500 Jahren erreichen – sondern irgendwann im Laufe der ersten Jahrhunderte oder sogar schon Jahrzehnte absterben. Dies geschieht aus einem der folgenden Gründe:

- zu extremer Wasser-, Zucker- oder Lichtmangel;
- tödliche Schädlinge oder Krankheiten;
- extreme Witterungsereignisse (z. B. wiederholt Eisanhang, Stürme);
- zu schnelles Wachstum;
- zu krasse Standortsprobleme: z. B. Vernässung, Felsen, Versiegelung, Verdichtung, Erosion;
- geringe Fähigkeit zur Kompartimentierung (CODIT-Prinzip);
- Baumaßnahmen, Beschädigung;
- falsche oder zu viel bzw. nicht fachgerechte Baumpflege;
- unterbliebene Sicherungsmaßnahmen;
- Beseitigung/Beschädigung durch Menschen z. B. wegen Verkehrssicherungspflicht, Belästigungen, Kosten oder Sorgen (Abb. 2.6).

Zunächst muss bei einer langlebigen Baumart eine ununterbrochen ausreichende Pilz-, Schädlings- und Problem-Hemmung, -Beseitigung und -Bekämpfung gegeben sein, vor allem durch eine gute bzw. effektive Kompartimentierung (CODIT-Prinzip: DUJESIEFKEN & LIESE 2022).

Ein kühler Standort kann vorteilhaft sein (z. B. im Gebirge oder in einem schattigen Tal, Abb. 2.7), ebenso ein langsames Wachstum (bei Eiben, Wacholder, Buchsbaum immer gegeben, im Gebirge über 800 m Höhenlage auch bei Lärchen, Berg-Ahornen, Weiß-Tannen, Zirben).

Günstig kann Vorwüchsigkeit durch einen dominanten Wipfel sein, um den Lichtanschluss zu halten (typisch für viele Nadelbäume), oder eine hohe Schattentoleranz (Eibe, Weiß-Tanne,

Linde) für ein langes Durchhaltevermögen unter anderen Bäumen. Auch Langsamwüchsigkeit oder ein kalter Bergstandort (Abb. 2.7) können sich lebensverlängernd auswirken

Zudem gibt oder gab es einige entscheidende anthropogene „Ursachen" für ein langes Baumleben: nämlich z. B. Standorte auf Friedhöfen direkt an Kirchen, auf Dorfplätzen oder Gerichts-/Thingstätten (Abb. 2.8), in Parkanlagen und großen Gärten sowie als Grenz- oder Hofbäume.

Es müssen zudem günstige physiologische Eigenschaften gegeben sein, z. B. zur Absenkung des Wasserpotenzials, wobei auch die Genetik eine bedeutsame Rolle spielt (KRABEL 2020). Vorteilhaft in der Holzanatomie sind dicke Zellwände für Embolieresistenz (Verhinderung von Lufteintritt in die Leitelemente) und kleine Wasserleitungselemente für Embolietoleranz (Reparatur von Lufteintritt durch Wiederbefüllung der Leitelemente mit Wasser). Es fällt auf, dass von den etwa 10 langlebigen Baumarten ungefähr die Hälfte Nacktsamer/Nadelbäume sind, mit ihrer speziell auf Sicherheit getrimmten Holzanatomie (insbesondere Eibe, BINDER 2023) und an Trockenstress angepasster Nadelanatomie.

Zudem wurden in eigenen Untersuchungen (ROLOFF 2021a) bedeutsame Merkmale für Trockenstress-Toleranz herausgearbeitet, die für eine lange Lebenserwartung vorteilhaft sind. Danach ergibt sich die nachfolgende Rangfolge der 7 bestgeeigneten baumbiologischen Eigenschaften (Abb. 2.9):

1. natürliches Vorkommen auf Standorten mit zeitweiligem oder dauerhaftem Wassermangel,
2. glänzende und/oder dick-ledrige Blätter,
3. unterseits bläulich/graue oder silbrig/weiße Blätter,
4. gefiederte oder deutlich gelappte Blätter,
5. sehr hohe Frosttoleranz (unter -30° C),
6. kleine Blätter (Länge < 10 cm),
7. Vorhandensein von Dornen.

Dabei zählt für die Wirksamkeit nicht nur diese Rangfolge, sondern auch wie viele dieser Parameter wie stark auftreten.

Abb.2.7: Der kalte Standort in fast 2.000 m Höhe über NN an der Waldgrenze führt zum hohen Alter dieser Zirben von 300–500 Jahren (am Schachen bei Garmisch-Partenkirchen/BY).

Abb. 2.8: Der Standort dieser Sommer-Linde an einer Kapelle, auf ehemaligem vorchristlichem Thingplatz und als Dorfmittelpunkt, führten zum Alter von mindestens 600 Jahren (Hochmössingen/BW).

Abb. 2.9: Beim Japanischen Schnurbaum realisiert sind 5 der 7 bestgeeigneten Trockenstress-Anpassungsparameter (Peking/China).

2.5 Welche „Strategien“ für das Erreichen eines hohen Alters gibt es?

Man kann nach eingehenden Untersuchungen verschiedene Typen von „Strategien“ für das Erreichen eines hohen Lebensalters herausfiltern:

- Pilzhemmung durch Kernholz, „Austricksen“ von Schädlingen/Schäden durch Johannistriebe (z. B. bei Eiche) oder immergrüne Nadeln (z. B. Eibe);
- enormes Reaktionspotenzial durch Reparieren, Austreiben (Reiterationen), Anbauen und Innenwurzeln: z. B. bei Berg-Ahorn, Ess-Kastanie, Linde (Abb. 2.10); durch Absprünge: bei Eichen;
- sehr gute Kompartimentierung: z. B. bei Eibe, Eiche, Linde, Platane;
- Embolietoleranz: bei Nadelbäumen und zerstreutporigen Laubbäumen;
- dominanter Wipfel mit Vorwüchsigkeit, um den Anschluss ans Licht zu halten (Abb. 2.11): z. B. bei Lärche, Riesenmammutbaum, Tanne (dadurch Kronenrückzug allerdings schwieriger);
- Pfahlwurzelpotenzial bis in höheres Alter zur besseren Verankerung und Wasserversorgung: z. B. Eiche, Ginkgo, Lärche;
- hohe Holzdichte;
- langsames Wachstum: dadurch weniger Ressourcenverbrauch und weniger Probleme mit einer großen Baumhöhe: besonders ausgeprägt bei Eibe;
- dicke Borke (keine der langlebigen Baumarten hat im Alter eine Glattrinde: Damit wäre auf Dauer zu wenig Schutz vor Beschädigung und Überhitzung gegeben).

Solche Strategie-Merkmale sollen in nachfolgender Übersichtstabelle 2 dargestellt und bewertet werden (für Baumarten der gemäßigten Zone, bei denen ausreichend umfangreiche Erfahrungen, Untersuchungen und Erfassungen vorliegen).

Abb. 2.10: Enormes Reaktionspotenzial der Sommer-Linde mit Innenwurzeln im Stamm und ständigen Reiterationen in der gesamten Krone (Collm/SN).

Abb. 2.11: Oberkrone des Riesenmammutbaumes in der Wintersonne durch seine Höhe (Bremen/HB).

Tab. 2: Bedeutsame baumbiologische Eigenschaften langlebiger Baumarten mit steigender Lebenserwartung (nach eigenen Erfahrungen/Erhebungen und Bartels 1993, Knigge & Schulz 1966, Roloff et al. 2021, Wagenführ 2007)

Baumarten [1]**:**	**FlUlme**	**BAh**	**Ginkgo**	**Platane**	**Mamb**	**EsKas**	**Lärche**	**Linde**	**Eiche**	**Eibe**
Kernholz dauerhaft	+	(+)			+	++	++		++	++
Holzdichte über 0,70	+	+		+		+	+		++	+
Kompartimentierung [2]	+	+	+	++	+	+	++	++	++	++
Reiterationspotenzial [3]	++	++	+	++	++	+++	+	++++	+++	+++
Johannistr. +Absprünge									+	
Innenwurzeln	+	(+)		+		+		++		
dominanter Wipfel			+		+		+			
Pfahlwurzel Jugend	(+)	(+)	+	(+)	(+)	+	+	+	++	(+)
immergrüne Nadeln					+					+
langsames Wachstum		(+)	+							++
Embolietoleranz		+	++	+	++		++	+		++
Summe +++	**6,5**	**6,5**	**7**	**7,5**	**8,5**	**9**	**10**	**10**	**12**	**13,5**
Lebenserwartung [4] **(J.)**	**500**	**500**	**600**	**600**	**700**	**800**	**900**	**1.000**	**1.000**	**1.500**
Holzanatomie-Typ: [5]	Rp	Zp	Nh	Zp	Nh	Rp	Nb	Zp	Rp	Nh

Erläuterungen zur Tabelle:

1 Baumarten-Kürzel in alphabetischer Reihenfolge, BAh: Berg-Ahorn, Eiche: Stiel- und Trauben-Eiche, EsKas: Ess-Kastanie, FlUlme: Flatter-Ulme, Linde: Sommer- und Winter-Linde, Mamb: Riesenmammutbaum

2 Kompartimentierung: Potenzial zur Abschottung/Begrenzung von Schäden durch Wundreaktionen (nach Dujesiefken & Liese 2022, Pietzarka 2023 und eigenen Erfahrungen)

3 Reiterationen: Potenzial zu Austrieben aus Stamm, Ästen (und Wurzeln), deren Zeitpunkt und Ort am Baum nach dem Bedarf ausgerichtet wird, z. B. aus schlafenden Knospen oder Wundkallus (Roloff 2018)

4 maximales Alter, das in Mitteleuropa häufiger erreicht wird bzw. bei eingeführten Baumarten zu erwarten ist (Roloff et al. 2021)

5 Holzanatomie-Typ: Nh: Nadelholz, Rp: Ringporer, Zp: Zerstreutporer (ohne Bewertung)

Daraus ergibt sich tatsächlich eine interessante und ziemlich schlüssige Herleitung des Potenzials hoher Lebenserwartung: Die Zunahme der Punktsummen unten in Tabelle 2 stimmt fast vollständig mit der Zunahme der Lebenserwartung darunter überein! Allerdings zeigt diese Übersicht auch eindrucksvoll, dass sich die hohe Lebenserwartung nicht mit nur wenigen einzelnen, zwingend notwendigen Eigenschaften erklären lässt, die erfüllt sein müssen. Vielmehr wird dies im Gegenteil nur durch eine Kombination möglichst vieler der in der Tabelle genannten Eigenschaften erreicht. Diese Erkenntnis ist neu und schließt sehr gut nachvollziehbar bestehende Kenntnislücken beim Verständnis der Baumalterung. So sind danach ein ausgeprägtes Kompartimentierungs- und Reiterations-Potenzial sowie im Alter eine dicke Borke Zwangsvoraussetzungen für ein hohes Alter, können aber alleine eine hohe Lebenserwartung definitiv nicht erklären bzw. führen nicht „automatisch“ zu einem hohen Lebensalter.

Sehr faszinierend an der Tabelle 2 ist: Die 3 ältesten Baumarten sind eine ringporige (Eiche), eine zerstreutporige (Linde) und ein Nadelholz (Eibe, Abb. 2.12), und die 3 Holztypen sind auch insgesamt mit jeweils mehreren langlebigen Baumarten unter den 10 Kandidaten vertreten: 4 Nadelbäume, 3 Zerstreutporer und 3 Ringporige. Es gibt also bei der Holzanatomie keinen Favoriten, was sicher etlichen Erwartungen widerspricht und zeigt, dass das Ziel Langlebigkeit prinzipiell mit jeder Holzanatomie erreichbar ist. Und diese „Ersetzbarkeit“ gilt auch für viele der anderen genannten Eigenschaften. Umgekehrt können aber auch viele dieser Eigenschaften gegeben sein, und trotzdem erreicht eine Baumart wegen eines einzigen Ausschlussfaktors trotzdem kein hohes Alter: So würde der Olivenbaum danach 12 Punkte erreichen(!), hat aber hier nicht die nötige Winterhärte.

Allerdings tauchen durch die Tabelle auch neue Fragen auf. Zum Beispiel gibt es etliche Baumarten, die einige dieser Eigenschaften auf-

Abb. 2.12: Nadelbaum Eibe als Baumart Europas mit der höchsten Lebenserwartung von bis zu 1.500 Jahren (etwa 700-jährige Eibe in Flintbek bei Kiel/SH).

weisen, aber trotzdem nicht das entsprechende Alter erreichen (wie Elsbeere und Rot-Buche). Ein Grund können weitere wichtige physiologische Eigenschaften sein (z. B. SCHULDT et al. 2020), die sich nicht so einfach erfassen und bewerten lassen wie die genannten Parameter in der Tabelle und in der Auflistung der „Strategien" davor.

2.6 Was hat die Baumalterung zur Folge?

Mit der Alterung einhergehend werden ständig Jahrringe angebaut und erfolgen Trieblängen- und Wurzelwachstum (ROLOFF 2010, 2023a, b). Dadurch kommt eine langanhaltende Zunahme der Stamm-, Ast- und Wurzeldicke, der Baumhöhe und -breite sowie der Wurzelanläufe, -tiefe und -breite zustande. Das Verhältnis Baumhöhe zu seinem Stammdurchmesser (sog. H/D-Wert) nimmt von mittlerem Baumalter ab, da die Baumhöhe nicht mehr endlos zunimmt, der Zuwachs des Stammdurchmessers aber noch wesentlich länger anhält. Blattzahl und -fläche werden größer, lange Zeit auch der LAI (Blattflächenindex). Das Austreiben schlafender Knospen, sog. Reiterationen, tritt immer häufiger auf und wird immer bedeutsamer. Die Leitfläche des jüngsten Jahrringes wird aufgrund des immer größeren Stammdurchmessers tendenziell lange Zeit immer größer, natürlich abhängig von der Jahrringbreite und den noch intakten Stammbereichen.

Der Lichtbedarf nimmt bei allen und besonders bei alten Bäumen stetig zu, allerdings mit großen Unterschieden zwischen den Baumarten. Wenn man die genannten etwa 10 Baumarten dazu in eine Rangfolge bringen möchte, sieht diese folgendermaßen aus (Lichtbedarf ab mittlerem Baumalter):

- höchster Lichtbedarf (Oberkrone darf nicht beschattet werden): Eiche, Ess-Kastanie, Ginkgo, Lärche, Platane, Riesenmammutbaum;
- mäßiger Lichtbedarf (Oberkrone erträgt geringe Beschattung): Berg-Ahorn, Flatter-Ulme, Linde;
- geringer Lichtbedarf (Oberkrone erträgt selbst in hohem Baumalter stärkeren Schatten): Eibe.

Mit zunehmendem Stammumfang machen sich die alten Bäume zudem automatisch selbst immer stand- und bruchsicherer, da ihr breiter Stammfuß zunehmend die Bruch- und Umsturzrisiken vermindert, selbst bei minimaler Restwand des Holzmantels (ROLOFF 2022, WEISS 2023b, WESSOLY & ERB 2014).

Alte Bäume können zu Bodenhebungen führen und Bodenbeläge (Asphalt, Pflaster etc.) beschädigen. Damit muss man leben und kann versuchen, dies im früheren Baumleben durch vorsichtige Wurzellenkung zu beeinflussen (BENK et al. 2021, STRECKENBACH 2021).

Mit zunehmendem Alter und damit größeren Dimensionen sowie einer immer größeren Anzahl von „Defekten" (Stammrisse, -beulen, -löcher etc.) werden Bäume zu Charakterbäumen (HARTIG & ROLOFF 2019, s. Kap. 1.3), d. h. sie entwickeln dann ein immer individuelleres Erscheinungsbild mit prägnanten Eigenschaften – insbesondere, wenn dies durch Freistand intensiver erlebbar wird (Abb. 2.13). Diese Wirkungen sind sogar wissenschaftlich fundiert erfassbar (s. Kap. 1.3, RIEDENKLAU & ROLOFF 2020).

Uraltbäume speichern mit zunehmendem Alter all ihre Erfahrungen in den Genen (CANNON et al. 2022, KRABEL 2020). Diese können bei Bedarf wieder aktiviert werden und z. B. eine Anpassung an Trockenstress, Hitze, Spätfrost u. a. ermöglichen. Und dieser Genpool aus Jahrhunderten wird auch im umgebenden Bestand, Park oder Stadtareal weiter über Pollen und Früchte verbreitet.

Mit dem Baumalter nehmen zudem die vorhandenen Möglichkeiten von Lebensräumen und Mikrohabitaten immer weiter zu, und dies sogar bis zu seinem Lebensende, denn es entwickeln sich immer mehr Hohlräume und morsches Holz etc. (BÜTLER et al. 2020, DITTRICH 2022, NATURSCHUTZINSTITUT FREIBERG 2022, READ 2000). Man muss sich vorstellen, dass in einer 650-jährigen Linde (Abb. 2.13) seit Jahrhunderten(!) Populationen von Insekten, Fledermäusen, Pilzen und Epiphyten sowie daran gekoppelt auch von Vögeln und Kleinsäugern leben konnten.

Spätestens mit dem Kronenrückzug (s. Kap. 2.3) ist eine enorme Zunahme von Reite-

Abb. 2.13: Charakterbaum einer 650 Jahre alten Sommer-Linde (Heede, Emsland/NI).

rationen verbunden, die eine automatische Anbindung an gesunde mechanische und Leitungs-Strukturen erfordern. In diesem Bereich liegt wohl auch einer der wichtigsten Schlüssel für das Potenzial zum Altwerden. Besonders bedeutsam ist hierbei auch die Fähigkeit zur Bildung einer tiefer am Stamm ansetzenden Sekundärkrone (Abb. 2.5c), welche bei allen diesen Baumarten gegeben sein muss. Dabei schneiden Eiben, Ess-Kastanien, Linden und Platanen am besten ab, welche auch besonders häufig ein sehr hohes Alter erreichen. Bei Eichen scheitert es oft nur an einer rechtzeitigen Freistellung für ihren hohen Lichtbedarf beim Kronenrückzug. Zudem sind behutsame Baumpflege- und Sicherungsmaßnahmen wichtig, damit solche Baumveteranen nicht aufgrund von „Kopflastigkeit" auseinanderbrechen oder große Äste herausbrechen und dabei Stammbereiche mit herausreißen.

2.7 Schlussfolgerungen – was ergibt sich aus dem Dargestellten?

Nach den dargelegten Ausführungen ist hierzulande durchaus mehr Ehrfurcht gegenüber Baumveteranen angebracht. Z. B. kann ggf. dafür auch die lokale Verlegung einer Straße sinnvoll werden, um einen herausragenden Altbaum in Würde schützen zu können und ihn nicht für die Herstellung der Verkehrssicherungspflicht in und an technischen Konstruktionen einzwängen und aufhängen zu müssen, welche die Baumwirkung und seine Alterswürde zu sehr beeinträchtigen (Abb. 2.14).

Die meisten Baumarten benötigen zum Erreichen eines höheren Lebensalters dann eine freie, unbeschattete Krone. Dies ist bei Solitären auf Dorf- und Thingplätzen, Friedhöfen oder in Parks/Gärten meist automatisch gegeben, im Wald dagegen eher selten und erfordert dort den weiten Blick in die Zukunft bei sehr vielen Förstergenerationen – der ja eigentlich bei Forstpraktikern sowieso vorhanden ist. Aber dies über mehrere Jahrhunderte zu beachten, ist natürlich eine große Herausforderung, die allerdings gelöst werden kann (Abb. 2.15).

Bei einer Vitalitätsbeurteilung in höherem Baumalter ist unbedingt das Alter für die Interpretation und Ableitung von Konsequenzen mit einzubeziehen, ggf. auch die Anwendung von Regenerationsstufen (s. Abb. 2.6, Roloff 2018, Weiss 2020).

Abb. 2.14: Für die Verkehrssicherung aufgehängte, gestützte und in ein Stahlkorsett gezwängte, ca. 900-jährige berühmte Stiel-Eiche (Nöbdenitz/TH) – ein Altern in Würde sieht anders aus.

Abb. 2.15: Von Konkurrenz im Kronenraum freigehaltene, uralte Trauben-Eiche (im Kammerwald/RP)

Das Altwerden von langlebigen Baumarten kann auch entscheidend durch Maßnahmen der Konkurrenzsteuerung und Baumpflege befördert werden, und hierbei sind Baumverantwortliche und -fachleute gefordert:

- rechtzeitige (vorsichtige) Freistellung bzw. Zurücknahme von Lichtkonkurrenten,
- behutsame Einkürzung „kopflastiger“ Äste und Kronenteile (nach FLL 2017; s.a. Unger 2022, Weiss 2023a),
- Begleitung des natürlichen Kronenrückzugs ('Retrenchment pruning'), angemessene Reduktion der Baumhöhe nach FLL 2017 (Dujesiefken 2016, Farjon 2017, Fay 2015, Klug 2021, Stobbe et al. 2020),
- Ständervereinzelung nach Kroneneinkürzungen (Roloff 2018, Weiss 2023a),
- behutsamer Einbau von Kronensicherungen auf dem Stand des Wissens/der Technik und unter Beachtung der Ästhetik von Uraltbäumen (Klug 2021, Weiss 2023c).

Alle diese Kenntnisse und Maßnahmen werden beim Ernennen von Nationalerbe-Bäumen umgesetzt, um die ausgewählten Veteranen langfristig als Kultur- und Naturerbe zu bewahren und ihnen ein Altern in Würde zu ermöglichen. Dabei kann dann irgendwann (ggf. auch plötzlich und unerwartet) trotzdem ein Absterben mit zum Lebenszyklus gehören, und dieser wird eventuell durch ein erneutes Austreiben aus dem Stock fortgesetzt. Dann sind allerdings diese Wiederaustriebe nicht bereits 1.000 Jahre alt (s. Kap. 2.1).

3. Welche Bedeutung haben alte Bäume für Kulturgeschichte und historische Ereignisse?

Nach nur knapp 6 Jahren Laufzeit sind inzwischen 50 Bäume als Nationalerbe-Bäume (NEB) ausgerufen worden. Dies ist ein Anlass, die Wertschätzung alter Bäume als Kulturdenkmale und Zeitzeugen bedeutender Ereignisse der Vergangenheit vor Ort neu zu bewerten.

Denn es ist bei einer ersten Übersicht zu diesem Thema aufgefallen, dass alle bisher ausgewählten Nationalerbe-Bäume eine herausragende Bedeutung der historischen Entwicklung vor Ort aufweisen (Abb. 3.1, Details und aktuellster Stand auf www.nationalerbe-baeume.de). Dies soll an etlichen Beispielen der bisherigen Nationalerbe-Bäume nachfolgend veranschaulicht werden.

Vorab ist bedeutsam, die in Frage kommenden Baumarten nochmals kurz aufzuzählen, welche als langlebige Bäume regelmäßig über 400 und z. T. bis zu 1.000 Jahre alt werden können (Roloff 2019), soweit sie inzwischen unter den ersten 50 Nationalerbe-Bäumen vertreten sind (alphabetisch nach *wiss. Gattungsnamen*): **Weiß-Tanne** (*Abies alba*), **Berg-Ahorn** (*Acer pseudoplatanus*), **Ess-Kastanie** (*Castanea sativa*), **Libanon-Zeder** (*Cedrus libani*), **Ginkgo** (*Ginkgo biloba*), **Europäische Lärche** (*Larix decidua*), **Zirbe** (*Pinus cembra*), **Ahornblättrige Platane** (*Platanus × hispanica*), **Stiel- und Trauben-Eiche** (*Quercus robur, Qu. petraea*), **Riesenmammutbaum** (*Sequoiadendron giganteum*), **Europäische Eibe**

Abb. 3.1: Gewaltige Stammskulptur der Tassilolinde Wessobrunn (BY) an einer alten Thingstätte

(*Taxus baccata*), **Riesen-Lebensbaum** (*Thuja plicata*), **Winter-, Holländische, Sommer-Linde** (*Tilia cordata, T. × europaea, T. platyphyllos*), **Flatter-Ulme** (*Ulmus laevis*).

Für die Recherchen zu diesem Thema wurden verwendet: BEHM-BLANCKE (2002, 2003), BEISER (2017), CHETAN et al. (1994), DOUGHERTY (2017), FISCHER-RIZZI (2008), HAERKÖTTER, G. & M. (1989), HAGENEDER (2007), HOBBS & WEST (2021), HÖFFGEN (2022), KÖHLER (2007), LAUDERT (2003), SCHNURR (2018), WEIDNER (2019), WERNER (2019) und zahlreiche Internetquellen.

3.1 Bäume als regionale und lokale Zeitzeugen mit kulturhistorischer Bedeutung

Thingplätze, Kultorte

Bevor es Gerichtsbäume gab (etwa ab dem 12. Jhdt.), waren solche Treffpunkte im Ort oder meist am Dorfrand Thingplätze: Versammlungsorte zur Besprechung und Verhandlung wichtiger Angelegenheiten („Dinge“) mit gerichtsähnlichen Verfahren im öffentlichen Raum nach germanischem Recht. Auf Things wurden politische Entscheidungen getroffen, Gesetze erlassen und Streitigkeiten beigelegt. Heute uralte Eichen sind nach Meinung von einigen Historikern grundsätzlich als Hinweise auf mögliche, sehr alte Kultplätze anzusehen.

NEB-Beispiele dafür (mit Ausrufungs-Nr. #, Baumname, Ort, Bundesland-Abkürzung): #02 Eibe Flintbek (SH), #05 Linde Hochmössingen (BW), #14 Mahllinde Vogtei (TH): Abb. 3.2, #20 Tumuluslinde Evessen (NI): Abb. 3.3, #30 Tassilolinde Wessobrunn (BY): Abb. 3.1, #35 Eibe Schortens (NI), #40 Linde Schmorsdorf (SN), #45 Eiche Groß Schneen (NI)

Abb. 3.2: Die Mahllinde Vogtei (TH) bei einer der ältesten und bestuntersuchten Kultstätten Mitteleuropas am Opfermoor Oberdorla

Abb. 3.3: Tumuluslinde Evessen (NI) auf einem bronzezeitlichen, unangerührten Grabhügel

Gerichtsbäume

Seit dem frühen Mittelalter (ab 11.–13. Jahrhundert bis Mitte 19. Jhdt.) wurden Gerichtsverhandlungen unter Bäumen abgehalten. Dies mussten dafür schon ältere Bäume sein, damit sie eine entsprechende Wirkung hatten (große Krone zur Abschirmung) oder damit für Urteilsvollstreckungen mindestens schon ein starker Stamm oder Ast vorhanden war. Daraus kann man ableiten, dass dafür nur über 100-jährige Bäume in Frage kamen: vor allem Linden, Eichen, Ulmen und Ess-Kastanien. Durch ihre wichtige Funktion waren diese Bäume streng geschützt vor Holznutzung und konnten so Jahrhunderte altern, z. T. bis Mitte des 19. Jahrhunderts. Bei einigen ist diese Funktion durch Urkunden belegt, z. B. in Raesfeld (NW).

NEB-Beispiele: #08 Prangerlinde Großpörthen (ST), #12 Femeiche Raesfeld (NW), #16 Richteiche St. Gangolf (SL), #21 Gerichtslinde Collm (SN), #31 Drillingseiche Frankfurt/Oder (BB)

Grenz- oder Orientierungsbäume

Um Grundstücke in Feld und Flur möglichst dauerhaft und gut erkennbar abzugrenzen, wurden im Mittelalter häufig Grenzbäume gepflanzt oder schon vorhandene Bäume für diese Funktion ausgewählt. Am beliebtesten dafür waren Eichen, weil man wusste, dass sie sehr alt werden und so ihre Funktion lange Zeit erfüllen können. Sie waren dadurch auch langfristig geschützt. Erst mit dem im 17. Jhdt. aufkommenden Vermessungswesen wurden sie überflüssig oder zumindest nicht mehr beachtet, und die meisten sind heute deshalb nicht mehr vorhanden.

Zur Orientierung auf Reisen wurden an überregionalen wichtigen Handelsstraßen in Abständen Markierungsbäume gepflanzt. Dies war teilweise auch schon im Altertum Brauch.

NEB-Beispiele: #04 Eiche Nagel/Küps (BY): Abb. 3.4, #09 Eiche Berlin (BE), #11 Ess-Kastanie Gleisweiler (RP), #16 Richteiche St. Gangolf (SL), #22 Eiche Klein Lübars (ST): Abb. 3.5

Abb. 3.4: Alte Eiche am Schloss Nagel/Küps (BY) mit über 10 m astfreiem, mächtigem Stamm

Abb. 3.5: Mächtige Krone der Eiche Klein Lübars (ST), ein Grenzbaum

Bäume mit herausgehobener Bedeutung für die Dorfgründung, -entwicklung oder -kultur

Abb. 3.6: Hohler ausladender Stammfuß der alten Flatter-Ulme in Gülitz (BB)

Abb. 3.7: Ungewöhnlich intakter Stamm und mit riesiger Krone der Hindenburglinde in Ramsau (BY)

Abb. 3.8: Stammskulptur der Klosterlinde Pehlitzwerder (BB)

Abb. 3.9: Beeindruckende Stammdimensionen der Flatter-Ulme Bierde (NW), wohl zur Gründungszeit des Hofes gepflanzt und somit ältestes lebendes Familienmitglied

Zur Dorfgründung wurde vor 800 Jahren kaum jemals ein Baum gepflanzt, dies war noch kein gängiges Ritual zu der Zeit. Aber zu besonderen Ereignissen in der Dorfentwicklung und zu kulturellen Ereignissen etwa ab dem 15. Jhdt. kam es dann schon häufiger vor.

NEB-Beispiele: #01 Linde Heede (NI), #05 Linde Hochmössingen (BW), #07 Ulme Gülitz (BB): Abb. 3.6, #08 Prangerlinde Großpörthen (ST), #09 Eiche Berlin (BE), #11 Käschde Gleisweiler (RP), #12 Femeiche Raesfeld (NW), #18 Hindenburglinde Ramsau (BY): Abb. 3.7, #23 Klosterlinde Pehlitzwerder (BB): Abb. 3.8, #24 Eiche Röbel/Müritz (MV), #27 Hofulme Bierde (NW): Abb. 3.9, #30 Tassilolinde Wessobrunn (BY), #31 Drillingseiche Frankfurt/Oder (BB), #33 Alte Eibe Lebach (SL), #40 Schmorsdorfer Linde (SN), #42 Bucher Eiche (RP)

Bäume zur Fertigstellung von Burgen, Schlössern, Kirchen, Klöstern

Zur Fertigstellung von Gebäuden mit großer kultureller oder kirchlicher Bedeutung wurden vereinzelt ab dem 13. Jahrhundert Bäume gepflanzt, dann deutlich zunehmend ab dem 15./16. Jahrhundert. Unser frühestes Beispiel ist die Polchower Linde, die wohl zur Fertigstellung der Vorgängerkirche etwa 1220 gepflanzt worden sein könnte.

NEB-Beispiele: #01 Linde Heede (NI), #03 Eibe Flintbek (SH), #05 Linde Hochmössingen (BW), #07 Ulme Gülitz (BB), #08 Prangerlinde Großpörthen (ST), #15 Kirchlinde Polchow (MV), #21 Gerichtslinde Collm (SN), #23 Klosterlinde Pehlitzwerder (BB), #28 Schlosseibe Thedinghausen (NI): Abb. 3.10, #29 Klosterlinde Isenhagen (NI), #30 Tassilolinde Wessobrunn (BY), #32 Schlosslinde Homberg/Ohm (HE), #36 Burkhartlinde Überlingen (BW), #38 Reformationslinde Steinbergkirche (SH)

Bäume mit herausgehobener Bedeutung in Grünflächen (Parkanlagen, Friedhöfe, Wald)

Sehr vielfältig sind in Szene gesetzte Bäume in Grünflächen, für die man seit etwa 300 Jahren bis heute Fachleute zur Parkgestaltung heranzieht, um besondere Baumpflanzungen zu pla-

Abb. 3.10: Alte Schlosseibe Thedinghausen (NI), zur Fertigstellung des Schlosses 1621 gepflanzt

nen, zu platzieren und zu gestalten. Sehr eindrucksvolle Beispiele dafür sind der Ginkgo in Jahnishausen, der Berg-Ahorn im Hamburger Hirschpark und die Liebesplatane in Hohenheim. Oder die Inszenierung wurde erst nachträglich vorgenommen, nachdem der Baum schon alt war, wie z. B. die Eiche 'Dicke Marie' in Berlin. In besonderen Fällen erfolgte dies sogar erst durch unsere Ausrufung, z. B. die Schlosseibe in Thedinghausen: Auf einem Bild von 1680 ist sie ein kleines Bäumchen, erst 2023 rückte sie ins Bewusstsein der Gemeinde und wurde publikumswirksam mit einer viel beachteten Feier zum bedeutendsten Baum der Gemeinde und des Landkreises sowie mit Umweltministerworten zu einem der bedeutendsten Bäume Niedersachsens gekürt.

NEB-Beispiele: #02 Ginkgo Jahnishausen (SN), #06 Berg-Ahorn Hamburg (HH): Abb. 3.11, #07 Ulme Gülitz (BB), #09 Eiche Berlin (BE), #10 Lärche Kassel (HE), #13 Mammutbaum Bremen (HB), #15 Kirchlinde Polchow (MV), #16 Richteiche St. Gangolf (SL), #17 Königseiche Kammerwald (RP), #21 Gerichtslinde Collm (SN), #24 Eiche Röbel/Müritz (MV): Abb. 3.12, #25 Liebesplatane Hohenheim (BW), #26 Urwaldtanne Bayerischer Wald (BY), #28 Schlosseibe Thedinghausen (NI), #31 Drillingseiche Frankfurt/Oder (BB), #34 Dicke Lärche Trusetal (TH), #35 Waldeibe Schortens (NI), #37 Zirbe Schachen (BY), #44 Alte Zeder Weinheim (BW)

Bäume mit überregionaler gärtnerischer Bedeutung

Einzelne Bäume können durch ihre gärtnerische oder gartenbauliche Bedeutung dauerhaft besondere Beachtung erhalten. Dafür ist unter unseren Bäumen das prägnanteste Beispiel die Schöne Eiche von Harreshausen (#19) mit ihrer Säulenform, die schon vor über 200 Jahren Mutterbaum fast aller Säuleneichen in Europa geworden ist.

NEB-Beispiele: #02 Ginkgo Jahnishausen (SN), #06 Berg-Ahorn Hamburg (HH), #10 Lärche Kassel (HE), #19 Eiche Harreshausen HE), #28 Eibe

Abb. 3.11: Berg-Ahorn im Hirschpark von Hamburg (HH) mit gewaltiger Krone

Abb. 3.12: Markante Stiel-Eiche mit Forsthaus im Röbeler Stadwald (MV)

Abb. 3.13: Klosterlinde Isenhagen, bei genauem Hinsehen eine der 5 ältesten Holländischen Linden (NI)

Thedinghausen (NI), #29 Linde Isenhagen (NI): Abb. 3.13, *#39 Tanzlinde Effeltrich (BY), #43 Dicke Ess-Kastanie Aachen (NW), #44 Alte Zeder Weinheim (BW)*

Zeitzeugen historischer Ereignisse, Namensbäume

Bäume als Zeitzeugen sind oft schon an ihrem Namen zu erkennen: z. B. Hindenburglinde und Hofulme. Sie weisen auf besondere Ereignisse in der Vergangenheit hin, unter unseren Bäumen besonders beeindruckend die Tumuluslinde in Evessen (#20), die auf einem bronzezeitlichen Hügelgrab steht, aber wohl erst vor etwa 700 Jahren auf den 7 m hohen Standort gepflanzt wurde (oder sie ist ein Wiederaustrieb eines früheren Vorgängerbaumes).

NEB-Beispiele: #09 Eiche Dicke Marie Berlin (BE), #17 Königseiche Kammerwald (RP), #18 Hindenburglinde Ramsau (BY), #20 Tumuluslinde Evessen (NI), #25 Liebesplatane Hohenheim (BW): Abb. 3.14, *#27 Hofulme Bierde (NW), #30 Tassilolinde Wessobrunn (BY), #36 Burkhartlinde Überlingen (BW), #41 Weinkellerlinde Schlieben (BB)*

Bäume und Baumarten mit besonderer Bedeutung für kulturelle Rituale

Einige Bäume sind seit längerer oder sogar schon sehr langer Zeit Orte z. B. für die Proklamation des Schützenkönigs, als Hochzeits-Location, für jährliche Dorffeste oder andere wiederkehrende Veranstaltungen. Der Baum steht dann im Mittelpunkt der Festlichkeiten, was ihm erhebliche Beachtung und Würdigung einbringt. In besonderen Fällen kann auch alleine die Baumart für solche Wirkungen bedeutsam sein, wie z. B. beim Ginkgo, bei der Eibe oder der Platane mit inzwischen Jahrtausende alten Traditionen für kulturelle Zwecke.

NEB-Beispiele: #01 Linde Heede (NI), #02 Gingko Jahnishausen (SN): Abb. 3.15, *#03 Eibe Flintbek (SH), #12 Femeiche Raesfeld (NW), #13 Mahllinde Vogtei (TH), #28 Eibe Thedinghausen (NI), #35 Waldeibe Schortens (NI), #39 Tanzlinde Effeltrich (BY), #40 Schmorsdorfer Linde (SN), #41 Weinkellerlinde Schlieben (BB), #43 Dicke Ess-Kastanie Aachen (NW)*

Abb. 3.14: Zur Begründung des Parks 1779 als Liebesbezeugung des Eigentümers gepflanzte Platane (BW)

Abb. 3.15: Kultbaumart Ginkgo im Schlosspark Jahnishausen, traumhaft als Besucher-Highlight in Szene gesetzt (SN)

Tab. 3: 50 Nationalerbe-Bäume in chronologischer Ausrufungs-Reihenfolge (#01–#50) mit Angaben zu ihrer kulturhistorischen Bedeutung

Nr.	Baumart dt. Name	Alter	Ort, Bundesland	Kulturhistorische Bedeutung
#01	Sommer-Linde	700	Heede, Niedersachsen	Historie Schärpenburg, Hochzeitsort, Dorftreffpunkt, Proklamation Schützenkönig
#02	Ginkgo	210	Riesa, Sachsen	Historie Schlosspark, bestimmender Baum für Schloss-park-Konzeption seit 2020
#03	Europäische Eibe	700	Flintbek, Schleswig-Holstein	uralter Thingort: strategische Bedeutung wg. Weitblicks i.d. Landschaft, Historie Kirchenort
#04	Stiel-Eiche	600	Nagel/Küps, Bayern	eine von 4 alten Eichen im Quadrat: zur Orientierung an alter Heerstraße
#05	Sommer-Linde	600	Hochmössingen, Baden-Württ.	Historie Kirchenort und Dorfmittelpunkt
#06	Berg-Ahorn	270	Hamburg	bestimmender Baum für Parkgestaltung vor 250 J., zusammen mit Lindenallee
#07	Flatter-Ulme	450	Gülitz, Brandenburg	Historie Kirchenort & Friedhof, Dorfschule
#08	Winter-Linde	800	Großpörthen, Sachsen-Anhalt	Gerichtsbaum Mittelalter, Historie Kirchenort
#09	Stiel-Eiche	600	Berlin	Grenzbaum Mittelalter, Historie Stadtentwicklung
#10	Europäische Lärche	240	Kassel, Hessen	bestimmender Baum für Parkgestaltung vor 250 J., am Fuße der Wassertreppen
#11	Ess-Kastanie	400	Gleisweiler, Rheinland-Pfalz	Historie Dorf und lokale Käschde-Kultur, Grenzbaum
#12	Stiel-Eiche	900	Erle-Raesfeld, Nordrhein-Westf.	Gerichtsbaum Mittelalter (Urkunde 1369!), Historie Dorf
#13	Riesenmammut-baum	160	Bremen	Zeugnis und Historie Friedhofsbegründung 1875 (damals erster Baum, am Eingang)
#14	Sommer-Linde	500	Vogtei, Thüringen	uralter Thingort: strategische Bedeutung wg. Weitblicks in die Landschaft

Nr.	Baumart dt. Name	Alter	Ort, Bundesland	Kulturhistorische Bedeutung
#15	Sommer-Linde	800	Polchow, Meck-lenburg-Vorp.	Historie Kirchenort & Friedhof seit 13. Jhdt.
#16	Stiel-Eiche	650	St. Gangolf, Saarland	Grenzbaum Mittelalter (Dokument 1495!)
#17	Trauben-Eiche	360	Roth/Our, Rheinland-Pfalz	alter Treffpunkt im Wald, 6x Wechsel der Landes-zugehörigkeit!
#18	Sommer-Linde	750	Ramsau, Bayern	Historie Laubrechen und -nutzung im Stall, Bundes-straßenbau 1939
#19	Stiel-Eiche	550	Harreshausen, Hessen	Historie Ursprung der Säuleneiche und ihrer Verbreitung über ganz Europa
#20	Sommer-Linde	800	Evessen, Niedersachsen	Historie bronzezeitlicher Grabhügel, ungeöffnet u.a. wegen Linde
#21	Sommer-Linde	800	Collm, Sachsen	Historie Kirchenort & Friedhof seit 13. Jhdt.
#22	Stiel-Eiche	450	Klein Lübars, Sachsen-Anhalt	Historie Dorf, Grenzbaum Mittelalter
#23	Winter-Linde	600	Pehlitzwerder, Brandenburg	Historie Klosterbau 12. Jhdt., Beweidung seit 1420, Schutz auf Campingplatz
#24	Stiel-Eiche	600	Röbel/Müritz, Meckl.-Vorp.	Historie Stadtwald Glienholz, Forsthaus
#25	Ahornblättrige Platane	245	Stuttgart-Hohen-heim, Bad.-Wü.	Historie Hohenheimer Gärten, 1. Baum gepflanzt zur Gründungszeit
#26	Weiß-Tanne	605	NP Bayerischer Wald, Bayern	Waldgeschichte Urwald, Bergmischwald
#27	Flatter-Ulme	500	Bierde, Nord-rhein-Westfalen	Historie Hofgut & Familiengeschichte seit Mittelalter
#28	Europäische Eibe	405	Thedinghausen, Niedersachsen	Historie Schloss Erbhof: gepflanzt zur Bau-Fertigstellung
#29	Holländische Linde	500	Isenhagen, Niedersachsen	Historie Kloster: gepflanzt zur Umwidmung in Damenstift 1540
#30	Sommer-Linde	800	Wessobrunn, Bayern	Historie Klosterbau 13. Jhdt.
#31	Stiel-Eiche	600	Frankfurt (Oder), Brandenburg	Historie Ortschaft u. frühere Kirchen am Ort, war möglicherweise Gerichtsort
#32	Sommer-Linde	750	Homberg (Ohm), Hessen	Historie Schlossort und Gemeindegeschichte
#33	Europäische Eibe	500	Lebach, Saarland	Historie privater Hof, einer ältesten und bedeutendsten Bäume des Saarlandes
#34	Europäische Lärche	280	Trusetal, Thüringen	Forstgeschichte des Waldortes: besondere Ursache dieser Riesenlärche bisher unbekannt
#35	Europäische Eibe	450	Schortens, Niedersachsen	mystischer Ort, benachbarte germanische Thingstätte
#36	Sommer-Linde	450	Überlingen, Baden-Württ.	Historie Burg Alt-Hohenfels und vom Aussichtspunkt zum Bodensee und Gasthof
#37	Zirbe	270	Schachen, Bayern	Waldgeschichte bedeutendstes deutsches Zirbenvor-kommen in 2.000m Höhe
#38	Sommer-Linde	500	Steinbergkirche, Schleswig-Holst.	Historie Kirchenort: Pflanzung zur Reformation 1520
#39	Sommer-Linde	700	Effeltrich, Bayern	Historie Tanzlinde und der Bastgewinnung für örtliche Gartenbaubetriebe
#40	Sommer-Linde	800	Schmorsdorf, Sachsen	möglicher Gerichtsort im Mittelalter
#41	Winter-Linde	425	Schlieben, Brandenburg	Historie Weinkeller-Anlage im Weinberg vor 500 Jahren
#42	Stiel-Eiche	400	Buch, Rheinland-Pfalz	Historie Ortschaft, Wahrzeichen der Gemeinde
#43	Ess-Kastanie	600	Aachen, Nord-rhein-Westfalen	Maronenanbau, möglicher historischer strategischer Ort Karl der Große

Nr.	Baumart dt. Name	Alter	Ort, Bundesland	Kulturhistorische Bedeutung
#44	Libanon-Zeder	240	Weinheim, Baden-Württemberg	Historie Parkanlage: Baum stammt aus der Umgestaltungszeit der Schlossgärten
#45	Stiel-Eiche	450	Groß Schneen, Niedersachsen	mglw. früherer Gerichtsort, wichtiger Treffpunkt und Beratungsort im Dorf
#46	Riesen-Lebensbaum	150	Lindau (Bodensee), Bayern	markanter Ort im Park am Bodensee-Ufer bei Oberbürgermeister-Dienstsitz
#47	Ess-Kastanie	260	Rheine, Nordrhein-Westfalen	Historie Salinenpark, Ort im Park zwischen Funktionsgebäuden für Salinenbetrieb
#48	Stiel-Eiche	800	Thalmassing, Bayern	Historie Ort und Pfarrei seit Pflanzung des Baumes im 13. Jhdt.
#49	Trauben-Eiche	500	Drei Annen Hohne, NP Harz	Historie Weidewirtschaft im Harz seit Jahrhunderten, mglw. ehemaliger Hofbaum
#50	Stiel-Eiche	850	Ivenack, Mecklenburg-Vorp.	Historie Hutewirtschaft seit über 1000 J.: uralte Hute-Eiche für Vieh- und Wildfütterung

3.2 Schlussfolgerungen

Es war nicht erwartet worden zu Beginn der Initiative Nationalerbe-Bäume 2019, dass diese Bäume alle und in solchem Ausmaß kulturhistorische Bedeutung haben. Die hier so umfassend zusammengestellte Übersicht vermittelt eindrucksvoll, dass neben ihrer Bedeutung für Biodiversität und als Lebensraum auch und ganz besonders ihr Wert für Kulturgeschichte und als historische Zeitzeugen mehr Beachtung ver-

Abb. 3.16: Die „Schöne Eiche von Harreshausen" (umgeben von 4 Linden als Sturm- und Blitzschutz), Abstammungsbaum fast aller Säulen-Eichen in Europa (HE)

dient. Keiner dieser Bäume ist in dieser Hinsicht ohne historischen Hintergrund vor Ort, regional oder sogar überregional (Tab. 3, Abb. 3.16).

Und selbst eine uralte Weiß-Tanne in der Urwald-Parzelle des Nationalparks Bayerischer Wald bei Bayerisch Eisenstein zeigt auf eindrucksvollste Weise, zu welch großen Überraschungen behutsamer Umgang mit den natürlichen Prozess-Abläufen im Waldmanagement in ihrer über 600 Jahre Lebensgeschichte führen kann (Abb. 3.17).

Abb. 3.17: Älteste Weiß-Tanne Deutschlands im Nationalpark Bayerischer Wald als Zeugnis von über 6 Jahrhunderten behutsamen Umgangs mit den Naturressourcen (BY)

4. Neue Erkenntnisse über den Wert alter Bäume und ihren angemessenen Ersatz nach Fällungen

4.1 Anlass dieser Fragestellung

Der Wert alter Bäume ist wohl jedem irgendwie bewusst (Abb. 4.1) – aber wie kann man ihn möglichst unkompliziert und gut nachvollziehbar berechnen und die positiven Wirkungen einschätzen? Dafür stehen derzeit beim Baumschutz die Funktionen im Hinblick auf Klimawirkungen besonders im Vordergrund, aufgrund der weiter fortschreitenden Erwärmung besonders in den Städten.

4.2 Herleitung und Berechnung

Es stellt sich daher die Frage, wie man diese Wirkungen von Bäumen möglichst einfach und auch für Baumlaien verständlich und nachvollziehbar herleiten kann. Es hat sich durch umfangreiche Recherchen und Kalkulationen herausgestellt, dass dies am besten über die Kronenoberfläche funktioniert (Roloff 2010, 2013).

Zur vereinfachten Berechnung wird dabei angenommen, dass die Baumkrone eine Kugel ist. Natürlich ist klar, dass dies eher selten zutrifft, aber für die besser nachvollziehbare Herleitung der Wirkung eines freistehenden Einzelbaumes ist diese vereinfachte Annahme zulässig und unterscheidet sich bei abweichenden Kronenformen nicht grundsätzlich von den hier getroffenen Aussagen.

Abb. 4.1: Etwa 75-jährige Ess-Kastanie mit einer Kronengröße von 20 m (Stammumfang 2,90 m) mit ihrer messbaren und fühlbaren Klimawirkung, hier bei 32 °C Lufttemperatur im Schatten

Die Oberfläche (O) einer Kugel berechnet sich unkompliziert über ihren Durchmesser (D):

$$O = D^2 \cdot 3{,}14$$

Daraus ergibt sich für einen mittelalten Baum von ca. 80–100 Jahren mit einer 20 m breiten Krone:

20 m · 20 m · 3,14 = 400 m² · 3,14 = 1.256 m². Somit hat ein freistehender Altbaum mit 20 m Kronendurchmesser (Abb. 4.1, 4.2) im theoretischen Idealfall eine Kronenoberfläche von ca. 1.250 m² – das ist also eine riesige Fläche!

Mit alten Bäumen sind hier bewusst nicht so besonders alte und große Bäume wie unsere Nationalerbe-Bäume (in diesem Buch) als Beispiel gewählt worden, sondern mittelalte Bäume mit „normaler" Kronenbreite. Etliche der Nationalerbe-Bäume haben Kronenbreiten von 30 bis 40 m, deren Klimawirkungen also noch um ein Vielfaches höher als von 20 m-Kronen sind.

In den Baumschutzsatzungen vieler deutscher Städte heißt es, dass bei der Fällung eines Altbaumes ein oder zwei Jungbäume als Ersatz auf demselben Grundstück zu pflanzen sind. Wir nehmen einmal an, dies seien Bäume mit 1 m Kronendurchmesser (= Kronenbreite) – meist werden sie in der Realität allerdings wohl noch deutlich kleiner sein.

Dann lässt sich auch die Kronenoberfläche dieser Jungbäume mit 1 m Kronenbreite ausrechnen:

1 m · 1 m · 3,14 = 3,14 m². Es müssten also eigentlich 400 Jungbäume mit 1 m Kronendurchmesser gepflanzt werden, um den Verlust der Wirkungen eines Altbaumes mit 20 m breiter Krone zu kompensieren! (Abb. 4.2)

Dies kann man auch schnell für weitere, unterschiedlich große Alt- und Jungbäume mit jeweils 2 verschiedene Blattflächendichten (Leaf

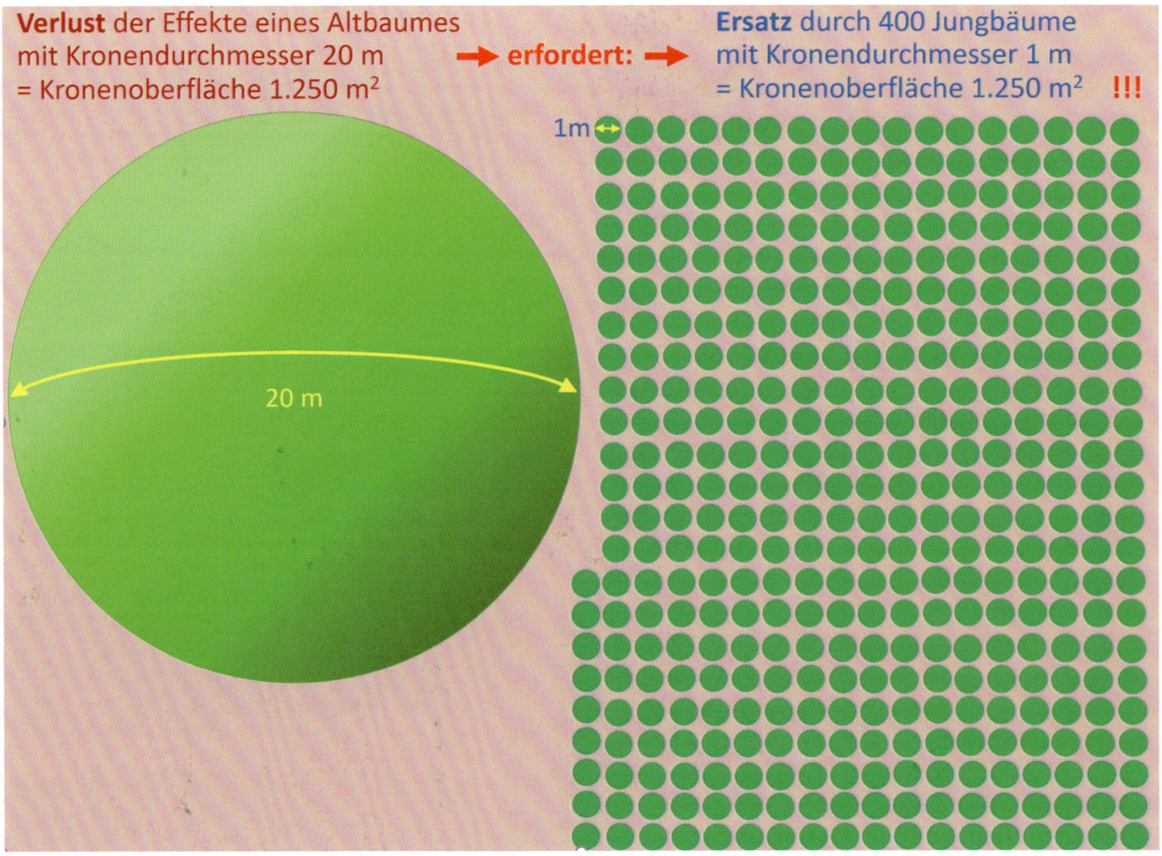

Abb. 4.2: Der Verlust/das Beseitigen eines Altbaumes mit 20 m Kronendurchmesser bedeutet für einen Ersatz seiner Funktionen die Pflanzung von 400 Jungbäumen – mit Kosten (bei Auftragsvergabe) von fast einer Million Euro

Tab. 4: **Berechnung der Ersatzpflanzungen für verschiedene Kronengrößen des Altbaumes**

Größen-klasse (GK)	Kronendurch-messer	Oberfläche (Blattfläche) bei LAI = 4	Oberfläche (Blattfläche) bei LAI = 8	Anzahl GK IV-Ersatzbäume für 1x GK I	Kronen-schirmfläche qm
I	20 m	1.240 qm	3.100 qm	413	314
II	10 m	310 qm	775 qm	103	78
III	5 m	78 qm	195 qm	26	20
IV	1 m	3 qm	7,5 qm	1	0,8

Area Index, LAI) berechnen und ihre Wirkungen über die Oberfläche herleiten. Danach benötigt man für den Ersatz eines Altbaumes mit 10 m Kronenbreite 103 Jungbäume o.g. Größe, bei 5 m Kronenbreite sind es immer noch 26 junge Ersatzbäume.

Erläuterungen zur Tabelle 4:
LAI: Blattflächenindex (Leaf Area Index) = Blattfläche über Bodenfläche
Bsp. 4-mal soviel Blattfläche über Bodenfläche und 8-mal Blattfläche über Bodenfläche
GK: Größenklasse
Kronenschirmfläche: von der Krone bedeckte Bodenfläche (abgelotet)

4.3 Konsequenzen

Man müsste daher also mehrere hundert Jungbäume pflanzen (Abb. 4.3), um dieselbe Wirkung wie die von der Kronenoberfläche eines Altbaumes zu erzielen. Das könnte und sollte uns nachdenklicher beim Umgang mit Altbäumen machen, denn der funktionelle Ersatz eines solchen Altbaumes würde mit 400 Baumpflanzungen somit fast eine Million EURO kosten. Und dabei würde außerdem noch das Problem auftreten, dass man die notwendige Fläche zur Pflanzung von 400 Bäumen meist gar nicht zur Verfügung haben wird oder finden kann.

Zudem müssen solitäre Altbäume außerhalb des Waldes im Gegensatz zu Jungbäumen in Trockenzeiten nicht gewässert werden, da sie meistens im Laufe ihres langen Lebens ein großes und tiefreichendes Wurzelsystem entwickelt und sich Wasserreservoire erschlossen haben. Bei einem unserer Nationalerbe-Bäume wurden die Wurzeln fast 40 m vom Baum entfernt gefunden!

Damit dürfte eindrucksvoll belegt sein, dass man zunächst besser erst noch einmal reiflich überlegt, ob der alte Baum tatsächlich unbedingt beseitigt werden muss? Oft tritt diese Situation vor der Bebauung eines Grundstückes ein, dann soll i.d.R. als erstes Baufreiheit (= Baumfreiheit!) geschaffen werden, damit man beim Bau nicht von Bäumen behindert wird. Nach der Fertigstellung des Gebäudes fehlen dann meist Schattenplätze auf dem Grundstück, und der zukünftige Nutzer ärgert sich, dass dort kein alter Baum (mehr) steht. Ein Umdenken wäre jetzt zeitgemäß, wenn uns nun durch die zuvor dargelegten Berechnungen bewusster wird, welche enorm positiven Klimawirkungen und damit welchen großen Wert für diese Klimawirkung Altbäume haben, insbesondere in Städten.

Dabei ist klar, dass die reale Blattfläche eines Baumes sogar meist noch größer als seine Kronenoberfläche ist. Oben genannte Beispielsbäume sind daher auch zusätzlich mit der realen Blattfläche gerechnet worden (s. Tab. 4). Die dabei ermittelten Verhältniszahlen (z. B. 1 : 413) bleiben aber dieselben, weshalb die oben durchgeführte einfache Berechnung mit der Oberfläche einer Kugel zulässig ist. Sie ist zudem so schneller nachvollziehbar und besser kommunizierbar, selbst für Baumlaien – und darauf kann es bei Bauvorhaben entscheidend ankommen.

Es ist beeindruckend und erfreulich, dass sofort nach Veröffentlichung dieser Berechnungen zum Tag des Baumes am 25.4.2014 zahlreiche Fällungen von Altbäumen gestoppt wurden, weil die zuvor genannten Argumente so bedeutsam und gut nachvollziehbar sind. Inzwischen konnte so schon fast 1.000 Altbäumen (von denen uns berichtet wurde) das Leben gerettet werden –

ein sehr bemerkenswerter Erfolg unserer Bemühungen zum Baumschutz.

Wichtig ist noch anzumerken, dass diese Berechnungen für freistehende Bäume gelten. Bei dicht stehenden Bäumen z. B. im Wald muss man die Wirkungsoberfläche der Baumkronen als Halbkugel ansetzen, also halbieren. Da dies für Alt- und Jungbäume aber dann gleichermaßen gilt, ändert sich dadurch an den Verhältniszahlen (z. B. wie oben 1 : 413) ebenfalls nichts.

Abb. 4.3: Neu gepflanzte Jungbäume (Winter-Linden) mit ca. 1 m breiten Kronen – ihre Klimawirkung ist noch sehr begrenzt, da sie anfangs zunächst einige Zeit intensiv mit dem Aufbau ihrer Kronen beschäftigt sind

5. Warum gibt es so viele Kappungen und Verstümmelungen von alten Bäumen? Einschätzungen zur Situation, Ursachen und Konsequenzen

Wenn man im Spätwinter „vor dem 28./29. Februar“ (i.d.R. Ablauf der genehmigungsfreien Frist für größere Baumschnittmaßnahmen) durchs Land reist und sich nach gekappten Bäumen umsieht, ist man erschrocken, wie viele Beispiele von frisch misshandelten und verstümmelten Exemplaren es fast überall gibt (Abb. 5.1). Sind wir wirklich im 21. Jahrhundert in Deutschland, einem Land mit einem besonders weit entwickelten Baumpflege-Niveau und sehr ausgereiften Prüfungen für die Tätigkeit als Baumpfleger? Was können die Gründe dafür und für ihre Häufigkeit sein, und was muss sich ändern? Diese Abhandlung möchte zu mehr Sensibilität beitragen – fast alle Bilder stammen aus den letzten 2–3 Jahren.

5.1 Warum erfolgen immer noch so viele Kappungen und Baumverstümmelungen?

Einer der häufigen Gründe für die Kappung von Bäumen oder Teilkronen ist, dass die Bäume zu groß werden, z. B. weil die Baumart zu groß für den Wuchsort ist. Dabei kann eine Rolle spielen, dass zunehmend die Sicht versperrt wird oder

Abb. 5.1: Grauenvoller Anblick mitten in der Stadt: Wer hat hier welchen Auftrag erteilt?

Abb. 5.2: Stammkappungen zu groß gewordener Bäume vor Fenstern (Linden) – mit grausamen Dauerschäden der Bäume

Abb. 5.3: Astkappungen in Abschnitten ohne Seitenzweige und ohne Belassen von Versorgungsästen (Linden)

Fenster, PV-Anlagen, Gartenbereiche zu stark verschattet werden (Abb. 5.2) oder der Lichtraum über Wegen oder Straßen zuwächst. Es kann auch die Sorge über „Nebenwirkungen" der Bäume bedeutsam sein: z. B. über zu viele Blätter/Früchte, Belästigungen durch Tiere oder Geruchs- oder Pollenempfindlichkeit. Und natürlich geht die Angst vor der Verkehrssicherungspflicht bei Baumeigentümern um – also lieber ein bisschen zu viel als zu wenig sägen, „damit mir nichts passieren kann" oder „damit ich ruhig schlafen kann".

Nicht selten ist auch das realisierte billigste Angebot für Baumschnittmaßnahmen der Grund, das nur zustande kommen kann, wenn zu grob gesägt wird – damit es schnell geht (Abb. 5.3). Fehlende Fachkenntnis und Erfahrung können mit dazu beitragen. Verantwortungsbewusste Baumpfleger mit mehr Feinarbeit und Rücksicht auf die Baumbesonderheiten kommen oft nicht zum Auftrag, da sie teurer sind.

Es kann auch sein, dass Baumfällungen umgangen werden sollen, da man sie nach Baumschutzsatzungen beantragen müsste und fälschlich denkt, dass für Kappungen und Verstümmelungen keine Genehmigung erforderlich sei. Bisweilen wird auch Artenschutz als Grund genannt, da z. B. bestimmte Käferarten Hohlräume in stehenden Baumstämmen brauchen, was so aber nicht nachvollziehbar zur Rechtfertigung von Kappungen ist.

5.2 Welche Formen von Kappungen und Verstümmelungen gibt es?

Folgende Variationen von Kappungen und Verstümmelungen, wie sie hier auch genannt werden, kommen vor (in Anlehnung an ZTV-Baumpflege: FLL 2017):

- **Stammkappung der gesamten Krone** (Abb. 5.2): Es bleibt fast nichts als ein mehrere Meter langes Stammstück vom Baum stehen, die Krone ist (fast) vollständig ent-

Abb. 5.4: Jährliches Entfernen aller Zweige (anfangs der Äste) an der Kurpromenade eines Seebades (Linden)

fernt, mit ihr auch der größte Teil der Blätter. Somit ist zunächst fast keine Photosynthese mehr möglich;
- **Stämmlingskappung/Teilkronenentfernung** (Abb. 5.1): Es werden alle Stämmlinge und Starkäste einer Krone mit Teilkronen gekappt, mit ähnlichen Folgewirkungen wie zuvor beschrieben, aber in etwas moderaterem Ausmaß;
- **Astkappungen in Abschnitten ohne Seitenzweige** (Abb. 5.3), so dass es keine nah verfügbaren, ausreichend dimensionierten Versorgungsäste gibt mit der Folge einer Zerstörung vom arttypischen Kronenhabitus;
- **Entfernung aller Äste und Zweige** (Abb. 5.4), damit keiner mehr herunterfallen kann: Es werden in jedem Frühjahr sämtliche Äste und Zweige vor dem Austrieb entfernt.

Es können allerdings auch natürliche Ursachen mit kappungsähnlichen Folgen auftreten: Blitz, Sturm/Tornado, Misteln, Eschen-Triebsterben etc. Oder eine Stammfäule entsteht am Kronenansatz durch die mangelnde Verwachsung in einer Veredlungsstelle am Stamm und kann zur „Selbstkappung" führen.

5.3 Was sagen die Baumpflege-Fachanleitungen/-Regelwerke zu Kappungen?

Nach der gültigen Richtlinie ZTV-Baumpflege (FLL 2017) sind **Kappungen** nicht fachgerechte Schnittmaßnahmen, bei denen die Krone bis in den Stamm- oder den Stämmlingsbereich ohne Rücksicht auf Habitus, Versorgungsäste und physiologische Erfordernisse baumzerstörend abgesetzt wird.

Kappung ist also eine **nicht fachgerechte und baumzerstörende Maßnahme**, die zu Schadensersatzforderungen führen kann, denn im Extremfall ist das Ergebnis ein Totalschaden.

Fachgerechte **Einkürzungen und Auslichtungsschnitte** (Abb. 5.5) hingegen müssen folgende Kriterien erfüllen (ZTV S. 20/21 und S. 43):

Abb. 5.5: Weitgehend gelungene Beachtung von Versorgungsästen bei einer Einkürzung (Linde)

Der Umfang der Einkürzung richtet sich nach den Anforderungen der Verkehrssicherheit gemäß den FLL-„Baumkontrollrichtlinen" und FLL-„Baumuntersuchungsrichtlinien", dem Zustand des Baumes und/oder des Baumumfeldes oder erfolgt aus Gründen des Arten- und Denkmalschutzes. Es können die gesamte Krone, Teile oder nur einzelne Äste betroffen sein. Äste bis maximal Grobaststärke sind einzukürzen bzw. zu entnehmen. Es ist auf Zugast/ Versorgungsast zu schneiden.

Die verbleibende Krone soll einen möglichst arttypischen Habitus behalten bzw. entwickeln können.

Eine Kappung ist im Gegensatz zur Einkürzung baumzerstörend.

Auch bei Schädigung von Baumkronen durch **unvorhersehbare Naturereignisse** (z. B. Tornado, Nassschnee) kann es als Sofortmaßnahme notwendig werden, Äste, Kronenteile oder die Krone entsprechend den Erfordernissen der Verkehrssicherheit einzukürzen (früher als **Kronensicherungsschnitt** bezeichnet).

Bei Schnittmaßnahmen allgemein sind **Versorgungsäste** zu beachten, außerdem ist auch der **optimale Schnittzeitpunkt** entscheidend unter Berücksichtigung aller am Ort und Baum erforderlichen Kriterien (s. Folgekapitel 5.4).

5.4 Welche Folgen haben Kappungen für den Baum?

Nach Kappungen kommt es baumbiologisch zwangsläufig zu einem **massiven Fäulefortschritt** am Stammende und im Stamm (was zunächst überwiegend im Stamminneren verborgen bleibt). Denn die Breite der zur Wasserleitung und -speicherung verwendeten Stammsplintfläche hängt maßgeblich von der vorhandenen Blattfläche ab (sog. Huber-Wert). Wenn die Blattfläche durch Kappung plötzlich für längere Zeit reduziert wird, werden daher die innersten Splint-Jahrringe aufgegeben und den Pilzen überlassen. Sie können dann nie wieder reaktiviert werden, eine Kompensation wird erst allmählich mit den neuen äußeren Jahrringen möglich. Detaillierte Untersuchungen an vor 50 und 90 Jahren gekappten Linden zeigen die umfassenden Folgeprobleme danach für den gesamten Rest des Baumlebens mit ihren enormen Auswirkungen auf die Baum-Verkehrssicherheit und ihre Folgekosten. Denn die inneren Stammfäulebereiche dehnen sich infolge der Kappung signifikant aus und führen zu fast einer Verdoppelung des Gefahrenpotenzials der betroffenen Stämme im Vergleich zu nicht gekappten Bäumen (Gräfe 2004, Weiss 2023a).

Besondere Bedeutung für die Baumreaktionen auf Schnittmaßnahmen hat die **Schnittflächengröße** des Astes bzw. Stämmlings. Es soll möglichst nur im Schwachastbereich (bis 5 cm Durchmesser) geschnitten werden, bei effektiven Kompartimentierern maximal im Grobastbereich bis 10 cm Durchmesser, sonst sind die Folgeschäden dauerhaft und erheblich (Dujesiefken & Liese 2022; Pietzarka 2023). Bei Kappungen werden diese Grenzen regelmäßig ignoriert und überschritten, die Schnittflächen sind dann oft bis 30 cm breit oder sogar darüber.

Je nach Schnittflächengröße, Jahreszeit, Baumart und Ausführungsvariation treten an den eingekürzten/ gekappten Ästen und Stämmlingen **Rücksterbe-Erscheinungen** auf, insbesondere, wenn keine Versorgungsäste beachtet wurden oder zu finden waren. Dieses Zurücksterben kann aber auch gerade beabsichtigt sein, wenn der Verursacher dem Baum einen möglichst großen Schaden zufügen möchte, um ihn kleiner zu halten.

Bei **Nichtberücksichtigung von Versorgungsästen** („Zugästen") kann an der Schnittstelle ein massives Austreiben mit Innerkronen-Konkurrenz von Ständern auftreten (Abb. 5.6). Diese sind dann ggf. zeitnah zu vereinzeln und einzukürzen. Sonst treten in der Folge neue Probleme der Verkehrssicherheit durch Ausbrechen von Ständern auf (nach 10 Jahren und zunehmend). Es besteht somit auch hierdurch nach Kappungen ein langfristig erhöhter Kontroll- und Pflegebedarf mit der Folge höherer Dauerkosten.

Durch Kappungen und die oben beschriebenen inneren Fäulefortschritte tritt eine **deutliche Verkürzung der Lebenserwartung** des Baumes ein. Wenn demgegenüber gelegentlich Kappungen als „Verjüngungsschnitte" bezeichnet werden und behauptet wird, diese erhöhten die Lebenserwartung, liegt ein großes Missverständnis vor, auch über die Bedeutung vom Baumhabitus (Verstümmelung).

Abb. 5.6: Massives Austreiben von Ständern und Innerkronen-Konkurrenz nach Stämmlingskappung vor 12 Jahren (Linde)

Abb. 5.7: Deprimierender Anblick einer Verstümmelung im Hofgelände bei Ankunft von Gästen (Linde)

Auch die positive **mentale Bedeutung von Bäumen** wird durch Verstümmelungen dauerhaft oder vorübergehend vermindert. Dies wird vor allem in Innenstädten, in Parks und in Privatgärten als sehr negativ eingestuft (Abb. 5.7).

Nach Kappungen werden für etliche Jahre die **Wurzeln unterversorgt** oder zunächst sogar zeitweise ganz vom Zuckerzustrom abgeschnitten, da der Baum zunächst alles an Assimilaten sogleich in seiner Krone verbraucht und nichts mehr für Stammzuwachs und Wurzeln übrigbleibt. Demzufolge kann es auch zu einem (unsichtbaren) Wurzelsterben kommen.

Durch Kappungen ist zudem die **Klimawirkung der Bäume** sehr stark reduziert, im Extremfall sogar für mehrere Jahre gleich oder nahe null. Da diese Wirkungen derzeit im Mittelpunkt der Baumfunktionen in Städten stehen, wiegt diese Folgewirkung besonders schwer (s. Kap. 4).

5.5 Welche „Gegenmaßnahmen“ gibt es, um Kappungen zu vermeiden?

Zunächst ist eine sorgfältigere Einschätzung und **Planung der Endbaumgröße** bei Baumpflanzungen sehr hilfreich, da sie das Problem zu großer Bäume möglichst gar nicht erst auftreten lässt: Es müssten und könnten einfach mehr kleine Baumarten verwendet werden, wo es der Pflanz- und Standort im Alter erfordert (Abb. 5.8, Roloff 2021c). Diese wachsen allerdings i.d.R. auch langsamer und entfalten ihre (zudem geringeren) Wirkungen nicht ganz so schnell wie größere Bäume. Es gibt keine Baumart, die sehr schnell wächst und zugleich klein bleibt. Dafür kann man ggf. aber auch auf **Sträucher** umschalten, bei denen es solche Eigenschaften gibt (z.B. Weißdorn) – dabei fehlt allerdings meist der solitäre Stamm im Habitus (Pietzarka et al. 2024).

Abb. 5.8: Kleine Baumart ohne Einkürzungsbedarf im Alter (Mehlbeere)

Um spätere Kappungen und Verstümmelungen zu vermeiden, kann es auch hilfreich sein, schon im frühen Baumleben moderatere Schnittmaßnahmen durchzuführen und einzelne Bäume z. B. zu **Kopfbäumen** zu erziehen (Abb. 5.9). Allerdings zeigen sich bei diesen (z. B. bei Platanen) neuerdings Probleme durch Überhitzung älterer Stämmlingsköpfe in heißen Sommerperioden,

Abb. 5.9: Kopfbäume mit seit der Jugend regelmäßigem Schnitt der Wiederaustriebe (Linde)

Abb. 5.10: Einkürzung aller Hauptachsen zum Kleinhalten im frühen bis mittleren Baumleben (Linde): ‚Rügener Modell'

wenn die Neuaustriebe jährlich zurückgeschnitten werden und daher die Beschattung der Köpfe fehlt – mit der Folge von Pilzbefall und Absterben einzelner Köpfe. Man kann aber auch den Baum bzw. seine **Krone miniaturisieren**, indem man einige Jahre in der Jugend bis zum mittleren Alter die Wipfeltriebe und Hauptachsen wiederholt einkürzt (Abb. 5.10). Ein besonderer Fall dazu ist das breitkronige sog. ‚Rügener Modell' (ROLOFF & DUJESIEFKEN 2003).

Und in höherem Alter bleiben natürlich dann noch die **fachgerechten Schnittmaßnahmen** mit moderaten Einkürzungen und Auslichtungsschnitt (s. ZTV-Baumpflege FLL 2017, KLUG 2021, WEISS 2023a) (Abb. 5.5).

5.6 Wie geht man mit gekappten Bäumen um und bewertet ihre Entwicklungsprognose?

Speziell für den Umgang mit leider häufiger vorkommenden, nicht fachgerecht eingekürzten oder gekappten Bäumen wurden die sog. Regenerationsstufen (RS) entwickelt, die anstelle

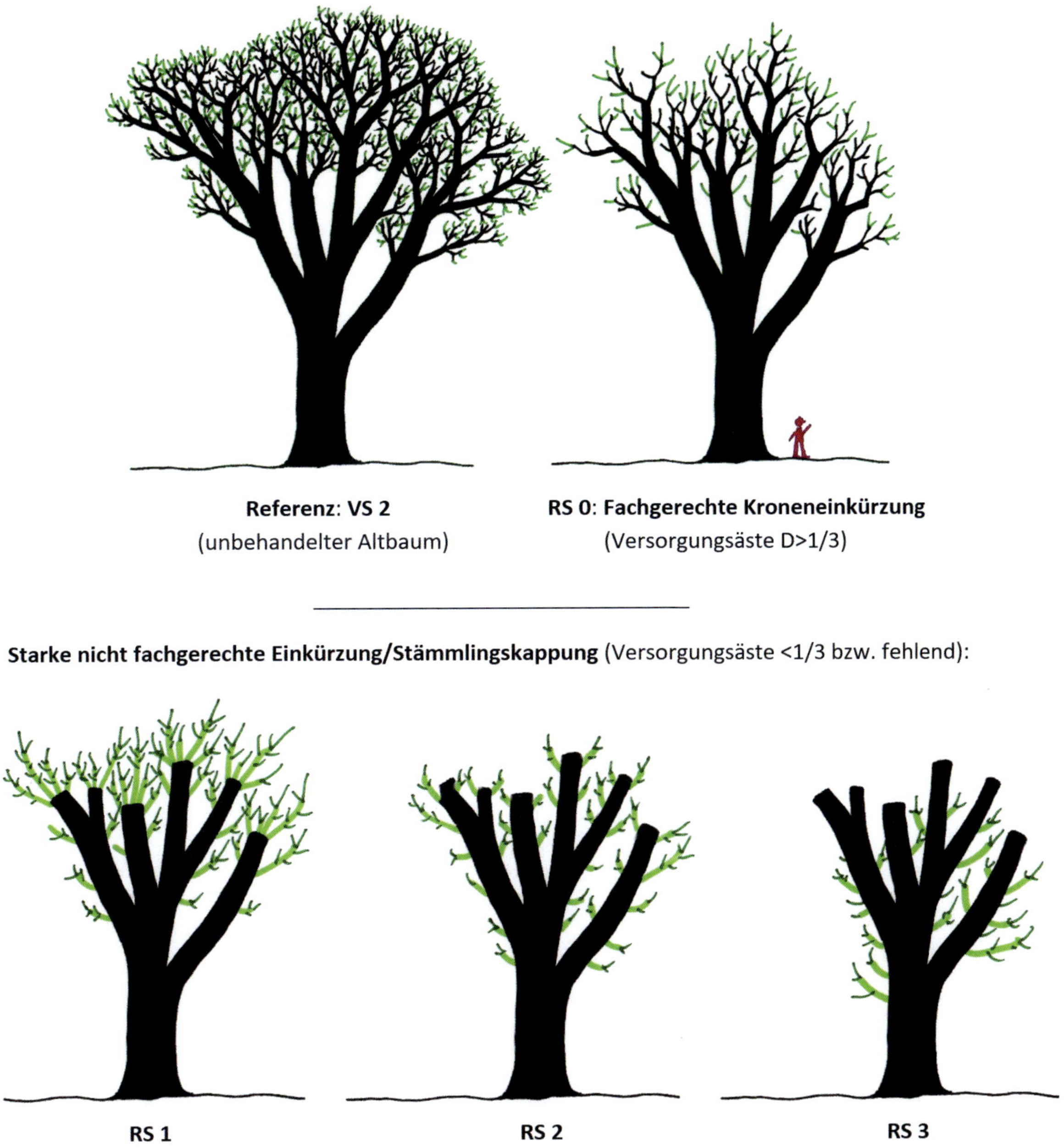

Abb. 5.11: Vergleich von „regulärer" Vitalitätsstufe (VS) 2 mit den Regenerationsstufen (RS) 0–3

der regulären Vitalitätsstufen eine Abschätzung des Zukunfts- und Reaktionspotenzials der Bäume erlauben (ROLOFF 2018). Je schneller und besser der so behandelte Baum wieder austreibt, umso günstiger ist die Regenerationsstufe (RS, Abb. 5.11): RS 0 ist ein fachgerecht eingekürzter Baum mit Versorgungsästen sowie zeit- und schnittnaher Reaktion. RS 1–3 sind nicht fachgerecht eingekürzte Bäume: bei RS 1 mit zeit- und schnittnaher Reaktion, d.h. mit bald vielen Wiederaustrieben im obersten Bereich der Krone, RS 2 bei einer verzögerten und/oder auf gesamter Kronenhöhe einsetzenden Wiederaustriebsreaktion, RS 3 mit verzögerten und nur noch im mittleren und unteren Kronenbereich auftretenden Austriebsreaktionen.

5.6 Schlussfolgerungen aus dem Dargestellten

Wir brauchen dringend mehr Wertschätzung für alte Bäume und mehr Gelassenheit, wenn mal etwas aus der Krone herabfällt. Das gehört bei Natur mit dazu, und man kann Bäume nicht 120%ig sicher machen wie einen Lampenmast. Hilfreich wäre dafür mehr Bewusstmachen unserer Verantwortung für Natur und der vielfältigen Baumwirkungen und Funktionen. Dies gilt besonders für alte Bäume, die natürlicherweise ein höheres Unfallrisiko aufweisen, aber 400-mal so viel Klimawirkung zustande bringen wie ein Jungbaum (s. Kap. 4).

Abb. 5.12: klein bleibende Obstbäume mit nutzbaren Früchten werden interessanter und attraktiver (Apfelbaum)

Mehr Sorgfalt bei der Baumartenwahl kann die Probleme mit zu großen Bäumen signifikant verringern, allerdings kommt die Wirkung davon erst in 20–30 Jahren zur Geltung. So bleiben z. B. fast alle Obstbäume dauerhaft kleiner (Abb. 5.12) und haben außerdem noch zusätzliche Nutzfunktionen. Aber es können eben Früchte herunterfallen, und damit ist schon wieder unsere Empfindlichkeit und eine Belästigung gegeben.

Nationalerbe-Bäume können uns eindrucksvoll die Bedeutung sehr alter Bäume für kulturhistorische Entwicklungen und kulturelle Ereignisse in Vergangenheit und Gegenwart vorführen und verdeutlichen (s. Kap. 7): Keiner dieser Bäume ist in dieser Hinsicht ohne historischen Hintergrund vor Ort, regional oder sogar überregional (s. Kap. 3 und ROLOFF 2023a).

Die rechtlichen Möglichkeiten zur Ächtung und Unterbindung von Baumkappungen sollten häufiger und besser genutzt werden. Sie müssen in allen Baumschutzsatzungen ausdrücklich als unzulässig untersagt sein, was derzeit in älteren Fassungen oft noch nicht der Fall ist. Auf der anderen Seite könnte man besonders gelungene und sensible Baumpflegmaßnahmen auszeichnen und in Tages- und Fachpresse mehr publik machen.

Und nicht zuletzt: Baumpflege-Zuständige und Baumverantwortliche sollten sich bewusster bemühen, den Baum möglichst schonend zu behandeln und lange zu erhalten, statt ihn zu verstümmeln. Dies müsste eigentlich bei einer zunehmenden Wertschätzung von Bäumen vermittelbar sein, um sich dann nicht über sein Aussehen zu wundern oder ärgern zu müssen, abgesehen von den dauerhaft höheren Folgekosten durch Fäulefortschritt im Stamm und aufwändiges Management der Wiederaustriebe. Es wird derzeit eher zu viel als zu wenig gesägt, daher sind zu viele Bäume ständig mit Reparieren von zu groben Eingriffen „beschäftigt“. Dies hat zudem sogar Folgen für die Windbruchanfälligkeit der Äste, eine Kronenüberhitzung und Mistelbefall.

Aufmerksame Bürger und Medien sollten Kappungen mehr publik machen und ächten. Dann können wir in Deutschland vielleicht auch schon in näherer Zukunft einen höheren Anteil von alten Bäumen mit aufmunterndem Baumhabitus schaffen, wie es in z. B. England der Fall ist. Darauf könnten wir bald stolz sein, wenn wir jetzt damit beginnen!

6. Welche Baumarten können Methusalem-Bäume werden? Kurzvorstellungen

Aus den in Kapitel 2.4 und 2.5 genannten Gründen gibt es nur eine überschaubare Anzahl von etwa 15 Baumarten, die hierzulande regelmäßig über 400 Jahre, auch 500 oder sogar bis 1.000 Jahre alt werden können.

Dies sind (in alphabetischer Reihenfolge ihrer deutschen Gattungsnamen):

	Lebenserwartung in Mitteleuropa (max. etwa Jahre):	**Vorkommen in den ausgerufenen 50 NEB**
Berg-Ahorn (*Acer pseudoplatanus*)	500	1
Europäische Eibe (*Taxus baccata*)	1.500	4
Stiel-Eiche (*Quercus robur*)	1.000	12
Trauben-Eiche (*Quercus petraea*)	800	2
Ginkgo (*Ginkgo biloba*)	1.200	1
Ess-Kastanie (*Castanea sativa*)	1.000	3
Europäische Lärche (*Larix decidua*)	900	2
Riesen-Lebensbaum (*Thuja plicata*)	1.000	1
Sommer-Linde (*TIlia platyphyllos*)	1.200	13
Holländische Linde (*Tilia × europaea*)	600	1
Winter-Linde (*Tilia cordata*)	800	3
Ahornblättrige Platane (*Platanus × hispanica*)	1.000	1
Riesenmammutbaum (*Sequoiadendron giganteum*)	900	1
Weiß-Tanne (*Abies alba*)	600	1
Flatter-Ulme (*Ulmus laevis*)	500	2
Libanon-Zeder (*Cedrus libani*)	800	1
Zirbe (*Pinus cembra*)	1.000	1

Berg-Ahorn (*Acer pseudoplatanus*)

Der Berg-Ahorn kann seine Stärken erst im Gebirge so richtig ausspielen: Dort trotzt er Kälte, Sturm und Eisanhang und profitiert von der besseren Feuchtigkeitsversorgung. Im Herbst zeigt er eine brillante Gelbfärbung, und die Borke ist im Alter voll mit Flechtenbesatz. Mit der Höhenlage steigt die Lebenserwartung, er kann dort durchaus 800 Jahre alt werden und Stammumfänge von über 8 m erreichen (Abb. 6.1).

Am wohlsten fühlt er sich im Bergmischwald mit Fichten, Weiß-Tannen und Rot-Buchen, weil dann jede dieser Baumarten ihre optimale Nische mit den unterschiedlichen kleinräumigen Lichtverhältnissen finden kann. Im Gebirge ist er auch ein besonders beliebter Hausbaum: als Blitzableiter, Windschutz und Schutzpatron; früher wurden zudem die Blätter ans Vieh verfüttert.

Das Holz ist extrem begehrt, vor allem für Musikinstrumente, weshalb der sog. „Riegelahorn“ (mit welligem Holzfaserverlauf) regelmäßig Höchstpreise erzielt. Zudem ist es fast weiß, was ihn für helle Möbel-Modewellen und -Verwendungen attraktiv macht. Ganz alte Berg-Ahorne sind aber für diese Nutzung nicht mehr attraktiv, da sie dann immer hohle Stämme und größere Fäulebereiche aufweisen.

Die Rinde dieser Baumart ist ein Highlight, denn im Alter entwickelt sich eine schuppenförmige Borke, die ein phantastisches Formen- und Farbenspiel von gelb bis dunkelbraun und grün zeigt. Daher der Beiname „*pseudo-platanus*“: Sie sieht aus wie eine Platane. Die ältesten Schuppen sind dunkel, und bei ihrem Abfallen kommen dann ganz helle Bereiche zum Vorschein.

Europäische Eibe (*Taxus baccata*)

Auffallend an der Eibe sind ihre immergrünen, dunklen und oft dichten Kronen mit leuchtend roten Samenmänteln, ihre attraktive rötliche Schuppenborke am wulstigen, kehligen Stamm und ihre individuelle Wuchsform. Ältere Exemplare wirken daher oft monumental und sind seit Urzeiten ideale und beliebte Bäume zur Betonung von Kultstätten (CHETAN & BRUETON 1994, HAGENEDER 2007). Die Baumart bildet oft mehrstämmige Kronen und kann über 1.500 Jahre alt werden.

Besonders viele sehr alte Eiben wachsen an englischen Kirchen aus dem frühen Mittelalter auf den zugehörigen Friedhöfen, äußerst beeindruckende Exemplare stehen in Kenn/Devon (über 1.500 Jahre, Abb. 6.2) und in Ashbrittle/Somerset (über 2.000 Jahre, mit inzwischen 7 Stammteilen). Den Kelten galt sie als heiliger Baum, den Germanen als Sinnbild für Ewigkeit. Beeindruckend ist zudem ihre enorme Schattentoleranz, so dass sie wie die Rot-Buche unter allen anderen Baumarten wachsen kann. Wildexemplare sind so selten, dass sie als eine von nur wenigen Baumarten in Deutschland nach der Bundesartenschutzverordnung streng geschützt sind (BUNDESGESETZBLATT 2005/2013, I, S. 258/896).

Ihr langsames Wachstum führt zu vergleichsweise dünneren Stämmen in höherem Alter als bei Eichen und Linden. Oft wird leider zudem der Stamm durch die immergrüne Krone verdeckt. Inzwischen haben sich aber etliche sehr eindrucksvolle Eiben in Deutschland gefunden, welche über 4 m Stammumfang und ein Alter über 400 Jahre aufweisen, so dass einige davon schon als Nationalerbe-Baum ausgerufen werden konnten.

Abb. 6.1: So richtig wohl fühlt sich der Berg-Ahorn erst oberhalb von 800 m, hier das stärkste Exemplar (am Wamberg bei Garmisch-Partenkirchen)

Abb. 6.2: Über 1.500-jähriger einstämmiger Eiben-Methusalem in Kenn/Devon (GB) mit einem Stammumfang von 13,30 m

Stiel- und Trauben-Eiche (*Quercus robur, Qu. petraea*)

Von den „Methusalembäumen“ in Deutschland sind zu über 30 % Stiel- und Trauben-Eichen. Die dicksten und ältesten sind bei genauerer Nachprüfung allesamt Stiel-Eichen, selbst Bäume, die in Naturdenkmallisten als Trauben-Eichen geführt werden. Dies ist in England anders: Hier fand sich eine Trauben-Eiche, deren Alter auf 1.400 Jahre geschätzt wird (bei einem Stammumfang von etwa 14 m, Abb. 6.3).

Abb. 6.3: Dickste bekannte Trauben-Eiche Europas ‚Queen Elizabeth I-Oak' mit einem Alter von etwa 1.400 Jahren und über 14 m Stammumfang (Midhurst, Sussex/UK)

Abb. 6.4: Stärkster bekannter einstämmiger Ginkgo der Welt in Ost-China mit Stammumfang 16,80 m und einem legendären Alter von 3.700 Jahren (Dinglin Tempel in Rinzhao)

In Deutschland ist von keiner einzigen Eiche ein solches Alter über 1.000 Jahre überprüfbar dokumentiert, da Urkunden aus der Zeit fehlen, und die Stämme immer hohl und faul oder gespalten sind. Es gibt hierzulande aber mehrere Kandidaten, die 800–900 Jahre alt sein können, so z. B. in Raesfeld/Erle (NW), Thalmassing (BY) und Ivenack (MV). Die letztgenannte hat dabei noch immer eine erstaunliche Höhe von fast 30 m, hat es also über diese langen Zeiträume geschafft und ist immer noch in diesem hohen Alter in der Lage, ihre Krone mit Wasser zu versorgen. Andere, wie die in England und Raesfeld, haben seit langer Zeit ihre Krone zurückgezogen und so die Transportwege für die Versorgung verkürzt.

Der Stamm ist dann immer zum größten Teil hohl, so dass in einigen dieser Uraltbäume schon vor Jahrhunderten Essgelage stattgefunden haben. Berühmt ist solch ein Kaffeetrinken z. B. von Queen Elizabeth I vor über 400 Jahren in der gleichnamigen Eiche mit 10 Personen an einem Tisch mit Stühlen im Bauminneren (Abb. 6.3).

Ginkgo (*Ginkgo biloba*)

Der Ginkgo ist durch seinen oft bizarren Habitus und die merkwürdig entenfußartig gelappten Blätter unverwechselbar und daher sicher den meisten gut bekannt. Ein besonderer Höhepunkt im Jahr ist seine brillante goldgelbe Herbstfärbung. Zudem ist die filigrane Verzweigung etwas Einmaliges. Diese Besonderheiten zusammen mit seinen Heilwirkungen und extrem leckeren Samen machen ihn in vielen Ländern Ostasiens zu einem heiligen Baum, und ihm wird dort weit verbreitet entsprechende Ehrfurcht und Achtung zuteil.

Ginkgos können zudem weit über 1.000 Jahre alt werden – bei uns allerdings bisher nur etwas mehr als 250 Jahre, da sie noch nicht viel länger in Europas Städte und Parkanlagen eingeführt wurden. So beginnt sich ein Ginkgo-Kult bei uns gerade erst zu entwickeln: Die interessante Nutzung der „Früchte" spricht sich hier neuerdings auch herum und führt bereits zu Sammelaktionen.

Der Ginkgo erreicht hierzulande Höhen von 25–30 m und maximale Stammumfänge von über 4 m. Der stärkste Ginkgo Deutschlands mit 5,50 m Stammumfang steht in Dröschkau (Nordsachsen), allerdings nicht erreichbar in einem Privatgarten. In seiner Heimat China gibt es uralte Exemplare mit 12–17 m Stammumfang, die sehr sehenswerte Baumskulpturen und z. T. heilige Bäume sind. Ein solcher fand sich ca. 700 km nordwestlich von Shanghai am Dinglin

Tempel in Rizhao mit 16,80 m Stammumfang und einem belegbaren Alter von über 3.000 Jahren (Abb. 6.4). Der fast intakte Stamm trägt eine riesige Krone, die Wirkung dieses Baumes ist unvergesslich.

Ess-Kastanie/Marone (*Castanea sativa*)

Die Ess-Kastanie entwickelt sich zu großen Bäumen mit breiten Kronen und erreicht Lebensalter von bis zu 1.000 Jahren. In Deutschland steht das dickste Exemplar im Schlossgarten Karlsruhe mit einem Stammumfang von 9,50 m, das allerdings erst knapp 300 Jahre alt ist, da sie mit ihren Tiefenwurzeln seit langer Zeit das Grundwasser erreicht hat. Wesentlich darüber hinaus gehen Ess-Kastanien in England mit bis zu 17,50 m Stammumfang (Abb. 6.5) und in Südeuropa: Dort steht wohl mit 1.500 Jahren die älteste und dickste überhaupt, in Sant'Alfio am Ätna auf Sizilien mit sagenhaften 22 m Stammumfang. Und dies ist nur einer von 3 starken Stämmen, die direkt beieinanderstehen. Da diese Stämme zu einem Baum gehören, der zerfallen ist (was glaubhaft so beschrieben wird), hätte dieser sogar einen Umfang von 58 m (gehabt). Er ist unter dem Namen „Kastanie der 100 Pferde" bekannt, da 100 Pferde unter seiner Krone Platz finden (konnten).

Beeindruckend ist ihr fortlaufendes Wiederaustrieben schon zu Lebzeiten, welches teilweise die Altersschätzung besonders dicker Ess-Kastanien erschwert. Denn ein Teil dieser älteren Bäume ist regelmäßig viel jünger, da es sich um Stammaustriebe handelt. Daher ist es die „hohe Kunst", die ältesten noch lebenden Teile des vorhandenen ursprünglichen Stammes zu finden. Dessen innerste Teile sind allerdings auch immer schon lange verfault und hohl geworden und bisweilen wieder mit jüngeren Innenwurzeln und Stammaustrieben gefüllt. Solche Bäume entwickeln sich schließlich zu Skulpturen, aus deren Gesamt-Erscheinungsbild sich vorsichtig das Lebensalter schätzen lässt.

Europäische Lärche (*Larix decidua*)

Einheimisch ist die Lärche in Deutschland nur in einem Mini-Areal im Alpenraum bei Garmisch, womit sie für den Naturschutz eine einheimische Baumart Deutschlands bis Flensburg ist und auch bis dorthin in der ganzen Republik angepflanzt wird. Die ältesten Bäume hierzulande erreichen nur knapp 300 Jahre bei einem Stammumfang von über 5 m und Höhen bis über 50 m. In den Alpen werden natürlicherweise viel größere Stärken und Alter erreicht; so fanden sich Lärchen bei Sion in der SW-Schweiz (Wallis) in etwa 2.000 m Höhe, mit einem ermittelten Alter von 1.250 Jahren bei einem Stammumfang von 9,50 m (Abb. 6.6).

Gebirgsbäume haben theoretisch eine höhere Lebenserwartung – wenn sie an die dort rauen Lebensbedingungen gut angepasst sind (Stürme, kurze Vegetationszeit, Erd- und Schneerutsche etc.) aufgrund der kühleren oder sogar kälteren Klimaverhältnisse, was Schädlinge (Insekten und Pilze) etwas behindert, kürzere Vegetationszeiten zur Folge hat und somit wie ein Kühlschrank wirkt. So ist es wohl auch kein Zufall, dass auch der älteste Baum der Welt in einem Gebirge Nordamerikas wächst (eine Langlebige Grannen-Kiefer).

Die goldgelbe Herbstfärbung der Lärche bis weit in den November macht sie als Garten- und Parkbaum beliebt. Dies kommt zustande dadurch, dass sie im Herbst ihre Nadeln abwirft und also die einzige einheimische sommergrüne Nadelbaumart ist. Daher kommt sie auch gut mit sehr strengen Wintern zurecht, da sie ihre Nadeln nicht wie Fichten und Tannen frosthart machen muss.

Abb. 6.5: Eine der mit etwa 1.000 Jahren ältesten und dicksten Ess-Kastanien Englands bei Midhurst (Sussex/UK) mit einem Stammumfang von 17,50 m

Abb. 6.6: Eine von Europas ältesten Lärchen (Alter 1250 Jahre, Stammumfang 9,50 m, im Wallis/Schweiz)

Abb. 6.7: Typisch für alte Riesen-Lebensbäume sind oft die bis zum Boden herabhängenden Seitenäste, die sich dann bewurzeln und „Schleppen" bilden (im Bürgerpark Bremen) – deshalb ist der Stamm oft gar nicht sichtbar

Riesen-Lebensbaum (*Thuja plicata*)

Der wohl älteste Riesen-Lebensbaum der Welt ist etwa 1.000 Jahre alt und steht im Westen der USA bei Seattle im Olympic National Park, wo der ‚Kalaloch Cedar Tree' Kultstatus innehat und aus einer riesigen „Kronenlandschaft" von Ursprungs-Stammteilen und Wiederaustrieben besteht, mit über 18 m Stammumfang bis 2014 (da brach er bei einem Gewitter auseinander). Damit gehört er klar zu den langlebigen Baumarten und wurde hierzulande auch mit einem Exemplar in die Nationalerbe-Bäume aufgenommen. Allerdings sind Lebensbäume bei uns noch ziemlich jung, da sie als „Exoten" erst vor etwa 180 Jahren in Europa ankamen (wie z. B. auch Riesenmammutbäume u. a.).

Sie werden hier aber im Wald auch schon seit über 100 Jahren angepflanzt, da ihr Holz höchstwertig ist: wunderbar rötlich gefärbt (weshalb sie in Nordamerika Western Red Cedar genannt werden), sehr aromatisch riechend und extrem haltbar bei Verwendung im Freien. Zudem sind Riesen-Lebensbäume sehr schattentolerant und wachsen schnell, vertragen Schnitt sehr gut und sind deshalb auch als immergrüne Heckenpflanze sehr beliebt und bewährt.

Ihre Kronenform ist oft relativ spitz und kegelförmig, was sie auch als Parkbaum und in Gärten beliebt macht. Die unteren Äste bewurzeln sich oft, wenn sie dem Boden aufliegen und führen dann zu einer genetisch identischen Tochterkolonie rund um den Mutterbaum (Abb. 6.7). Da sie mit Trockenheit und schwierigen Bodenverhältnissen relativ gut zurechtkommen, sind oder werden sie auch als „Klimabäume" interessant, die mit heißeren trockenen Sommern relativ wenige Probleme haben.

Sommer-, Holländische und Winter-Linde (*Tilia platyphyllos, T. × europaea, T. cordata*)

Die beiden Lindenarten werden nur selten über 1.000 Jahre alt, am ehesten die Sommer-Linde. Es ist aber von keinem einzigen Baum in Deutschland ein solches Alter sicher dokumentiert, da Urkunden aus der Zeit fehlen und die alten Stämme immer hohl sind. Zudem können sie mehrstämmig oder aus Wiederaustrieben eines Vorgängerbaumes entstanden sein, wodurch der Durchmesser und das scheinbare Alter erhöht werden. In Deutschland gibt es mehrere Kandidaten, die 800–900 Jahre alt sein können, so z. B. die Sommer-Linden in Polchow (MV), Wessobrunn (BY) und in Collm (SN).

Eine beeindruckend alte und starke Winter-Linde fand sich mit einem Stammumfang von 9,10 m und einem Alter von etwa 750 Jahren bei

Rochlitz in Mittelsachsen auf einem Acker, mit inzwischen aufgeteiltem Stamm und reichlich klonalen Neuaustrieben (Abb. 6.8). Linden haben die beeindruckende Fähigkeit, Innenwurzeln im und am zerfallenden Stamm zu bilden, die sich zunächst vom morschen Holz desselben Baumes ernähren (ein bisschen Kannibalismus, sozusagen Selbst-Recycling), dabei als Wurzeln nach unten wachsen, schließlich den Erdboden erreichen und dann zu normalen Wurzeln mit Versorgung aus dem Boden werden. Dadurch werden die verbleibenden und zerfallenden ursprünglichen Stammreste noch lange versorgt und am Leben erhalten.

Die Holländische Linde ist der Hybrid aus Sommer- und Winter-Linde und kommt schon seit Jahrhunderten von Natur aus vor, da sich die Blütezeiträume beider Eltern etwas überlappen. Sie wächst deutlich schneller als die Eltern und wird deshalb auch nicht ganz so alt.

Abb. 6.8: Eine von Deutschlands ältesten Winter-Linden bei Rochlitz (Mittelsachsen, Alter etwa 750 Jahre, Stammumfang 9,10 m; mit bereits geteiltem Stamm und jungem Wiederaustrieb (rechts)

Ahornblättrige Platane (*Platanus × hispanica*)

Platanen in Mitteleuropa gibt es erst seit etwa 360 Jahren, und der hier häufigste Hybrid ist nicht natürlich entstanden, denn seine beiden Elternteile kommen aus verschiedenen Kontinenten: die Morgenländische oder Orient-Platane (*Platanus orientalis*) aus dem östlichen Mittelmeerraum & Vorderasien und die Abendländische oder Nordamerika-Platane (*Platanus occidentalis*) aus Kanada & USA. Niemand weiß genauer, wo und wie der Hybrid entstand – vermutlich in England in einem Botanischen Garten (jedenfalls kommt er nicht aus Spanien, wie man aus dem lateinische Namensteil *hispanica* ableiten könnte). Zudem ist ungeklärt, ob die Kreuzung absichtlich durch Gärtner erzeugt wurde oder ob sie mit zufälligem Pollentransport durch Wind zwischen beiden Elternarten in einer gärtnerischen Gehölzsammlung zustande kam.

Abb. 6.9: Schuppenborke mit unterschiedlich alten Borkebereichen – die ältesten am dunkelsten, die jüngsten ganz hell cremefarbig. Bei sorgfältiger Suche am Stammfuß kann man passende Schuppen vom Stamm finden.

In Londons Straßenschluchten wurde dieser Baum aufgrund seiner Immissions-, Staub- und Trockenheits-Toleranz sowie Schnittverträglichkeit schnell ein Renner, und Anfang des 20. Jahrhunderts waren dort bereits bis zu 90 % aller alten Straßenbäume Platanen. Von England aus erreichten die Bäume bald ganz Mitteleuropa, und viel seltener kommen die beiden Elternarten in Deutschland in botanischen Sammlungen vor.

Sehr attraktiv ist die Borke der Platane, da sie schuppenförmig abblättert und zuvor die ältesten Schuppen sehr dunkel geworden sind. Dann kommen ganz helle Borkebereiche zum Vorschein und führen zu einem puzzleartigen Farbenspiel (Abb. 6.9) und schönen Farbkontrasten.

Abb. 6.10: Wohl einer der ältesten Riesenmammutbäume in Deutschland (Stammumfang 8,70 m und Alter 175 Jahre), aus der berühmten ersten „Wilhelma-Saat“ in Calw-Hirsau (BW)

Riesenmammutbaum (*Sequoiadendron giganteum*)

Mammutbäume werden schon dem Namen nach offensichtlich ziemlich groß, zumindest in höherem Alter. Allerdings muss man dann zuerst genauer benennen, welcher der 3 Mammutbäume gemeint ist: Küsten-, Riesen- oder Urweltmammutbaum. Die ersten beiden stammen aus dem westlichen Nordamerika (Kalifornien, USA) und sind immergrün, der dritte kommt aus China und ist sommergrün, wirft also im Herbst mit auffälliger Färbung seine Nadeln bzw. Kurztriebe ab. Am eindrucksvollsten von den dreien ist sicher der hier gemeinte Riesenmammutbaum, da er schon in relativ frühem Alter (ab etwa 20 Jahren) einen auffallend starken Stammfuß entwickelt, der schnell dicker als bei fast allen anderen Bäumen wird.

Riesenmammutbäume können bis zu 3.000 Jahre alt werden, mit einer dann gewaltigen Stammbasis. Inzwischen haben hierzulande die seit etwas etwa 170 Jahren eingeführten Riesenmammutbäume fast 10 m Stammumfang erreicht (Abb. 6.10).

Ihre maximale Höhe beträgt in der Heimat 95 m, der Stammumfang bis zu 33 m ('General Sherman' im Sequoia-Nationalpark Kalifornien). Ihr Heimatareal ist relativ klein und befindet sich im Gebirge Kaliforniens an den Westhängen der Sierra Nevada zwischen 1.500 und 2.500 m Höhe ü. NN, bei Los Angeles und San Francisco. Der Riesenmammutbaum wurde dort erst 1841 entdeckt. Es war eine Sensation, als 1853 die ersten Samen dieser Baumart in Europa eintrafen und hier eine Euphorie auslösten.

Weiß-Tanne (*Abies alba*)

Weiß-Tannen gehören heute in Deutschland zu den seltensten einheimischen Baumarten (Abb. 6.11). Sie blühen erst spät in ihrem Leben, nämlich mit etwa 50 Jahren, und eine stärkere Blüte tritt nur alle 3–5 Jahre auf. Dabei reifen die weiblichen Blütenstände dann im Herbst zu aufrecht stehenden Tannenzapfen heran. Diese werden bis zu 16 cm groß und am Baum reifend ist zunächst bemerkenswert, dass sie nicht wie bei fast allen anderen Nadelbäumen hängen, sondern auch reif wie Kerzen auf den Zweigen stehen.

Das kann richtig chic aussehen (ein Fernglas hilft dabei, sie zu erkennen). Und bei der Reife fallen die Samen im Herbst und Winter dann nach und nach von der Zapfenspitze beginnend aus der Krone herunter – oder richtiger beschrieben: sie segeln, denn sie haben einen Flügel, der sie zu „Drehschraubenfliegern“ macht. Schließlich stehen nur noch die Spindeln der Zapfen auf den Ästen und mancher hat sich schon gefragt, was das für Spieße auf den Tannenzweigen sind. Darauf sollte man einmal achten, wenn man vor einer Tanne mit Zapfen steht – es kann auch eine andere Tannenart sein.

Auf Weihnachtstellern oder auf dem Waldboden können daher keine Tannenzapfen liegen, denn sonst hätte jemand in die Spitze der Tannenkronen klettern und die Zapfen herunterwerfen müssen – weil Tannenzapfen nie als Ganzes vom Baum fallen, im Gegensatz zu Fichten- und Kiefernzapfen, die man daher auch als Weihnachtsdekoration verwenden kann.

Flatter-Ulme (*Ulmus laevis*)

Die Ulmen waren zunächst gar nicht mit in der Baumartenliste für die langlebigen Baumarten enthalten, da nicht bekannt war, dass sie auch häufiger über 500 Jahre alt werden können. Wenn es nur einen Baum in dieser Altersklasse geben würde, wäre es auch noch kein Grund, aber es liegen mittlerweile schon 8 Meldungen von so alten Flatter-Ulmen vor – eine schöne und bewegende Überraschung. Allerdings ist es tatsächlich nur die Art Flatter-Ulme, die solche Alter erreicht, Berg- und Feld-Ulme schaffen dies nicht (letztere aufgrund der Ulmenkrankheit, mit der die Flatter-Ulme kaum Probleme hat).

Die Flatter-Ulme ist auch dafür bekannt, dass sie sehr gut als Straßenbaum verwendet werden kann, weil sie so robust ist und erstaunlicherweise als Auenwaldbaumart auch sehr gut mit Trockenstress klarkommt. Erkennbar und unterscheidbar von den beiden anderen heimischen Ulmenarten ist sie an den Brettwurzeln (weit ausladende brettartige Wurzelanläufe, Abb. 6.12), einem dichten Besatz des Stammes mit „Wasserreisern" (jungen Stammmaustrieben), lang gestielten Früchten und Blüten (daher der Name Flatter-Ulme) und ungegabelten Blatt-Seitennerven. Damit sollte eine eindeutige Identifikation dieser Ulmenart gut möglich sein.

Flatter-Ulmen breiten sich derzeit sogar aus, da sie mit Erwärmung und längeren Trockenzeiten gut klarkommen. Und mit der Ulmenkrankheit hat sie kein größeres Problem, jedenfalls weniger als sog. Resista-Ulmen. Das macht Mut und Hoffnung bei dieser nicht sehr häufigen einheimischen Baumart.

Abb. 6.11: Die stärkste und jahrgenau datierte älteste Weiß-Tanne Deutschlands (Stammumfang ca. 7 m, Alter 605 Jahre, im Nationalpark Bayerischer Wald)

Abb. 6.12: Eine der stärksten Flatter-Ulmen Deutschlands (Stammumfang etwa 7 m, bei Torgau (SN) in der Elbaue), Überrest der einstigen ausgedehnten Auenwälder in diesem Bereich (Mitte April in voller Blüte)

Libanon-Zeder (*Cedrus libani*)

Zedern sind immergrüne Nadelbaumarten mit Nadeln an Kurz- und Langtrieben, was es sonst nur an wenigen Nadelbaumarten gibt, z. B. auch bei Lärchen, die aber nur sommergrüne Nadeln tragen. Bei Zedern stehen zudem die Zapfen aufrecht auf den Ästen und zerfallen dann bei der Samenreife am Baum, fallen also nicht als Ganzes ab (wie von Fichten und Kiefern). Dabei rieseln die geflügelten Samen der Zedern einzeln von der Zapfenachse herab, bis diese als nackte Spindel schließlich noch lange Zeit am Zweig stehen bleibt. Aufgrund der sehr großen Anzahl von Zapfen an alten Bäumen wirken die verbleibenden Zapfenspindeln überall auf den Zweigen dann etwas skurril.

Ihre Kronen sehen im Alter oft majestätisch aus wegen ihrer abgeflachten Krone, der weit ausladenden Äste und ihrer blaugrünen Nadelfärbung (Abb. 6.13). Sie sind daher in Parks und Gärten weltweit sehr beliebt und neuerdings sogar forstlich interessant, weil ihr Holz höchst attraktiv und vielseitig verwendbar ist. So hält es bei Verwendung im Freien ohne Holzschutz viele Jahrzehnte, hat eine schöne Färbung und riecht aromatisch. Es erfolgen daher derzeit großflächig Aufforstungen mit Libanon-Zedern, z. B. in Südfrankeich.

Bis vor etwa 1.000 Jahren wurden Libanon-Zedern im östlichen Mittelmeerraum als „Baum

Abb. 6.13: Malerische Erscheinungsform alter Zedern durch den abgeflachten Wipfel, blaugrüne Nadeln und weit hinausragende Seitenäste (in Coventry/UK)

Abb. 6.14: Eindrucksvoller Stammfuß vieler Zirben durch ihre Keimung in Felsritzen, wo sie versteckt worden waren (am Schachen nahe der Zugspitze).

Gottes" bezeichnet. Extreme Übernutzung vernichtete schließlich die Vorkommen im Libanon bis auf kleine Reste. Demgegenüber blieben die oft sehr lückigen Bestände im schwer zugänglichen Taurus-Gebirge (Türkei) bis heute großflächiger erhalten.

Zirbe / Arve (*Pinus cembra*)

Zirben, Zirbel-Kiefern oder Arven (alles Bezeichnungen für die dieselbe Art) sind an ihren 5-zähligen Nadelbüscheln zu erkennen, die silbrig glänzen und sich sehr weich anfühlen. Die Baumart hat ihre natürliche Nische im Bereich der Waldgrenzen in den Alpen, weil sie nur dort allen anderen Baumarten im Konkurrenzgeschehen und Überlebenskampf (wegen der niedrigen Temperaturen) überlegen ist. Das ist ungemein faszinierend und beeindruckend, und jeder Zirbenbaum hat daher eine ganz einmalige Gestalt infolge seiner individuellen Lebens- und Überlebensgeschichte.

Die Bäume können bereits bei 0 °C Photosynthese betreiben und so Zucker produzieren, ihre Frosthärte beträgt –45 °C und sogar im Sommer noch –10 °C ohne Schäden – das ist sehr selten unter den einheimischen Baumarten. Zudem kann im Winter bei Plusgraden oder Sonnenschein der auf ihren Zweigen liegende Schnee tauen und das daraus entstehende Wasser direkt über die Nadeln und Zweigoberflächen aufgenommen werden. Dieser Vorgang ist an keiner anderen Baumart so gut untersucht.

Es lohnt, den Alpenhähern eine Weile zuzusehen, wie sie im Spätsommer und Herbst ständig mit dem Verstecken der „Zirbelnüsse" (aus den Kiefernzapfen) beschäftigt sind. Danach vergessen sie dann immer einen Teil ihrer Verstecke – als wäre es beabsichtigt, denn diese Samen keimen dann häufig z. B. aus vergessenen Felsritzen, was zahlreiche malerische Zirben auf Felsen zur Folge hat (Abb. 6.14). Neuere intensive Untersuchungen in der Schweiz haben ergeben, dass ein Tannenhäher pro Jahr bis zu 100.000 Zirbensamen versteckt und davon etwa 80 % wiederfindet, auch wenn sie von den Vögeln oft unter einer hohen Schneedecke ausgegraben werden müssen!

7. Motivation, Entstehung und Stand der DDG-Initiative Nationalerbe-Bäume

7.1 Besondere Wirkung alter Bäume auf uns Menschen

Sehr alte Exemplare von langlebigen Baumarten (s. Kap. 2.2), die ein Höchstalter von 400 bis 1.000 Jahren erreichen können, haben eine spezielle Wirkung auf uns Menschen. Vielleicht sind es die oft märchenhaft wirkenden Gestalten oder die Verbindung zu längst vergangenen Zeiten, weshalb uns diese (ur-)alten Bäume so faszinieren (Abb. 7.1, ROLOFF 2019, 2020b, 2021b).

Vor allem das mögliche hohe Alter und ihre besondere Baumgestalt sind häufig der Grund für ein gezieltes Aufsuchen solcher Bäume. Auch die vielen individuellen Besonderheiten des Umfeldes, am Stamm oder in der Krone sowie ihre lange kulturhistorische Bedeutung heben die Einzigartigkeit dieser Baummonumente hervor. Jedoch verringert sich ihre Anzahl aufgrund zu hoher Sicherheitserwartungen an alte Bäume dramatisch. Solche Exemplare der Baumarten mit langer Lebensdauer haben allerdings einen hohen ästhetischen, ökologischen und kulturellen Wert. Um diesen Wert ermitteln zu können, wurden zwei Aufnahmebögen für alte Bäume entwickelt (s. Kap. 1.3).

7.2 Kritischer Zustand und Umgang mit Uraltbäumen in Deutschland

Es gibt in Deutschland wohl keine über 1.000-jährigen Bäume mehr. Das hat z. T. historische Gründe, aber heutzutage ist dafür ganz wesentlich die überzogene Sicherheitserwartung an alte Bäume

Abb. 7.1: Eindrucksvolle Stammskulptur der Sommer-Linde in Polchow (bei Rostock/MV)

Abb. 7.2: Die Berliner Stiel-Eiche „Dicke Marie“ mit ihrem eindrucksvollem Stamm und als Forstbaum, hier nach behutsamer Freistellung der zuvor zwischen Konkurrenzbäumen eingeklemmten Krone

verantwortlich: Sie werden zu häufig „zurechtgesägt“, damit nichts mehr an Ästen herunterfallen kann, mit der Folge eines zunehmenden Siechtums, sich ausbreitender Stammfäulen und schließlich womöglich Absterbens. Oder sie brechen auseinander wegen unterbliebener sinnvoller Sicherungsmaßnahmen. Weitere Ursachen in der Stadt können Standortsprobleme, Baumaßnahmen oder Beschädigung der Wurzeln sein. Im Wald ist es oft der Konkurrenzdruck der Nachbarbäume, der den im Alter kleiner werdenden Greisen Probleme bei der Lichtsuche macht (Abb. 7.2).

Pflegemaßnahmen an solchen Altbäumen sollten nur ausgewiesenen Experten überlassen werden. Sie können bisweilen auch reduziert werden oder ggf. sogar unterbleiben, da diese Bäume die Lebens- und Wachstumsprozesse oft in besonderer Weise selbst optimieren. Die Uraltbäume sind auch aus wissenschaftlicher Sicht hochinteressant, z. B. in ihrer Baumbiologie (Alterungsprozesse, Kronenrückzug, Anpassungsmechanismen, Lebensgemeinschaften), Genetik (Mutationen an alten Ästen, Genpool von Jahrhunderten), Pathologie (Resistenzen) und kulturellen Bedeutung (s. Kap. 3).

7.3 Wo befindet sich der älteste Baum Deutschlands?

Es besteht große Unsicherheit, welcher der älteste Baum Deutschlands ist. Denn Jahrringe helfen einem zur Klärung dieser Frage nur noch sehr eingeschränkt weiter (s. Kap. 2.1), da der größte Teil des Stammes bei so alten Bäumen immer hohl ist, zumindest das Innere. Zudem müsste man dafür Details über ihre lange Lebensgeschichte wissen und sicher sein, ob es sich um einen Einzelbaum handelt oder ob er aus einer gepflanzten Baumgruppe bzw. aus Stockausschlag/Wiederaustrieben hervorging – dies kann bei Eibe und Linde häufiger vorkommen und würde ein deutlich geringeres Alter bedeuten als bei einem Einzelstamm desselben Stammdurchmessers. So sind dann fast alle sogenannten „Tausendjährigen“ bei genauerer Recherche und Untersuchung doch erst mehrere hundert Jahre alt – was ja auch schön ist.

Wenn man nach dem ältesten Baum Deutschlands im Internet recherchiert, erhält man mindestens 20 verschiedene Kandidaten-Meldungen, am häufigsten wird dabei die Linde in Schenklengsfeld in Hessen genannt. Auch die zugehörige Gemeinde bewirbt den Baum offensiv als Deutschlands „wohl ältesten Baum“ mit 1.250 Jahren (www.schenklengsfeld.de, Wikipedia). Das ist zunächst natürlich sehr interessant und bemerkenswert – wenn man sich den Baum genauer ansieht, kommt man allerdings ins Nachdenken. Denn er besteht aus 4 einzelnen, etwa gleich starken, nur 90–130 cm dicken Stämmen, die auf einem Quadrat exakt in Nord-, West-, Ost- und Süd-Position stehen und Reste des ursprünglichen Stammes sein sollen. Darüber befindet sich eine gemeinsame geleitete Lindenkrone aller 4 Stämme, deren Äste seit langer Zeit nach außen orientiert werden und so eine sehr mächtige, etwa 25 m breite Krone entwickelt haben. Nach eingehenden eigenen Untersuchungen handelt es sich heute allerdings um die 3. oder 4. Wiederaustriebe eines vormals gepflanzten Baumes, und als solche sind sie bestenfalls 200 Jahre alt. Wann ein möglicher Ursprungsbaum gepflanzt wurde, ist unbekannt (Roloff 2021b, SPIEGEL 2020). Von solchen Wiederaustrieben gibt es zudem etliche viel ältere Exemplare in Deutschland, sogar von Baumweiden (s. Abb. 1.7). Tatsächlich wesentlich älter ist z. B. der heute noch lebende Ursprungsbaum der Eiche in Raesfeld (Abb. 7.3).

7.4 Ziele, Vorgehen und Stand zum Schutz von Baumveteranen in Deutschland

Es besteht daher ein allgemein verbreiteter großer Wunsch und zunehmender Bedarf, alte Bäume hierzulande mehr zu würdigen, zu schätzen und zu schützen. Die sog. langlebigen

Abb. 7.3: Möglicherweise der älteste Baum Deutschlands, die Femeiche in Erle/Raesfeld (NW)

Abb. 7.4: Nationalerbe-Baum Dicke Keschde in Gleisweiler (RP, etwa 400-jährige Ess-Kastanie) während der Ausrufung im Oktober 2021: mit musikalischer Jazz-Einstimmung

Baumarten (s. Kap. 2.2) können regelmäßig ein Höchstalter von über 400 Jahren erreichen, einzelne Exemplare z. T. sogar 1.000 Jahre.

Diese Baumarten stellen daher auch nachvollziehbar den höchsten Anteil unter den Baum-Naturdenkmalen, und das macht deutlich, welche Verantwortung wir für solche alten Bäume haben und dass alles daran zu setzen ist, sie der Nachwelt zu erhalten. Es ist beeindruckend, sich klarzumachen, dass sie also über so lange Zeiträume alle Ereignisse, Veränderungen und Variabilitäten von Standort, Umfeld und Klima tolerieren können müssen. Demzufolge darf man bei ihnen auch von einem besonders hohen Anpassungspotenzial ausgehen.

Bäume mit einem hohen Alter oder zumindest mit einer so langen potenziellen Lebenserwartung sind neben Naturmonumenten auch Kulturgeschichte (s. Kap. 3), wie man dazu lokal bis heute an besonderen Veranstaltungen am Baum und Aktivitäten zu seiner Existenz erfahren kann (Abb. 7.4). Die bereits bestehende Schutzkategorie Naturdenkmal reicht für solche national herausragenden Einzelbäume definitiv nicht aus, da sie zu lokal/regional ist und ihre Umsetzung und Einhaltung zudem spürbar von den verfügbaren Finanzen und deren Prioritäten sowie der Motivation der dafür zuständigen Bearbeiter und Landkreise abhängig ist (Schröder 2019).

7.5 Initiative zum Erhalt besonderer alter Bäume: Nationalerbe-Bäume

So werden nun seit 2019 bis zu 100 Bäume zu Nationalerbe-Bäumen ausgewählt – der Zeithorizont dafür sind noch 4 Jahre, da die Auswahl geeigneter Bäume, der Abschluss einer Vereinbarung mit den Baumeigentümern, die Vorbereitung und Durchführung der Ausrufung viel Zeit benötigt und eine Pflegekonzeption für jeden dieser Bäume zu erarbeiten ist, worauf dann die Planung und Finanzierung von Maßnahmen basiert. Dafür ist hierzulande die Deutsche Dendrologische Gesellschaft e.V. (DDG) ein hochkompetenter verantwortlicher Akteur, da ihre Satzung einen solchen Vereinszweck ausdrücklich seit ihrer Gründung vor über 100 Jahren nennt (www.ddg-web.de): Bäume fördern und schützen. Zudem sind in der DDG besonders viele Baumkenner und -experten vereinigt und tauschen ihr Wissen aus.

Dafür wurden nun schon 50 und werden nochmals bis zu 50 weitere Bäume mit über 400 cm Stammumfang und möglichst über 400 Jahren Alter vom zuständigen Kuratorium gesucht, ausgewählt und gekürt, und für diese Kandidaten dann notwendige Pflege-, Sicherungs-, Schutz- und Umfeld-Maßnahmen aus Sondermitteln gefördert. Dies ist durch die Förderung der Eva Mayr-Stihl Stiftung, Waiblingen, möglich. Jeder Interessierte kann dafür geeignete Kandidaten nennen. Wenn ein Baum in die Vorauswahl für kommende Ausrufungen gelangt ist, wird Kontakt zu den Baumeigentümern aufgenommen: z.B. zur verantwortlichen Gemeinde, Kirche, Parkverwaltung, dem Forstbetrieb oder Privatpersonen und im positiven Fall mit einer Vertrags-Unterzeichnung abgeschlossen. Text und Layout einer repräsentativen Tafel am Baum werden erarbeitet und zur Ausrufung enthüllt (Abb. 7.4, 7.5).

Inzwischen hat die Initiative Nationalerbe-Bäume der Dt. Dendrologischen Gesellschaft im Sommer 2025 das wichtigste Etappenziel erreicht („Meilenstein“): in allen 16 Bundesländern insgesamt inzwischen 50 Bäume als Vertreter zu finden und auszurufen. Diese Kandidaten sind alle mit unterschriebener Vereinbarung vertraglich festgelegt und bis Juli 2025 sämtliche Ausrufungszeremonien erfolgt (Details und aktuellster Stand auf www.nationalerbe-baeume.de). Die Anzahl der Bäume je Bundesland richtet sich dabei relativ strikt nach der Flächengröße der Bundesländer, um eine gleichmäßige Abdeckung aller Regionen Deutschlands zu erreichen (Tab. 5).

Abb. 7.5: Nationalerbebaum-Ehrentafel zur Ausrufung der Ess-Kastanie in Rheine

Abb. 7.6: Lärche im Bergpark Kassel-Wilhelmshöhe (HE, vorne links im Bild), Ausrufung im Oktober 2021

Erster Forstbaum unter den bisherigen Ehrenbäumen wurde die Stiel-Eiche „Dicke Marie" in Tegel, Berlins berühmtester Baum (Abb. 7.2). Denn im Wald stehen nicht mehr viele von solchen Uraltbäumen, da sie infolge der Konkurrenz durch den umgebenden Bestand beschattet werden und in der Folge oft absterben, wenn die Förster nicht Jahrhunderte lang auf diesen Baum geachtet und ihn von Konkurrenzbäumen freigehalten haben.

Die bisherigen Ausrufungen (Tab. 5) waren immer sehr bewegend und – selbst unter Corona-Bedingungen – jeweils ein besonders schönes Ereignis, welches große Aufmerksamkeit der Fachwelt, Medien und örtlichen Bevölkerung erhielt. Die Teilnehmerzahl variierte von 10 (aus Pietätsgründen bei einem Friedhofsbaum in Bremen) und 25 (wegen scharfer Corona-Auflagen an der Eiche „Dicke Marie" in Berlin) bis über 200 am Ginkgo in Riesa (SN), an der Femeiche in Erle (NW), über 300 bei der Schönen Eiche in Harreshausen (HE) und sogar 500 bei der Tanzlinde in Effeltrich (BY) und der Weinkellerlinde in Schlieben (BB).

Alle diese alten Bäume haben ihre eigenen Geschichten (Abb. 7.6), die meist sehr spannend und ungewöhnlich sind – soweit wie sie durch intensive Recherchen zu rekonstruieren waren. Sie sind auf der Website www.nationalerbe-baeume.de nachzulesen und werden im nachfolgenden Teil dieses Buches vorgestellt. Bisweilen sind die Bäume durch die erfolgten intensiven Recherchen jünger, in Einzelfällen aber auch älter geworden.

Die Rückmeldungen während der Veranstaltungen, die Meldungen von Kandidaten und die Kommentare zu dieser neuen Baum-Kategorie in Deutschland lassen schon jetzt erkennen, dass es damit gelingen wird, mehr alte Bäume ganz allgemein wertzuschätzen, zu schützen und der Nachwelt zu erhalten (bei 7 Bäumen ist bereits eine Lebensrettung gelungen). Es entsteht ein stärkeres Bewusstsein und Respekt, verbunden mit sehr persönlicher und emotio-

Tab.5: 50 Nationalerbe-Bäume geographisch sortierte nah 6 Regionen NW, NO, MW, MO, SW, SO mit Angaben zu Baumart, Alter, Stammumfang, Eigentümer, Location mit Bundesland

Kürzel	Baumart Trivialname	*Baumart wiss. Name*	geschätztes Alter (Jahre)	Umfang (cm) 1,30 m Höhe	Eigentümer	Ort, Bundesland
NW1, SH.1	Sommer-Linde	*Tilia platyphyllos*	500	9,30	Gemeinde	Steinbergkirche, Schleswig-Holstein
NW2, SH.2	Europäische Eibe	*Taxus baccata*	700	4,01	Kirche	Flintbek, Schleswig-Holstein
NW3, HH.1	Berg-Ahorn	*Acer pseu-doplatanus*	270	5,60	Stadt	Hamburg
NW4, HB.1	Riesen-mammut-baum	*Sequoiaden-dron gig.*	160	7,30	Stadt	Bremen
NW5, NI.1	Europäische Eibe	*Taxus baccata*	450	3,85	Stadt	Schortens, Niedersachsen
NW6, NI.2	Sommer-Linde	*Tilia platyphyllos*	700	17,70	Gemeinde	Heede, Niedersachsen
NW7, NI.3	Europäische Eibe	*Taxus baccata*	405	4,82	Gemeinde	Thedinghausen, Niedersachsen
NW8, NI.4	Holländi-sche Linde	*Tiliax europaea*	500	7,15	Kloster	Isenhagen, Niedersachsen
NW9, NI.5	Sommer-Linde	*Tilia platy-phyllos*	800	7,10	Gemeinde	Evessen, Niedersachsen
NW10, NI.6	Stiel-Eiche	*Quercus robur*	450	8,20	Gemeinde	Groß Schneen, Niedersachsen
NO1, MV.1	Sommer-Linde	*Tilia platy-phyllos*	800	14,40	Kirche	Polchow, Mecklenburg-Vorpommern
NO2, MV.2	Stiel-Eiche	*Quercus robur*	850	11,55	Forst Meckl.-Vorp.	Ivenack, Mecklenburg-Vorpommern
NO3, MV.3	Stiel-Eiche	*Quercus robur*	600	10,15	Gemeinde	Röbel/Müritz, Meckl.-Vorpommern
NO4, BE.1	Stiel-Eiche	*Quercus robur*	600	6,10	Forst	Berlin
NO5, BB.1	Flatter-Ulme	*Ulmus laevis*	450	10,10	Kirche	Gülitz, Brandenburg (Ausrufg. 2022)
NO6, BB.2	Winter-Linde	*Tilia cordata*	600	7,20	Gemeinde (Amt)	Pehlitzwerder, Brandenburg
NO7, BB.3	Stiel-Eiche	*Quercus robur*	600	9,00	Stadt	Frankfurt (Oder), Brandenburg
NO8, BB.4	Winter-Linde	*Tilia cordata*	425	8,25	Amt/Stadt	Schlieben, Brandenburg
MW1, NW.1	Ess-Kastanie	*Castanea sativa*	260	4,90	Stadt	Rheine, Nordrhein-Westfalen
MW2, NW.2	Flatter-Ulme	*Ulmus laevis*	500	8,60	privat	Bierde, Nordrhein-Westfalen
MW3, NW.3	Stiel-Eiche	*Quercus robur*	900	12,50	Kirche/ Gemeinde	Raesfeld-Erle, Nordrhein-Westfalen
MW4, NW.4	Ess-Kastanie	*Castanea sativa*	600	8,05	Stadt	Aachen, Nordrhein-Westfalen
MW5, HE.1	Europäische Lärche	*Larix decidua*	240	4,75	Land (Park)	Kassel, Hessen

Kürzel	Baumart Trivialname	*Baumart wiss. Name*	geschätztes Alter (Jahre)	Umfang (cm) 1,30 m Höhe	Eigentümer	Ort, Bundesland
MW6, HE.2	Sommer-Linde	*Tilia platy-phyllos*	750	9,40	Stadt	Homberg (Ohm), Hessen
MW7, HE.3	Stiel-Eiche	*Quercus robur*	550	4,30	privat	Harreshausen, Hessen
MO1, ST.1	Stiel-Eiche	*Quercus robur*	450	6,75	Stadt (Mö-ckern)	Klein Lübars, Sachsen-Anhalt
MO2, ST.2	Trauben-Eiche	*Quercus petraea*	500	5,10	Land (National-park)	NP Harz (Hohne), Sachsen-Anhalt
MO3, ST.3	Winter-Linde	*Tilia cordata*	800	9,85	Gemeinde	Großpörthen, Sachsen-Anhalt
MO4, TH.1	Sommer-Linde	*Tilia platy-phyllos*	500	9,95	Gemeinde	Vogtei, Thüringen
MO5, TH.2	Europäische Lärche	*Larix decidua*	280	5,05	Stadt	Trusetal, Thüringen
MO6, SN.1	Sommer-Linde	*Tilia platy-phyllos*	800	11,05	Kirche	Collm, Sachsen
MO7, SN.2	Ginkgo	*Ginkgo biloba*	210	5,20	Verein e.V.	Riesa, Sachsen
MO8, SN.3	Sommer-Linde	*Tilia platy-phyllos*	800	11,25	Gemeinde	Schmorsdorf, Sachsen
SW1, RP.1	Trauben-Eiche	*Quercus petraea*	360	5,05	Forst	Roth/Our, Rheinland-Pfalz
SW2, RP.2	Stiel-Eiche	*Quercus robur*	400	7,05	Gemeinde	Buch, Rheinland-Pfalz
SW3, RP.3	Ess-Kastanie	*Castanea sativa*	400	7,75	privat/ Gemeinde	Gleisweiler, Rheinland-Pfalz
SW4, SL.1	Stiel-Eiche	*Quercus robur*	650	6,50	privat	St. Gangolf, Saarland
SW5, SL.2	Europäische Eibe	*Taxus baccata*	500	4,20	privat	Lebach, Saarland
SW6, BW.1	Libanon-Zeder	*Cedrus libani*	240	5,8	Stadt	Weinheim (Bergstraße), Baden-Württ.
SW7, BW.2	Ahorn-blättrige Platane	*Platanusx hispanica*	245	7,70	Land (Universität)	Stuttgart-Hohenheim, Baden-Württ.
SW8, BW.3	Sommer-Linde	*Tilia platy-phyllos*	600	7,95	Gemeinde	Hochmössingen, Baden-Württemberg
SW9, BW.4	Sommer-Linde	*Tilia platy-phyllos*	450	8,25	Stadt	Überlingen, Baden-Württ.
SO1, BY.1	Stiel-Eiche	*Quercus robur*	600	9,70	privat	Nagel/Küps, Bayern
SO2, BY.2	Sommer-Linde	*Tilia platy-phyllos*	700	8,05	Gemeinde	Effeltrich, Bayern
SO3, BY.3	Stiel-Eiche	*Quercus robur*	800	9,80	Gemeinde	Thalmassing, Bayern
SO4, BY.4	Weiß-Tanne	*Abies alba*	605	6,93	Land (National-park)	NP Bayerischer Wald, Bayern

Kürzel	Baumart Trivialname	*Baumart wiss. Name*	geschätztes Alter (Jahre)	Umfang (cm) 1,30 m Höhe	Eigentümer	Ort, Bundesland
SO5, BY.5	Riesen-Lebensbaum	*Thuja plicata*	150	5,25	Stadt	Lindau (Bodensee), Bayern
SO6, BY.6	Sommer-Linde	*Tilia platyphyllos*	800	14,10	Gemeinde	Wessobrunn, Bayern
SO7, BY.7	Zirbe	*Pinus cembra*	270	2,70	Bot. Gart. München	Schachen, Bayern
SO8, BY.8	Sommer-Linde	*Tilia platyphyllos*	750	10,80	Bund	Ramsau, Bayern

naler Kommunikation und einer signifikant zunehmenden Zahl von Baumliebhabern. Man darf gespannt sein, wie sich dies weiterentwickelt. Mehrere Uralt-Bäume sind auch bereits jetzt durch diese Initiative vor ihrem Absägen oder Verstümmeln bewahrt worden, alleine deshalb, weil sie auf der Liste möglicher Kandidaten stehen, auch wenn sie noch gar nicht ausgerufen wurden.

Inzwischen sind bereits etwa 500 Baumvorschläge eingegangen, die intensiv geprüft, daraus geeignete Kandidaten ausgewählt und in einer nichtöffentlichen Kandidatenliste geführt werden. Die Reihenfolge der weiteren Ausrufungen ergibt sich dabei vor allem aus Baum- oder Pflege-Besonderheiten sowie einer angemessenen Berücksichtigung der Baumarten, geographischen Lage und Umfeldverhältnisse. Auf der Homepage www.nationalerbe-baeume.de finden sich tagaktuell mehr Informationen, auch über die weiteren Planungen und festgelegten Kandidaten.

7.6 Bewertung zum Stand

Das Bewusstsein für den Wert alter Bäume nimmt deutlich zu. Man darf vorsichtig optimistisch sein, dass damit ihre Anzahl nach einer „Periode des Absägens oder Verstümmelns" und der Aufwand für ihren Erhalt in Zukunft wieder größer werden. Dafür bedarf es einer besonderen finanziellen Förderung – diese ist zumindest für die Nationalerbe-Bäume Deutschlands durch diese Initiative möglich und wird so auf die allgemeine Beachtung von Altbäumen und Baum-Monumenten ausstrahlen.

Es ist ein drängendes nationales Anliegen, solche (potenziellen) Uralt-Bäume dauerhaft verantwortungsvoll zu schützen und dabei ggf. zu sichern und zu pflegen, um ihnen damit langfristig ein „Altern in Würde" zu ermöglichen und der Bevölkerung solche Baumveteranen und den einfühlsamen Umgang mit ihnen zu präsentieren. Im Frühjahr 2022 wurde der 16. Nationalerbe-Baum im Saarland ausgerufen (Abb. 7.7) und damit sind seitdem alle 16 Bundesländer „im Boot". Aus Anlass des Erreichens von 50 Nationalerbe-Bäumen im Juli 2025 erscheint dieses Buch, um sie vorzustellen und die Reiselust zu solchen Uraltbäumen zu fördern.

Abb. 7.7: Richteiche in St. Gangolf (SL) – infolge der Recherchen zum Baum ist sein Alter kurz vor der Ausrufung durch das Auftauchen einer Urkunde als Grenzbaum von 350 auf 650 Jahre erhöht worden

Literatur zu den Kapiteln 1–7

BARTELS, H. (1993): Gehölzkunde. Ulmer, Stuttgart.

BEISER, R. (2017): Baum und Mensch – Heilkraft, Mythen und Kulturgeschichte unserer Bäume. Ulmer, Stuttgart.

BEHM-BLANCKE, G. (2002): Heiligtümer der Germanen und ihrer Vorgänger in Thüringen – Die Kultstätte Oberdorla. Teil 2: Katalog der Heiligtümer und Funde. Weimarer Monographien zur Ur- und Frühgeschichte 38/2: 1–230. Kommissionsverlag Theiss, Stuttgart

BEHM-BLANCKE, G. (2003): Heiligtümer der Germanen und ihrer Vorgänger in Thüringen – Die Kultstätte Oberdorla. Teil 1: Texte und Fototafeln. Weimarer Monographien zur Ur- und Frühgeschichte 38/1: 1–334. Kommissionsverlag Theiss, Stuttgart

BENK, J.; ARTMANN, S.; KUTSCHEIDT, J.; MÜLLER-INKMANN, M.; STRECKENBACH, M., WELTECKE, K. (2020): Praxishandbuch Wurzelraumansprache. Arbeitskreis Baum im Boden, Möhnesee.

BINDER, M. (2023): Ökophysiologische Untersuchungen an Gemeiner Eine (*Taxus baccata* L.) und Stechpalme (*Ilex aquifolium* L.) und daraus folgende Bewertung waldbaulicher Förderungs- und Erhaltungsmaßnahmen. Diss. Forstbotanik, TU Dresden: 1–178.

BLÜMLE, J. (2022): Baumschätze Baden-Württembergs. Oertel & Spörer, Reutlingen

BRUNNER, M. (2007): Bedeutende Linden – 400 Baumriesen Deutschlands. Haupt Verlag, Bern

BÜTLER, R.; LACHAT, T.; KRUMM, F.; KRAUS, D.; LARRIEU, L. (2020): Taschenführer der Baummikrohabitate. Eidgen. Forschungsanstalt WSL, Birmensdorf (CH).

CANNON, C.H., PIOVESAN, G., MUNNÉ-BOSCH, S. (2022): Old and ancient trees are life history lottery winners and vital evolutionary resources for long-term adaptive capacity. Nature Plants https://doi.org/10.1038/s41477-021-01088-5 [Zugriff 15.10.2025].

CHETAN, A.; BELLAMY, D.; BRUETON, B. (1994): The Sacred Yew – Rediscovering the Ancient Tree of Life. Penguin, München

DITTRICH, S. (2022): unveröffentlichter Bericht, Institut für Biodiversität TU Dresden.

DOUGHERTY, M.J. (2017): Kelten – Geschichte und Vermächtnis einer der ältesten Kulturen Europas. Tosa, Fränkisch-Crumbach.

DUJESIEFKEN, D. (2016): Biology and survival strategies of trees. In: D. DUJESIEFKEN, N. FAY, J.-W. DE GROOT, N. DE BERKER: Trees – a Lifespan Approach. Fundacja EkoRozwoju, Wroclaw (PL): 31–50.

DUJESIEFKEN, D. (2016): Maintenance of mature trees. In: D. DUJESIEFKEN, N. FAY, J.-W. DE GROOT, N. DE BERKER: Trees – a Lifespan Approach. Fundacja EkoRozwoju, Wroclaw (PL): 83–102.

DUJESIEFKEN, D.; FAY, N.; DE GROOT, J.-W.; DE BERKER, N. (2016): Trees – a Lifespan Approach. Fundacja EkoRozwoju, Wroclaw (PL).

DUJESIEFKEN, D., LIESE (2022): Das CODIT-Prinzip – Baumbiologie und Baumpflege. Haymarket Media, Braunschweig.

FARJON, A. (2017): Ancient Oaks in the English Landscape. Royal Botanic Gardens Kew, Surrey (UK).

FAY, N. (2015): Der richtige Umgang mit uralten Bäumen – Archebäume und Baumveteranen. Jahrbuch Baumpflege 2015: 181–197.

FAY, N.; BERKER, N. DE (2016): Arboriculture – the perspective from ancient trees. In: D. DUJESIEFKEN, N. FAY, J.-W. DE GROOT, N. DE BERKER: Trees – a Lifespan Approach. Fundacja EkoRozwoju, Wroclaw (PL): 13–29.

FISCHER-RIZZI, S. (2008): Blätter von Bäumen – Heilkraft und Mythos einheimischer Bäume. AT-Verlag, Baden/München.

FLL (Hrsg.) (2017): Zusätzliche Technische Vertragsbedingungen und Richtlinien für die Baumpflege, „ZTV-Baumpflege“. Forschungsgesellschaft Landschaftsentwicklung Landschaftsbau e. V., Bonn.

FRÖHLICH, H.-J. (2000): Alte liebenswerte Bäume in Deutschland. Nicol Verlag, Hamburg

GILLNER, S.; ROLOFF, A. (2016): Das Alter von Olivenbäumen – Ein wissenschaftlicher Ansatz zur Altersabschätzung von Olivenbäumen (*Olea europaea* L.) auf Basis einer jahrringanalytischen Methode. Mitt. Dt. Dendrol. Ges. 101: 9–18.

GRÄFE, S. (2004): Vergleichende Beurteilung von gekappten und nicht gekappten Linden mit Hilfe visueller Kontrolle und Untersuchung mit dem Schalltomograph. Diplomarbeit Forstbotanik TU Dresden/Tharandt: 1–106.

HAERKÖTTER, G. & M. (1989): Macht und Magie der Bäume. Eichborn, Frankfurt/M.

HAGENEDER, F. (2007): Die Eibe in neuem Licht. Neue Erde, Saarbrücken.

HARTIG, A.; ROLOFF, A. (2019): Charakterbäume in der Stadt – Eine neue Methode zur Einschätzung. ProBaum 01: 10–15.

HOBBS, K.; WEST, D.; T. HEREM (2021): Die Geschichte der Bäume – Und wie sie unsere Lebensweise verändert haben. 2. Aufl. Laurence King Publishing, London.

HÖFFGEN, Th. (2022): Der verteufelte Waldgott. Autorenglück, Dresden.

KLUG, P. (2021): Praxis Baumpflege – Kronenschnitt an Bäumen. Arbus, Gammelshausen.

KNIGGE, W.; SCHULZ, H. (1966): Grundriss der Forstbenutzung. Parey, Hamburg/Berlin.

KÖHLER, M. (2007): Heidnische Heiligtümer – Vorchristliche Kultstätten und Kultverdachtsplätze in Thüringen. Jenzig-Verlag, Jena.

KRABEL, D. (2020): Bäume – dem Geheimnis des Alters auf der Spur. Forstwiss. Beitr. Tharandt Beiheft 22: 87–97.

LAUDERT, D. (2003): Mythos Baum – Geschichte, Brauchtum, 40 Baumporträts. BLV, München.

LONSDALE, D. (ed.) (2013): Ancient and other veteran trees: further guidance on management. Ancient Tree Forum/ Woodland Trust, Grantham (UK).

MICHELS, C. (2021): Starke Bäume in Nordrhein-Westfalen. Verlag Kessel, Remagen NRW

MICHELS, C.; ROLOFF, A. (2018): Neue Vorgaben zur Umfangmessung von starken Bäumen. BaumZtg. 01: 22–24

NATURSCHUTZINSTITUT FREIBERG (2022): Erfassungen zur Nutzung von Baumdenkmalen im Osterzgebirge durch Vögel und Fledermäuse. https://nsi-freiberg.nabu-sachsen.de [Zugriff 15.01.2025].

PARKER, E.; LEWINGTON, A. (2012): Ancient Oaks – Trees that live for a thousand years. Royal Botanic Gardens Kew, Surrey (UK).

PATER, J. (2017): Riesige Eichen – Baumpersönlichkeiten und ihre Geschichten. Franckh-Kosmos Verlag, Stuttgart

PIETZARKA, U. (2023): Grundlagen des fachgerechten Gehölzschnitts. In A. ROLOFF (Hrsg.): Baumpflege. 4. Aufl. Verlag E. Ulmer, Stuttgart: 133–146.

PIETZARKA, U.; HEISIG, E.; ROLOFF, A. (2024): Vorstellung der KlimaArtenMatrix (KLAM Strauch) als Verwendungshilfe für Sträucher in der Stadt. Forstwiss. Beiträge Tharandt Beiheft 25: 93–110.

READ, H. (2000): Veteran Trees: A guide to good management. English Nature, Peterborough (UK).

RIEDENKLAU, A. (2020): Entwicklung eines Erfassungs- und Bewertungsbogens für alte Bäume zur Beurteilung ihres ästhetischen, ökologischen und kulturellen Wertes. Mitt. Dt. Dendrol. Ges. 107: 68–82.

RIEDENKLAU, A. (2022): Die Entwicklung eines Erfassungs- und Bewertungsbogens für alte Bäume zur Beurteilung ihres ästhetischen, ökologischen und kulturellen Wertes. Masterarbeit Forstbotanik, TU Dresden: 1–112.

RIEDENKLAU, A.; ROLOFF, A. (2020): Der Wert von Baumveteranen. BaumZtg. 06: 32–35.

RIEDENKLAU, A.; ROLOFF, A. (2022): Neue Möglichkeiten zur Bewertung und Beschreibung alter Bäume. Allg. Forstztschr./Der Wald 04: 20–22.

ROLOFF, A. (2001): Baumkronen – Verständnis und praktische Bedeutung eines komplexen Naturphänomens. Ulmer, Stuttgart.

ROLOFF, A. (2010): Lexikon der Baumbiologie. Verlag VCH-Wiley, Weinheim.

ROLOFF, A. (2013): Bäume in der Stadt. Verlag E. Ulmer, Stuttgart.

ROLOFF, A. (2017): Der Charakter unserer Bäume. Verlag E. Ulmer, Stuttgart

ROLOFF, A. (2018): Vitalitätsbeurteilung von Bäumen – Aktueller Stand und Weiterentwicklung. Haymarket Media, Braunschweig.

ROLOFF, A. (2019): Besonderheiten und Potenziale langlebiger Baumarten. Allg. Forstztschr./Der Wald 04: 24–29.

ROLOFF, A. (2020a): Krakenweiden – Zerfall und „Wiederauferstehen". BaumZtg. 03: 24–28.

ROLOFF, A. (Hrsg., 2020b): Die starken Bäume Deutschlands – 111 faszinierende Naturerben und ihre Geschichten. Quelle & Meyer, Wiebelsheim.

ROLOFF, A. (Hrsg.) (2021a): Trockenstress bei Bäumen – Ursachen, Strategien, Praxis. Quelle & Meyer, Wiebelsheim.

ROLOFF, A. (2021b): Baumveteranen – Die Frage des Alter(n)s. BaumZtg. 01: 36–39.

ROLOFF, A. (2021c): Kleine Baumarten – wo haben sie Vorteile und welche? In: A. ROLOFF (Hrsg.): Trockenstress bei Bäumen – Ursachen, Strategien, Praxis. Verlag Quelle & Meyer, Wiebelsheim: 267–275.

Roloff, A. (2022): Handbuch Baumdiagnostik – Baumbiologische Grundlagen verstehen, Symptome erkennen und für die Baumkontrolle & -beurteilung nutzen. 2. Aufl. Ulmer, Stuttgart.

Roloff, A. (Hrsg.) (2023): Baumpflege. 4. Aufl. E. Ulmer, Stuttgart.

Roloff, A./DDG (2023): Nationalerbe-Bäume. 2. Aufl. Eigenverlag Dt. Bauminstitut TU Dresden, Tharandt [Download unter www.nationalerbe-baeume.de/Neuigkeiten].

Roloff, A.; Dujesiefken, D. (2003): Zum Umgang mit gekappten Linden. Jahrbuch der Baumpflege 2003: 103–112.

Roloff, A.; Weisgerber, H.; Lang, U.; Stimm, B. (2021): Enzyklopädie der Holzgewächse. Wiley-VCH, Wiebelsheim.

Schnurr, E.-M. (2018): Die Kelten – Geheimnisse einer versunkenen Kultur. Deutsche Verlags-Anstalt, München.

Schröder, R. (2019): Ernste Gefahr für die Baum-Naturdenkmale: 90 von 212 Naturdenkmalen des Landkreises Görlitz sollen aufgehoben werden. Ginkgoblätter 157: 19–26.

Schütt, P., Lang, U.M. (1996): *Pinus longaeva* (Westliche Grannenkiefer). Enzyklopädie der Holzgewächse 05: 1–8.

Schuldt, B.; Buras, A.; Arend, M.; Vitasse, Y., ... Kahmen, A (2020): A first assessment of the impact of the extreme 2018 summer drought on Central European forests. Basic and Applied Ecology 45: 86–103.

SPIEGEL (2020): Grüne Greise – Forscher versuchen, die letzten Überlebenden des Mittelalters zu retten. SPIEGEL 27: 106–107.

Steinfurth, L.; Roloff, A. (2021): Ist aus dem Stammumfang eine Herleitung des Alters möglich? BaumZtg. 03: 38–41.

Stobbe, H.; Kowol, T.; Jaskula, P.; Wilstermann, D.; Düsterdick, S.; Wilm, P.; Vogel, T.; Dujesiefken, D. (2020): Verkehrssicherheit und Baumkontrolle. Haymarket Media, Braunschweig.

Stokes, J.; Rodger, D. (2004): The Heritage Trees of Britain and Northern Ireland. Constable & Robinson, London.

Streckenbach, M. (2021): Urbane Böden – eine Lebensgrundlage für Gehölze? Jahrb. Baumpflege 2021: 112–124.

Unger, J. (2022): Pflege des ersten Nationalerbe-Baumes Heeder Linde. Forstwiss. Beitr. Tharandt Beiheft 23: 112–122.

Wagenführ, R. (2007): Holzatlas. Fachbuchverlag, Leipzig.

Weidner, C. (2019): Enzyklopädie der Mythologie. Tosa, Fränkisch-Crumbach.

Weisgerber, H. (2010): Die Gattung *Populus* L. Enzyklopädie der Holzgewächse 57: 1–30.

Weiss, H. (2020): Vitalität und Regeneration als Hilfsmittel zur Qualitätsbewertung von Schnittmaßnahmen. Forstwiss. Beitr. Tharandt Beiheft 22: 117–138.

Weiss, H. (2023a): Behandlung und Schnitt ehemals gekappter Linden. In: A. Roloff (Hrsg.): Baumpflege. 4. Aufl. Ulmer, Stuttgart: 147–162.

Weiss, H. (2023b): Grundlagen zur Beurteilung der baumstatischen Situation. In: A. Roloff (Hrsg.): Baumpflege. 4. Aufl. Ulmer, Stuttgart: 192–207.

Weiss, H. (2023c): Fachgerechte Sicherung bruchgefährdeter Bäume und Baumteile. In: A. Roloff (Hrsg.): Baumpflege. 4. Aufl. Ulmer, Stuttgart: 233–250.

Werner, K. (2019): Das Leben unter der Femeiche von Erle. Eigenverlag Heimatverein, Raesfeld.

Wessoly, L.; Erb, M. (2014): Handbuch der Baumstatik und Baumkontrolle. Patzer, Braunschweig.

www.baumkunde.de/register: Baumregister – Datenbank für alte Bäume (Baumveteranen), Naturdenkmäler und bemerkenswerte Bäume. [Zugriff 15.10.2025].

www.ddg-web.de/championtrees.html: Rekordbäume – Champion Trees. [Zugriff 15.10.2025]

www.nationalerbe-baeume.de: Nationalerbe-Bäume Deutschlands [Zugriff 15.10.2025].

www.ostdeutsches-baumarchiv.de: Ostdeutsches Baumarchiv [Zugriff 15.10.2025]

Teil II

8. Vorstellung der 50 Nationalerbe-Bäume Deutschlands mit Reisehinweisen

8.1 Reisehinweise zu Routenvarianten, Regionen, Übersichten und Übersichtskarte mit allen Bäumen

Um die Reiseplanungen etwas zu erleichtern, werden hier für dieses Buch zunächst 6 Regionen Deutschlands vorgestellt, die es so noch nicht gab. Es war nach längeren Recherchen möglich, die Größen dieser Regionen so zusammenzustellen, dass sie in ihrer Gesamtgröße sehr ähnlich sind und vor allem eine ähnliche Anzahl an Nationalerbe-Bäumen enthalten. Das ist in folgender Tabelle 5 dargestellt, falls man das nachvollziehen möchte. Zudem geben die gewählten Namen der 6 Regionen (NW, NO, MW, MO, SW, SO) sofort eine Orientierung, wo sie sich befinden und wie Deutschland damit aufgeteilt ist.

Damit wird es möglich, alle Bäume einer der 6 Regionen sofort gemeinsam zu vergleichen und sich die interessantesten, beliebtesten oder spannendsten herauszusuchen zu einer ein- oder mehrtägigen Reise – die Dauer hängt natürlich vom Verkehrsmittel und der persönlichen Reise- und Baum-Mentalität ab. Dazu ist auch die Anzahl der Bäume sehr variabel planbar, so dass es von unserer Seite keine weiteren Vorgaben dafür gibt. Man kann auf diese Weise auch die in jeder Region betroffenen Bundesländer separat bereisen, wenn man das möchte.

Und wie man von Baum A zu Baum B und C kommen möchte, wird auch individuell sehr verschieden sein. Dafür gibt man mit Wahl des Verkehrsmittels heutzutage einfach die Orte in ein Navigationsprogramm ein und sucht sich passende Übernachtungsorte, die ja auch bedeutsam und individuell sehr verschieden sein können: Dorf, Kleinstadt, Großstadt – Zimmer, Pension, Hotel, B & B ... Viel Freude am Planen und beim Anschauen der Bäume!

Bei den einzelnen Baumbeschreibungen sind auch ggf. noch weitere Reisehinweise/-vorschläge zu anderen dendrologischen Zielen in der Nähe genannt, wenn es absolute Highlights sind.

Die Anzahlen von Nationalerbe-Bäumen je Bundesland ergeben sich genau entsprechend ihrer Flächengröße, wobei die 3 größten Bundesländer etwas an die kleinsten 4 „abgeben", damit letztere bei 100 Nationalerbe-Bäumen mehr als nur einen Baum erhalten können.

Tab. 5: Regionen und darin Baumanzahlen in den Bundesländern für 50 Nationalerbe-Bäume Deutschlands

Region	Bundesländer: akt. Stand NEB-Anzahl (50)	Bundesland-flächen km²	Summe Fläche km²	Anzahl BuLä	bei 50 Bäumen
Nord-West	SH (2), HB(1), HH (1), NI (6)	15,8 + 0,4 + 0,8 + 47,7	64,7	(4)	NW 1-10
Nord-Ost	MV (3), BB (4), BE (1)	23,3 + 29,7 + 0,9	53,9	(3)	NO 1-8
Mitte-West	NW (4), HE (3)	34,1 + 21,1	55,2	2)	MW 1-7
Mitte-Ost	TH (2), ST (3), SN (3)	16,2 + 20,5 + 18,5	55,2	(3)	MO 1-8
Süd-West	RP (3), SL (2), BW (4)	19,9 + 2,6 + 35,8	58,3	(3)	SW 1-9
Süd-Ost	BY (8)	70,5	70,5	(1)	SO 1-8
		Summen:	**357,6**	(16)	**50**

Offizielle Länderkürzel der Bundesländer

BW = Baden-Württemberg
BY = Bayern
BE = Berlin
BB = Brandenburg
HB = Bremen
HH = Hamburg
HE = Hessen
MV = Mecklenburg-Vorpommern
NI = Niedersachsen
NW = Nordrhein-Westfalen
RP = Rheinland-Pfalz
SL = Saarland
SN = Sachsen
ST = Sachsen-Anhalt
SH = Schleswig-Holstein
TH = Thüringen

Tab. 6a: Nationalerbe-Bäume chronologisch sortiert mit den Nummern **# 01–50 nach Ausrufungsdatum** (2019–2025)

Nr.	Jahr	Baumart dt.	Baumart wiss.	Alter	BHU	Eigentümer	Ort, Bundesland	Seite
#01	2019	Sommer-Linde	*Tilia platyphyllos*	700	17,70	Gemeinde	Heede, Niedersachsen	110
#02	2019	Ginkgo	*Ginkgo biloba*	210	5,20	Verein e.V.	Riesa, Sachsen	214
#03	2019	Europäische Eibe	*Taxus baccata*	700	4,01	Kirche	Flintbek, Schleswig-Holstein	94
#04	2020	Stiel-Eiche	*Quercus robur*	600	9,70	privat	Nagel/Küps, Bayern	258
#05	2020	Sommer-Linde	*Tilia platyphyllos*	600	7,95	Gemeinde	Hochmössingen, Baden-Württemberg	250
#06	2020	Berg-Ahorn	*Acer pseudopla-tanus*	270	5,60	Stadt	Hamburg	98
#07	2020	Flatter-Ulme	*Ulmus laevis*	450	10,10	Kirche	Gülitz, Brandenburg (Ausrufg. 2022)	146
#08	2021	Winter-Linde	*Tilia cordata*	800	9,85	Gemeinde	Großpörthen, Sachsen-Anhalt	198
#09	2021	Stiel-Eiche	*Quercus robur*	600	6,10	Forst	Berlin	142
#10	2021	Eur. Lärche	*Larix decidua*	240	4,75	Land (Park)	Kassel, Hessen	178
#11	2021	Ess-Kastanie	*Castanea sativa*	400	7,75	privat/Ge-meinde	Gleisweiler, Rheinland-Pfalz	230
#12	2021	Stiel-Eiche	*Quercus robur*	900	12,50	Kirche/Ge-meinde	Raesfeld-Erle, Nord-rhein-Westfalen	170
#13	2022	Riesenmammut-baum	*Sequoiaden-dron giganteum*	160	7,30	Stadt	Bremen	102
#14	2022	Sommer-Linde	*Tilia platyphyllos*	500	9,95	Gemeinde	Vogtei, Thüringen	202
#15	2022	Sommer-Linde	*Tilia platyphyllos*	800	14,40	Kirche	Polchow, Mecklen-burg-Vorpommern	130
#16	2022	Stiel-Eiche	*Quercus robur*	650	6,50	privat	St. Gangolf, Saarland	234
#17	2022	Trauben-Eiche	*Quercus pe-traea*	360	5,05	Forst	Roth/Our, Rheinland-Pfalz	222
#18	2022	Sommer-Linde	*Tilia platyphyllos*	750	10,80	Bund	Ramsau, Bayern	286
#19	2022	Stiel-Eiche	*Quercus robur*	550	4,30	privat	Harreshausen, Hessen	186

Nr.	Jahr	Baumart dt.	*Baumart wiss.*	Alter	BHU	Eigentümer	Ort, Bundesland	Seite
#20	2022	Sommer-Linde	*Tilia platyphyllos*	800	7,10	Gemeinde	Evessen, Niedersachsen	122
#21	2022	Sommer-Linde	*Tilia platyphyllos*	800	11,05	Kirche	Collm, Sachsen	210
#22	2023	Stiel-Eiche	*Quercus robur*	450	6,75	Stadt	Klein Lübars, Sachsen-Anhalt	190
#23	2023	Winter-Linde	*Tilia cordata*	600	7,20	Gemeinde (Amt)	Pehlitzwerder, Brandenburg	150
#24	2023	Stiel-Eiche	*Quercus robur*	600	10,15	Gemeinde	Röbel/Müritz, Meckl.-Vorpommern	138
#25	2023	Ahornbl. Platane	*Platanus × hispanica*	245	7,70	Land (Univ.)	Stuttgart-Hohen-heim, Baden-Würt-temberg	246
#26	2023	Weiß-Tanne	*Abies alba*	605	6,93	Land (Nat. park)	NP Bayerischer Wald, Bayern	270
#27	2023	Flatter-Ulme	*Ulmus laevis*	500	8,60	privat	Bierde, Nordrhein-Wesfalen	166
#28	2023	Europ. Eibe	*Taxus baccata*	405	4,82	Gemeinde	Thedinghausen, Niedersachsen	114
#29	2023	Holländ. Linde	*Tilia × europaea*	500	7,15	Kloster	Isenhagen, Niedersachsen	118
#30	2023	Sommer-Linde	*Tilia platyphyllos*	800	14,10	Gemeinde	Wessobrunn, Bayern	274
#31	2024	Stiel-Eiche	*Quercus robur*	600	9,00	Gemeinde	Frankfurt (Oder), Brandenburg	154
#32	2024	Sommer-Linde	*Tilia platyphyllos*	750	9,40	Stadt	Homberg (Ohm), Hessen	182
#33	2024	Europ. Eibe	*Taxus baccata*	500	4,20	privat	Lebach, Saarland	238
#34	2024	Europ. Lärche	*Larix decidua*	280	5,05	Stadt	Trusetal, Thüringen	206
#35	2024	Europ. Eibe	*Taxus baccata*	450	3,85	Stadt	Schortens, Niedersachsen	106
#36	2024	Sommer-Linde	*Tilia platyphyllos*	450	8,25	Stadt	Überlingen, Baden-Württemberg	254
#37	2024	Zirbe	*Pinus cembra*	270	2,70	BoGa Mün-chen	Schachen, Bayern	282
#38	2024	Sommer-Linde	*Tilia platyphyllos*	500	9,30	Gemeinde	Steinbergkirche, Schleswig-Holstein	90
#39	2024	Sommer-Linde	*Tilia platyphyllos*	700	8,05	Gemeinde	Effeltrich, Bayern	262
#40	2024.	Sommer-Linde	*Tilia platyphyllos*	800	11,25	Gemeinde	Schmorsdorf, Sachsen	218
#41	2024	Winter-Linde	*Tilia cordata*	425	8,25	Amt/Stadt	Schlieben, Brandenburg	158
#42	2024	Stiel-Eiche	*Quercus robur*	400	7,05	Gemeinde	Buch, Rheinland-Pfalz	226
#43	2024	Ess-Kastanie	*Castanea sativa*	600	8,05	Stadt	Aachen, Nordrhein-Westf.	174
#44	2025	Libanon-Zeder	*Cedrus libani*	240	5,80	Stadt	Weinheim, Baden-Württemberg	242
#45	2025	Stiel-Eiche	*Quercus robur*	450	8,20	Kirche	Groß Schneen, Niedersachsen	126

Nr.	Jahr	Baumart dt.	*Baumart wiss.*	Alter	BHU	Eigentümer	Ort, Bundesland	Seite
#46	2025	Riesen-Lebensbaum	*Thuja plicata*	150	5,25	Stadt	Lindau (Bodensee), Bayern	278
#47	2025	Ess-Kastanie	*Castanea sativa*	260	4,90	Stadt	Rheine, Nordrhein-Wesfalen	162
#48	2025	Stiel-Eiche	*Quercus robur*	800	9,80	Gemeinde	Thalmassing, Bayern	266
#49	2025	Trauben-Eiche	*Quercus petraea*	500	5,10	Land (Nat. park)	NP Harz, Sachsen-Anhalt	194
#50	2025	Stiel- Eiche	*Quercus robur*	850	11,55	Forst Meckl.-Vorp.	Ivenack, Meckl.-Vorpommern	134

Tab. 6b: Nationalerbe-Bäume sortiert **nach Regionen und darin Bundesländer (maßgeblich für dieses Buch)**

Region	Bund. land	Baumart dt.	*Baumart wiss.*	Alter	BHU	Eigentümer	Ort, Bundesland
NW1	SH.1	Sommer-Linde	*Tilia platyphyllos*	500	9,30	Gemeinde	Steinbergkirche, **Schleswig-Holstein**
2	SH .2	Europäische Eibe	*Taxus baccata*	700	4,01	Kirche	Flintbek, Schleswig-Holstein
3	HH.1	Berg-Ahorn	*Acer pseudoplatanus*	270	5,60	Stadt	**Hamburg**
4	HB.1	Riesenmammutbaum	*Sequoiadendron giganteum*	160	7,30	Stadt	**Bremen**
5	NI.1	Europäische Eibe	*Taxus baccata*	450	3,85	Stadt	Schortens, **Niedersachsen**
6	NI.2	Sommer-Linde	*Tilia platyphyllos*	700	17,70	Gemeinde	Heede, Niedersachsen
7	NI.3	Europäische Eibe	*Taxus baccata*	405	4,82	Gemeinde	Thedinghausen, Niedersachsen
8	NI.4	Holländ. Linde	*Tilia × europaea*	500	7,15	Kloster	Isenhagen, Niedersachsen
9	NI.5	Sommer-Linde	*Tilia platyphyllos*	800	7,10	Gemeinde	Evessen, Niedersachsen
10	NI.6	Stiel-Eiche	*Quercus robur*	450	8,20	Kirche	Groß Schneen, Niedersachsen
NO1	MV.1	Sommer-Linde	*Tilia platyphyllos*	800	14,40	Kirche	Polchow, **Mecklenburg-Vorpommern**
2	MV.2	Stiel-Eiche	*Quercus robur*	850	11,55	Forst	Ivenack, Meckl.-Vorpommern
3	MV.3	Stiel-Eiche	*Quercus robur*	600	10,15	Gemeinde	Röbel/Müritz, Meckl.-Vorpommern
4	BE.1	Stiel-Eiche	*Quercus robur*	600	6,10	Forst	**Berlin**
5	BB.1	Flatter-Ulme	*Ulmus laevis*	450	10,10	Kirche	Gülitz, **Brandenburg**
6	BB.2	Winter-Linde	*Tilia cordata*	600	7,20	Gemeinde (Amt)	Pehlitzwerder, Brandenburg
7	BB.3	Stiel-Eiche	*Quercus robur*	600	9,00	Gemeinde	Frankfurt (Oder), Brandenburg
8	BB.4	Winter-Linde	*Tilia cordata*	425	8,25	Amt/Stadt	Schlieben, Brandenburg
MW1	NW.1	Ess-Kastanie	*Castanea sativa*	260	4,90	Stadt	Rheine, **Nordrhein-Westfalen**
2	NW.2	Flatter-Ulme	*Ulmus laevis*	500	8,60	privat	Bierde, Nordrhein-Westfalen

Region	Bund. land	Baumart dt.	*Baumart wiss.*	Alter	BHU	Eigentümer	Ort, Bundesland
3	NW.3	Stiel-Eiche	*Quercus robur*	900	12,50	Kirche/ Gemeinde	Raesfeld-Erle, Nordrhein-Westfalen
4	NW.4	Ess-Kastanie	*Castanea sativa*	600	8,05	Stadt	Aachen, Nordrhein-Westfalen
5	HE.1	Eur. Lärche	*Larix decidua*	240	4,75	Land (Park)	Kassel, **Hessen**
6	HE.2	Sommer-Linde	*Tilia platyphyllos*	750	9,40	Stadt	Homberg (Ohm), Hessen
7	HE.3	Stiel-Eiche	*Quercus robur*	550	4,30	privat	Harreshausen, Hessen
MO1	ST.1	Stiel-Eiche	*Quercus robur*	450	6,75	Stadt	Klein Lübars, **Sachsen-Anhalt**
2	ST.2	Trauben-Eiche	*Quercus petraea*	500	5,10	Land (Nat.park)	NP Harz, Sachsen-Anhalt
3	ST.3	Winter-Linde	*Tilia cordata*	800	9,85	Gemeinde	Großpörthen, Sachsen-Anhalt
4	TH.1	Sommer-Linde	*Tilia platyphyllos*	500	9,95	Gemeinde	Vogtei, **Thüringen**
5	TH.2	Europ. Lärche	*Larix decidua*	280	5,05	Stadt	Trusetal, Thüringen
6	SN.1	Sommer-Linde	*Tilia platyphyllos*	800	11,05	Kirche	Collm, **Sachsen**
7	SN.2	Ginkgo	*Ginkgo biloba*	210	5,20	Verein e.V.	Riesa, Sachsen
8	SN.3	Sommer-Linde	*Tilia platyphyllos*	800	11,25	Gemeinde	Schmorsdorf, Sachsen
SW1	RP.1	Trauben-Eiche	*Quercus petraea*	360	5,05	Forst	Roth/Our, **Rheinland-Pfalz**
2	RP.2	Stiel-Eiche	*Quercus robur*	400	7,05	Gemeinde	Buch, Rheinland-Pfalz
3	RP.3	Ess-Kastanie	*Castanea sativa*	400	7,75	privat/ Gemeinde	Gleisweiler, Rheinland-Pfalz
4	SL.1	Stiel-Eiche	*Quercus robur*	650	6,50	privat	St. Gangolf, **Saarland**
5	SL.2	Europäische Eibe	*Taxus baccata*	500	4,20	privat	Lebach, Saarland
6	BW.1	Libanon-Zeder	*Cedrus libani*	240	5,80	Stadt	Weinheim, **Baden-Württemberg**
7	BW.2	Ahornbl. Platane	*Platanus × hispanica*	245	7,70	Land (Univ.)	Stuttgart-Hohenheim, Baden-Württemberg
8	BW.3	Sommer-Linde	*Tilia platyphyllos*	600	7,95	Gemeinde	Hochmössingen, Baden-Württemberg
9	BW.4	Sommer-Linde	*Tilia platyphyllos*	450	8,25	Stadt	Überlingen, Baden-Württemberg
SO1	BY.1	Stiel-Eiche	*Quercus robur*	600	9,70	privat	Nagel/Küps, **Bayern**
2	BY.2	Sommer-Linde	*Tilia platyphyllos*	700	8,05	Gemeinde	Effeltrich, Bayern
3	BY.3	Stiel-Eiche	*Quercus robur*	800	9,80	Gemeinde	Thalmassing, Bayern
4	BY.4	Weiß-Tanne	*Abies alba*	605	6,93	Land (Nat.park)	NP Bayerischer Wald, Bayern
5	BY.5	Sommer-Linde	*Tilia platyphyllos*	800	14,10	Gemeinde	Wessobrunn, Bayern
6	BY.6	Riesen-Lebensbaum	*Thuja plicata*	150	5,25	Stadt	Lindau (Bodensee), Bayern
7	BY.7	Zirbe	*Pinus cembra*	270	2,70	BoGa München	Schachen, Bayern
8	BY.8	Sommer-Linde	*Tilia platyphyllos*	750	10,80	Gemeinde	Ramsau, Bayern

SCHLESWIG-
HOLSTEIN
HH
HB
NW
NIEDERSACHSEN
MECKLENBURG-
VORPOMMERN
NO
BRANDENBURG
BERLIN
MO
SACHSEN-ANHALT
THÜRINGEN
SACHSEN
NORDRHEIN-
WESTFALEN
MW
HESSEN
RHEINLAND-
PFALZ
SAARLAND
SW
BADEN-
WÜRTTEMBERG
SO
BAYERN

Reformationslinde Steinbergkirche

(bei Flensburg)

Sommer-Linde
(Tilia platyphyllos)

Standort: Gemeinde Steinbergkirche, Kreis Schleswig-Flensburg, ca. 25 km östlich der Stadt Flensburg; unübersehbar an der Hauptstraße B 199 in Ortsmitte neben der Kirche (an der Einmündung Gintofter Straße 1); Bundesland: Schleswig-Holstein

Alter: 510 Jahre (zur Reformation etwa 1520 gepflanzt)

Stammumfang: 9,30 m in 1,1 m Stammhöhe (an der Taille um beide Stammteile herum, gemessen im Mai 2024)

Höhe: ca. 13 m

GPS-Daten:
N 54.755062, O 9.759721

NEB seit:
13. Juli 2024

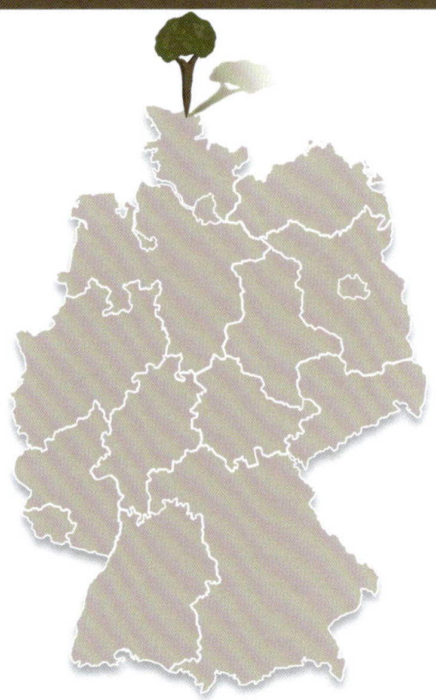

Diese Reformationslinde ist der nördlichste Nationalerbe-Baum Deutschlands, nahe Flensburg und zur Grenze Deutschlands nach Dänemark. In Schleswig-Holstein gibt es nicht so viele alte Bäume über 400 Jahre wegen all der Stürme (und Sturmfluten), durch das verbreitet hoch anstehende Grundwasser (mit der Folge flacher Bewurzelung) und auf großen Flächen im Westen sehr intensiver landwirtschaftlicher Nutzung. Zudem können viele der dort im Norden vorkommenden Baumarten wie z. B. schnell wachsende Pappeln, Birken, Weiden und Spitz-Ahorne nicht über 500 Jahre alt werden.

Die Reformationslinde hat einen sehr beeindruckenden wilden Stamm mit extrem vielen „Macken" und sieht für ihr Alter sehr mitgenommen aus: Sie zeigt eine enorme Vielfalt von Symptomen der Körpersprache an Bäumen. Das angegebene Alter 510 Jahre passt gut zum Stamm mit über 9 m Umfang, denn urkundlich erwähnt gab es 1576 ein bedeutsames Treffen unter der Linde – damals wäre die Linde dann etwa 60 Jahre alt gewesen, so dass man sich schon gut unter ihr beraten konnte. Somit ist die Pflanzung ca. 1520 glaubhaft (wobei der Baum schon etwa 5 Jahre alt war) und hat hervorragend passend zu ihrem Namen geführt.

Das Ambiente an der Kirche auf dem (noch aktiven) Friedhof ist sehr ansprechend. Der Raum um die Linde wird perspektivisch nicht wieder neu mit Gräbern belegt, um den Baum mehr zu würdigen und gelegentlich dort feiern zu können. Dieses „Freilenken" wird sich allerdings bis zu 50 Jahre hinziehen. Die Ausrufungsfeier war daher die erste solcher Veranstaltungen am Baum.

Die Reformationslinde hat für den Ort und die Gemeinde eine herausragende Bedeutung, dies nun erst recht durch unsere Ehrung und damit deutschlandweite Würdigung ihrer Besonderheiten. Sie ist einer von bisher zwei Nationalerbe-Bäumen von Schleswig-Holstein, da es zu den 5 kleinsten Bundesländern gehört. Hier wurde bereits 2019 die erste Eibe unserer Ehrenbäume gefunden (ebenfalls ein Kirchenbaum, in Flintbek bei Kiel).

Die Ausrufung war eine sehr bewegende und abwechslungsreiche Zeremonie: Sie begann mit einem

Rechts: Mächtiger kurzer Stamm mit zwei ineinander verwobenen Teilkronen der beiden Stämmlinge darüber

Standort nahe der Kirche auf dem aktiven Friedhof

„baumangepassten" Gottesdienst in der St. Martin-Kirche (direkt neben der Reformationslinde), bei dem die Kirche sehr gut gefüllt war. Als Einstimmung machte der Steinbergkirche-Gospelchor richtig Stimmung. Der Probst der Kirchgemeinde hielt anschließend eine phänomenale Predigt über einen Vergleich von Bäumen mit Menschen, ging dabei auch auf Sprache, Gefühle, Glücklichsein, Einfühlungsvermögen sowie etliche höchst aktuelle Themen ein und gab seiner Einschätzung Ausdruck, dass wir von Bäumen sehr viel lernen können. Er war sichtlich sehr ergriffen, dass diese Baum-Ehrungen in ganz Deutschland erfolgen und nun ihre Linde dafür „hier im glücklichsten Bundesland Deutschlands mit den glücklichsten Bäumen" ausgewählt worden ist.

Zum Abschluss des Gottesdienstes trat nochmal der Gospelchor auf und geleitete dann die Anwesenden mitsingend und swingend zur Linde – eine wunderbare Einstimmung! Am Baum spielte der starke Bläserchor mit fast 20 Mitgliedern, bevor uns der Bürgermeister begrüßte, der täglich an der Linde vorbeikommt und sie immer bewundert – nun noch viel mehr. Auch der Leiter der Unteren Naturschutzbehörde drückte seine Begeisterung für die Nationalerbebaum-Initiative aus und wie sehr es die Landkreis-Bewohner freut, dass er nun Unterstützung von unserer Initiative bekommt.

Dann gab es noch bei wunderbarstem Wetter viel zur Linde zu erzählen: zu ihrer Lebensgeschichte und den Besonderheiten ihrer aufregenden „Körpersprache". Da währenddessen deutlich zu merken war, wie sehr dies die etwa 120 Anwesenden interessierte, dauerte es damit auch etwas länger und alles zusammen mit abschließender Tafelenthüllung und Bläsermusik über 1,5 Stunden! Aber alle Beteiligten waren ergriffen und sehr zufrieden, ja wirkten regelrecht glücklich über diese Feier, und es gab dann beim gemütlichen Beisammensein mit Fingerfood und lokalen Getränken noch sehr schöne Gespräche und interessante weitere Infos zum Baum von Einwohnern, z. B. wer sich in der Linde zum ersten Mal geküsst hatte – herrlich!

Vom Alter und der Lebensgeschichte geprägter hohler und offener Stamm mit zahlreichen Innenwurzeln

Örtlicher Gospelchor zur Einstimmung der Ausrufungszeremonie mit Gottesdienst in der Kirche

NW2 SH.2

Kirchen-Eibe in Flintbek

(bei Kiel)

Europäische Eibe
(Taxus baccata)

Standort: etwa 70 m nördlich der Kirche auf Kirchengrund (öffentlich zugänglich); Flintbek, Kreis Rendsburg-Eckernförde bei Kiel; Bundesland: Schleswig-Holstein

Alter: ca. 700 Jahre (600–800 bei Einschätzung nach Standort, Baumgestalt und Lebensgeschichte)

Stammumfang: 4,01 m in 1,3 m Stammhöhe (gemessen im März 2024)

Höhe: ca. 10 m

GPS-Daten:
N 54.238319, O 10.067039

NEB seit:
27. Oktober 2019

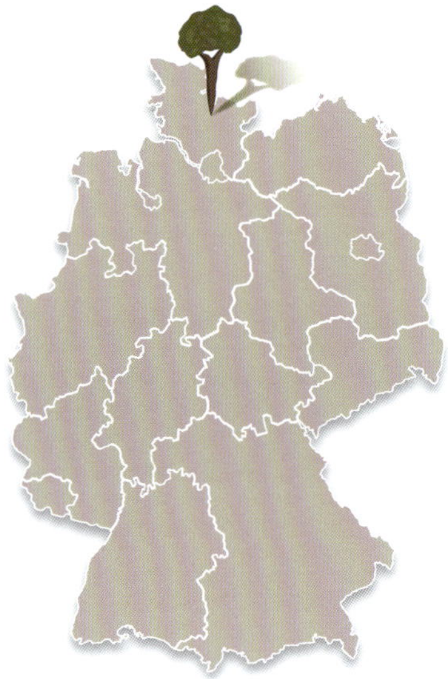

Diese Eibe ist mit einem Stammumfang von 4,01 m eine der stärksten Deutschlands und mit einem geschätzten Alter von 600–800 Jahren eine der ältesten des Landes. Es gibt dazu keine Untersuchungen mit sicheren Ergebnissen, so dass man nur aus dem Stammumfang, dem Standort und seiner Umgebung darüber eine Herleitung versuchen kann. Dabei ist bedeutsam, dass es sich beim Standort halbseitig um eine Kuppe handelt, da nicht weit vom Baum entfernt nach Norden und Westen das Gelände ziemlich steil abfällt, fast 10 m tief. Daher ist der Standort relativ trocken, und Eiben wachsen auch schon artbedingt nur langsam in die Höhe und Dicke. Nachforschungen haben ergeben, dass es sich um einen historischen Thingplatz handeln könnte, der schon vor dem Bau der Kirche 1223 bestanden hat. Dafür dürfte der Standort mit damals strategischen Funktionen auf der Kuppe sehr geeignet gewesen sein.

Auffallend an Eiben sind ihre immergrünen, dunklen und oft dichten Kronen mit leuchtend roten Samen (nur an weiblichen Bäumen), ihre attraktive rötliche Schuppenborke am wulstigen, kehligen Stamm und ihre individuelle Wuchsform. Ältere Exemplare wirken daher oft monumental und sind seit Urzeiten ideale und beliebte Bäume zur Betonung von Kultstätten. Die Eibe ist die Baumart mit der größten Bedeutung in Esoterik und Mythologie. Den Kelten galt sie als heiliger Baum, den Germanen als Sinnbild für Ewigkeit. Beeindruckend ist zudem ihre enorme Schattentoleranz, so dass sie wie die Rot-Buche unter allen anderen Baumarten wachsen kann. Wildexemplare (meist in Wäldern) sind so selten, dass sie als eine von nur ganz wenigen Baumarten in Deutschland nach der Bundesartenschutzverordnung streng geschützt sind.

Die Eibe ist ein Nadelbaum, der keine Zapfen trägt, sondern leuchtend rote fleischige „Beeren“: Samen mit einem fleischigen, roten Mantel, dem sogenannten Arillus. Ihre dunkelgrünen weichen Nadeln bleiben ca. 8 Jahre am Zweig und sind besonders ausgeprägt an Sonne oder Schatten angepasst. Dies hat zur Folge, dass man beim Verpflanzen älterer Eiben die Himmelsrichtung der Kronenseiten einhalten sollte (mit Hilfe einer Markierung z. B. an der Nordseite), damit die Schattennadeln nach dem Verpflanzen weiterhin nach Norden und die Sonnennadeln nach Süden orientiert sind. Sonst kann es zum Nadelsterben und im Extremfall sogar

Rechts: Monumentaler wulstiger Stamm der Flintbeker Eibe, typisch für Eiben in hohem Alter

Baum mit Ehrentafel nach der Ausrufung, die immergrünen Zweige verdecken die Pracht des Stammes

zum Absterben des Baumes kommen, dies auch bei plötzlicher Freistellung aus dem Schatten.

Die Baumart ist zweihäusig, d.h. es gibt nur männliche oder weibliche Blüten auf einem Baum und demzufolge auch nur Eiben-Männer oder -Frauen. Die roten Samen an den weiblichen Bäumen entwickeln sich zudem nur, wenn eine männliche Eibe in der Nähe steht (maximal 1 km entfernt). Die Verbreitung der Samen ist wegen des leuchtend rot gefärbten Samenmantels gesichert – Amseln, Drosseln und auch Kleinsäuger fressen ihn und scheiden den holzigen Samen unverdaut und keimfähig wieder aus. Eiben in Mauerritzen müssen vorher durch einen Vogel- oder Mäusedarm „gewandert“ sein, sonst könnten sie dort nicht hingelangen.

Das Holz wurde früher intensiv für den Bogenbau genutzt, vor allem England hatte einen enormen Bedarf an Bögen. Die wunderschöne Färbung und die Härte – viel härter als alle anderen unserer Nadelhölzer – verschafft ihm zudem Bedeutung bei Kunsttischlern und für die Herstellung von Messern und Kämmen. Im Außenbereich ist es ein gesuchtes Bauholz und kann ohne Schutz im Freien verwendet werden; unbehandelte Zaunpfosten aus Eibe halten Jahrzehnte lang. Der älteste gefundene Speer eines Neandertalers bestand aus Eibenholz.

Die Ausrufung der Flintbeker Kirchen-Eibe als 3. Nationalerbe-Baum im Herbst 2019 verlief sehr erfolgreich mit einem „Baum-Gottesdienst“ als besonderes Highlight in der wunderschönen Kirche mit viel Holz (u.a. Holzschindeldach des Kirchturms, Holzdecke und Altar des Innenraums). Dabei nahm der Pastor eindrucksvoll Bezug auf Bäume und die Eibe, auch die Lieder waren danach ausgesucht worden. Dies gab der Ausrufung eine ganz besondere Zeremonie-Note. Anschließend fanden die Grußworte, Projektbeschreibung und Laudatio auf den Baum bei Sonnenschein unter der Eibe statt, deren reichliche Samenentwicklung zu diesem Zeitraum ungewöhnlich war.

Eibe am strategischen Standort (möglicherweise alter Thingplatz) mit weitem Blick in die Landschaft

Samen mit roter fleischiger Hülle: giftig für Menschen, Pferde, Rinder, aber Leckerbissen für Mäuse und Rehwild

NW3 HH.1

Berg-Ahorn im Hirschpark

Hamburg

Berg-Ahorn
(Acer pseudoplatanus)

Standort: Hirschpark (am südöstlichen Ende der Lindenallee), nahe Eingang von der Elbchaussee; Stadtteil Nienstedten, Hansestadt und Bundesland Hamburg

Alter: ca. 270 Jahre (Einschätzung nach Parkgeschichte und Baumgestalt)

Stammumfang: 5,55 m in 0,9 m Stammhöhe (an Taille, gemessen im August 2020)

Höhe: ca. 22 m; Kronenbreite 37 m

GPS-Daten:
N 53.557324, O 9.827953

NEB seit:
23. Oktober 2020

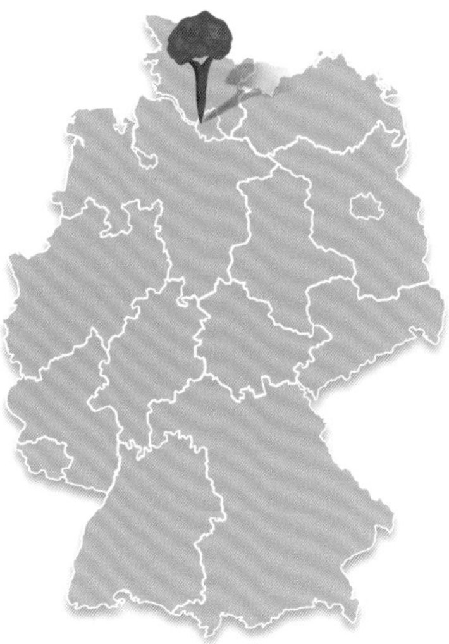

Bei einer Mr. Germany-Wahl unter Deutschlands Bäumen würde er sicher ganz vorne mitspielen. Dies dürfte wohl einer der schönsten Berg-Ahorne der Republik sein: mit seinem starken Stamm und mächtiger Krone sowie sehr harmonischer, vollkommen intakter Silhouette, noch dazu in einer wunderschönen Parkanlage, dem Hamburger Hirschpark, vor einer berühmten und ebenso sehenswerten alten, vierreihigen Lindenallee. Der Stamm teilt sich in einer Höhe von etwas mehr als 2 m in zahlreiche Stämmlinge. Ich kenne den Baum seit 30 Jahren. Als ich ihn 2009 im Winter fotografierte, hatte es kurz zuvor geschneit und da es nur wenig Schnee war, blieb er in der Baumkrone des Ahorns hängen und verdunstete von dort wieder, als danach die Sonne schien. So zeichnet sich auf dem Winter-Foto die „Kronentraufe" exakt durch den runden grünen Wiesenbereich ab – eine Stunde später war alles weggetaut. Das sind Erlebnismomente beim Baumfotografieren, die tief hängen bleiben, und ich habe mich noch lange über die damalige weite Anreise extra zu diesem Baum gefreut, den ich regelmäßig aufsuche.

Dies ist ein Baum, zu dem man sofort eine Beziehung bekommt (wenn man es will und zulässt). Da darf man ruhig ein bisschen vermenschlicht über ihn denken und sich fragen: Was hat er wohl schon alles erlebt und wird er noch erleben, und wie „fühlt" er sich in diesem wunderbaren Ambiente der Parkanlage? Er sieht jedenfalls so aus, als geht es ihm dort bestens. Zudem ist der Stamm ein ästhetisches Highlight: Mit seinen Wülsten, Beulen und Kehlen sowie der typischen schuppigen Bergahorn-Borke erinnert er an einen Elefanten- oder sogar Dinosaurierfuß. Und die Geräuschkulisse von der nicht weit entfernten Elbe ist wohl auch ziemlich einmalig, wenn die Ozeanriesen (Kreuzfahrt- und Containerschiffe) ihre Hörner erklingen lassen, weil ein Kanufahrer im Weg ist …

Wussten Sie schon, was das „Oskar-Syndrom" ist? Es bezeichnet sehr treffend die Situation, wenn junge Ahorne im tiefen Schatten auf mehr Licht warten und dann im Wachstum stagnieren, sobald sie etwa 1–2 m groß sind. Die Bezeichnung Oskar-Syndrom wird dafür von Baumbiologen verwendet, da es ja das Schicksal von Oskar in der „Blechtrommel" von Günter Grass ist, dass der Junge nicht mehr weiterwächst. Diese Erscheinung kann man hier im Hirschpark (nicht

Rechts: Imposanter Stamm des riesigen Berg-Ahorns im Hamburger Hirschpark

Die Krone ist sagenhafte 37 m breit und vollkommen intakt

weit entfernt) an natürlichem Ahorn-Aufwuchs sehr gut beobachten.

Im Frühjahr kann es beim Ahorn zum „Bluten“ aus abgeschnittenen Ästen und verletzter Rinde kommen, dann tropft es – das ist der sog. Frühjahrssaft, der auch für Ahornsirup genutzt werden kann. Er tritt bei Verletzungen ab März bis zum Austriebzeitpunkt aus und enthält reichlich Zucker (3 %), den man sogar schmecken kann. Für den ‚Maple Syrup‘ muss er dann eingedickt werden.

Ahornholz war bereits in der Stein- und Bronzezeit sehr geschätzt, heute vor allem bei Instrumentenbauern. So erzielte z. B. im Winter 2007/08 in Sachsen ein Stamm des Berg-Ahorns den höchsten Holzpreis mit 8.600 Euro. Es werden wichtige Teile von Musikinstrumenten daraus gefertigt, das sog. Klangholz z. B. für Streichinstrumente, Lauten, Zithern und Gitarren, Panflöten und Fagott. Von den drei heimischen Ahornarten ist das Holz des Berg-Ahorns das begehrteste, auch, weil es am hellsten ist. Es ist hart und gut zu bearbeiten.

Unter drastischen Corona-Auflagen und mit größtem Medieninteresse fand die Zeremonie mit Grußworten, Tafelenthüllung und Laudatio statt. Der Baum hatte sich herbstlich chic gemacht mit zahlreichen gelben Blättern, die in den zunächst grauen Oktoberhimmel strahlten. Damit war dann auch die Baumart Berg-Ahorn mit in die Ehrengarde aufgenommen.

Immer wieder beeindruckend ist, wie emotional die Teilnehmer auf den Festakt reagieren, sogar die anwesenden Baumfachleute – da gibt es auch mal Tränen vor Rührung. Die Ausführungen zur Baumart und zum Ehrenbaum wurden wieder mit besonderem Interesse aufgenommen und von den Medien verbreitet, was eine große Freude ist. Dem Hamburger Berg-Ahorn werden von uns noch mehrere Jahrhunderte Lebenserwartung zugetraut.

Bei einem Schneeschauer im Februar am frühen Morgen blieb der Schnee in der Krone hängen

Starkes Medieninteresse zur Ausrufung trotz (oder gerade wegen) der Corona-Restriktionen

Riesenmammutbaum
auf dem Riensberger Friedhof

Riesenmammutbaum *(Sequoiadendron giganteum)*

Standort: Freie Hansestadt Bremen, Stadtteil Schwachhausen auf dem Riensberger Friedhof (südliches Ende am Rand, etwa 100 m vom Haupteingang an der Friedhofstraße ostwärts oder vom Eingang gegenüber Haus Riensberger Str. 53, dann 50 m links)

Alter: 155–160 Jahre (zur Friedhofseröffnung 1875 gepflanzt)

Stammumfang: 7,30 m (gemessen 12.2021 in 1,3 m Höhe)

Höhe: ca. 33 m

GPS-Daten:
N 53.091580, O 8.860034

NEB seit:
10. Februar 2022

Mammutbäume werden schon dem Namen nach offensichtlich ziemlich groß, zumindest in höherem Alter. Allerdings muss man dann zuerst genauer benennen, welcher der 3 Mammutbäume gemeint ist: Küsten-, Riesen- oder Urweltmammutbaum. Die ersten beiden stammen aus dem westlichen Nordamerika (Kalifornien/USA) und sind immergrün, der dritte kommt aus China und ist sommergrün, wirft also im Herbst mit Färbung seine Nadeln bzw. Kurztriebe ab. Am eindrucksvollsten von den dreien ist sicher der hier gemeinte Riesenmammutbaum, da er schon in relativ frühem Alter (ab etwa 20 Jahren) einen auffallend starken Stammfuß entwickelt, der schnell dicker als bei vielen anderen Bäumen wird. So ist auch dieser Riesenmammutbaum bereits in seinem noch „jugendlichen“ Alter der dickste Baum von Bremen und Naturdenkmal.

Friedhöfe sind oft Oasen der Ruhe und Besinnung und können einen beeindruckenden Baumbestand aufweisen, wenn sie älter werden. Das ist auch auf dem Riensberger Friedhof in Bremen mit seinen vielen alten Bäumen und mit etlichen weiteren Baumbesonderheiten der Fall. So werden neben Führungen zu bedeutenden Grabstätten auf diesem Friedhof auch Führungen zur Artenvielfalt angeboten, vor allem zur Vogelwelt und zu den Bäumen. Hier hat sich ein bedeutender Hotspot der Biodiversität entwickelt! Zudem ist die Nährstoffversorgung und Standortqualität auf Friedhöfen „naturgemäß“ ziemlich gut, so dass die Bäume i.d.R. gesund sind und wenig Vitalitätsverluste zeigen.

Zur Eröffnung des Friedhofes 1875 wurde in der Nähe des damaligen Haupteinganges dieser Riesenmammutbaum gepflanzt, der somit 155–160 Jahre alt sein dürfte (je nach Baumalter bei der Pflanzung). Er wurde an diese besondere Grabstelle gesetzt, die eine bis zu 3 m tiefe Gruft und rund um den Mammutbaum weitere jüngere Gräber aufweist. Der Boden des Friedhofareals ist damals großflächig etwa 2 m aufgeschüttet worden, um aus dem Überflutungsbereich des Flüsschens Kleine Wümme herauszukommen – denn Überflutungen auf Friedhöfen sind sehr problematisch …

Besonders schön ist dieser Riesenmammutbaum im Winterhalbjahr, wenn die dicht rundherum stehenden Laubbäume kahl sind und die späte Vormittags- oder frühe Nachmittagssonne die Oberkrone bescheint. Die Borke ist bereits sehr dick und im Übrigen schwer entflammbar, was am Naturstandort in Nordamerika ein effektiver Schutz gegen Bodenfeuer ist.

Rechts: Einmaliges Ambiente auf dem aktiven Friedhof mit dem Riesenmammutbaum

Er überragt alle Bäume der Umgebung und schafft eine sehr besondere Stimmung, vor allem im Winter

Riesenmammutbäume können bis zu 3.000 Jahre alt werden. Sie zählen zu den größten Bäumen der Welt, das Stammvolumen der Riesenmammutbäume ist mit bis zu 1.500 m^3 unübertroffen. Ihre maximale Höhe beträgt in der Heimat 95 m, der Stammumfang bis zu 33 m (‚General Sherman' im Sequoia-Nationalpark Kalifornien). Ihr Heimatareal ist relativ klein und befindet sich im Gebirge Kaliforniens an den Westhängen der Sierra Nevada. Die Riesenmammutbäume wurden dort erst 1841 entdeckt. Es war eine Sensation, als 1853 das erste Exemplar der Baumart in Europa eintraf und eine Mammutbaum-Euphorie auslöste: Er durfte in keinem Park mehr fehlen. Die ältesten Exemplare in Europa sind jetzt also etwa 170 Jahre alt, dieses Exemplar ist mit seinem Alter nah dran.

Die Ausrufung des Riesenmammutbaumes als Bremer Vertreter unter den Nationalerbe-Bäumen erfolgte in sehr kleinem Kreise, da es ein aktiver Friedhof ist. Dazu waren neben Mitarbeiter:innen der beteiligten Institutionen vom für den Baum verantwortlichen Umweltbetrieb Bremen und vom zuständigen Senatsressort vor allem Medien geladen. Dies wurde von beeindruckend vielen Print-, Radio- und Fernseh-Vertretern wahrgenommen: Die zahlreichen Interessierten waren über 3 Stunden vor Ort, genossen die Veranstaltung sichtlich und stellten stundenlang Fragen, da sie eine solche Gelegenheit wohl nicht oft haben – ihr häufigster Kommentar: „... endlich mal was Schönes!"

Man merkte eindrucksvoll den Stolz der Verantwortlichen auf diesen Baum und seine Ehrung. Immerhin kann er theoretisch bis zu 3.000 Jahre alt und über 10 m dick werden. Es wurde durch Ablaufen dieses möglichen Durchmessers veranschaulicht, dass dann die Gräber direkt am Baum eingewachsen sein werden – das fanden die anwesenden Medienvertreter eine so phantastische Vorstellung, dass es immer wieder am Baum vorgeführt werden musste.

Historische Grabanlage als würdiger Standort für diesen Exoten

Die Medienvertreter begeistert von dem Ereignis der Ausrufung auf einem Friedhof

NW5 NI.1

Waldeibe im Klosterpark Schortens

(Friesland)

Europäische Eibe
(Taxus baccata)

Standort: im Klosterpark Schortens (Landkreis Friesland, Niedersachsen), OT Oestringfelde, Am Ginsterweg 10, beim Regionalen Umweltzentrum (RUZ): von dort geradeaus auf Fußweg weitergehen, nach 100 m rechts halten

Alter: ca. 450 Jahre (400–500 Jahre, hergeleitet aus Baumgestalt, Standort und Historie)

Stammumfang: 3,85 m in 1,3 m Stammhöhe (gemessen Okt. 2023)

Höhe: ca. 25 m

GPS-Daten:
N 53.535995, O 7.923057

NEB seit:
14. Juni 2024

Was für eine Pracht von Eibe! Endlich mal ein Exemplar, bei dem man schon beim Ankommen sofort die ganze Schönheit dieser Baumart und dieses Baumes sieht, da der sehr beeindruckende starke und lange Stamm hier frei sichtbar ist – nicht behindert durch herabhängende immergrüne Zweige, wie sonst oft üblich. Sie steht zudem in einem sehr interessanten Wald- und Parkbereich.

Dieser Baum ist hervorragend inszeniert, auch mit der dezenten, aber deutlichen Umzäunung: Dahinter ist der „heilige Raum des heiligen Baumes", der nicht betreten werden soll. Und dann sollte man sich richtig Zeit nehmen, diesen unfassbar inszenierten Stamm anzusehen – das bekommt man in solcher Schönheit, Intaktheit und Vollkommenheit in Deutschland nicht oft zu sehen. Diese Eibe erinnert daher so intensiv an die englischen Uralteiben, von denen etliche auch so ein schönes Outfit haben (allerdings mit oft 2- bis 3-mal so dicken Stämmen). Diese Eibe hat fast die 4 m Stammumfang erreicht.

Die Höhe dieser Eibe von etwa 25 m ist außergewöhnlich, aber der Baum steht windgeschützt umgeben von vielen anderen alten Bäumen im Bestand und hat mit deren Beschattung zudem kein Problem.

Und noch etwas ist hier sehr besonders und mir gleich beim ersten Besuch dieses Baumes aufgefallen: die „Lichtspiele" der Sonne morgens und abends auf dem Stamm der Eibe. Das ist am besten ausgeprägt im Winter (weil die anderen Bäume des Bestandes dann kahl sind) und bei tiefstehender Sonne (weil sie dann unter den Nachbarbäumen hindurch auf den Eibenstamm trifft). Von jeder Stammseite und jedes Mal, wenn man kommt, ist es ein anderes Schauspiel – einfach phantastisch! Die Bilder sollen es zeigen …

Im Umfeld gibt es zudem etliche esoterische Installationen. Dies verstärkt die Wirkung von Eiben und ist bei ihnen besonders ausgeprägt; es entwickelt sich daher im Umfeld von alten Eiben oft eine interessante „Szene" von Baumliebhabern. Nicht weit von unserer Eibe im Klosterpark befindet sich nordwestlich angrenzend zum Sportplatz zudem eine alte germanische Thingstätte, heute als Heiligtum bezeichnet. Sie ist von einem 60 cm hohen Wall umgeben mit einer Eiche im Zentrum und rundherum 12 Linden – sehr beeindruckend und hervorragend zur Eibe passend.

Rechts: Phänomenaler Stamm dieser Eibe mit stündlich wechselnder Beleuchtung

Eindrucksvoll der „heilige Raum“ um den Baum in Szene gesetzt durch einen fast 100 m langen Zaun

Das Umfeld der Eibe eignet sich hervorragend zum Feiern. Der riesige heilige Raum unter dem Baum mit einem im Kreis aufgestellten, fast 100 m langen Staketenzaun aus Esskastanien-Holzstäben wurde ganz neu hergerichtet. Es sieht einfach phantastisch aus. So phänomenal in Szene gesetzt gibt es wohl sonst keine Eibe in Deutschland. Zur Ausrufungsfeier kamen dann fast 100 Interessierte, hörten sich zu Beginn begeistert den örtlichen Kindergartenchor mit ihrem extra für diese Feier neu komponiertem Lied an („Wir lieben diesen Baum …“) und dann heizte die Bläsergruppe Friesland aus Jever mit lautstarken passenden Musikstücken die Stimmung an.

Nach der Begrüßung durch den Bürgermeister und einem Grußwort des Landrates folgte die Laudatio auf den Baum mit seinen vielen Besonderheiten. Bei der Erläuterung, dass es sich hier um eine männlichen Eibe handelt, meldete sich prompt ein Bürger zu Wort und teilte glaubhaft mit, dass sie kürzlich mal eine Saison weiblich mit roten Samen war. Das führte natürlich zu einer interessanten Diskussion über das Leben dieser Eibe, die also ihr Geschlecht wechseln kann.

Beim anschließenden gewaltigen Büffet wurden noch viele Erlebnisse von Bewohnern erzählt, die in der Nähe aufgewachsen oder sogar im Klosterpark geboren sind und als Kinder unter den Eiben und im Klosterpark gespielt haben.

Immer wieder wird nach dem Alter dieser Eibe gefragt und wie man das bei den uralten Bäumen herleitet. Meist sind Jahrringe kaum noch nutzbar, aber bei dieser Eibe schon. Das Ergebnis: 400–500 Jahre – es bleibt so ungenau, weil der Stamm im Innersten hohl ist. Und der Name Waldeibe wurde auch mehrmals nachgefragt: das ist keine neue Eibenart, sondern vor Ort die Bezeichnung dieses Baumes, da sie im dämmrigen Waldteil des Parks steht und um sie von der ebenfalls sehenswerten Eibe am nahen Umweltzentrum zu unterscheiden.

Mit 25 m Baumhöhe und waldartiger Umgebung eine sehr besondere Eibe

… nun also auch Nationalerbe

NW6 NI.2

Dicke Linde Heede

(Emsland)

Sommer-Linde
(Tilia platyphyllos)

Standort: am Ortseingang von Heede (Seitensträßchen Pinnincksallee von der Hauptstraße); Lkr. Emsland, Niedersachsen

Alter: ca. 700 Jahre (600–800 bei Schätzung aus Baumgestalt, Standort und Historie)

Stammumfang: 17,50 m in 1,3 m Stammhöhe (Taille, gemessen Okt. 2023)

Höhe: ca. 25 m (Kronenbreite 30 m)

GPS-Daten:
N 52.993271, O 7.295812

NEB seit:
5. Oktober 2019

Im Nordwesten Deutschlands steht einer der mächtigsten Bäume Europas, sicher aber der stärkste Baum Deutschlands – die Riesenlinde von Heede, auch als „Tausendjährige Linde“ oder „Dicke Linde“ bekannt. Mit über 17 m Stammumfang – genau lässt sich das wegen der vielen Einbuchtungen nicht ermitteln –, einer Krone von fast 30 x 30 m und einer Höhe von etwa 25 m stellt sie einen wahren Baumkoloss dar.

Die Geschichte dieses Baumes reicht weit in die Vergangenheit zurück. Ihr werden tausend Lebensjahre zugeschrieben. Realistischer dürfte aber sein, dass sie irgendwann zur Entstehungszeit der Schärpenburg als Burglinde gepflanzt wurde. Diese war um 1470 als Befestigungsanlage neu errichtet worden; nur wenige Kilometer entfernt verläuft die niederländische Grenze. 1763, im letzten „Holländischen Krieg“, wurde die Wasserburg eingeäschert – gut möglich, dass die Linde dabei Schaden erlitt und die Krone verlor. In der Folge trieben Stämmlinge aus, von denen heute noch 9 leben und selbst wie mächtige Bäume erscheinen. Die fast 16 m^2 große Fläche, die sich auf dem Stumpf gebildet hat, war früher mit Holzbohlen gedeckt. Zunächst sollen hier Kanonen platziert worden sein, später wurden Gottesdienste und wahrscheinlich auch Tanzvergnügen abgehalten. Noch heute ist die Linde Mittelpunkt dörflicher Veranstaltungen. Zu Fronleichnam findet unter dem Baum ein Gottesdienst mit Prozession statt; der Heeder Schützenkönig wird hier proklamiert, und so manche Trauung hat hier stattgefunden.

Ehrfurchtsvoll nähert man sich einem solchen Baumriesen. Kein Bild mag die Größe und Ruhe widergeben, die solch ein Baumwesen ausstrahlt; es vermittelt uns einen Hauch von Ewigkeit. Die Heeder Linde erscheint noch völlig gesund, der Stamm ist wohl nicht hohl, ganz ungewöhnlich für eine Linde, die schon über 600 Jahre hat vorübergehen sehen. Der Baum ist wesentlicher Bestandteil im Wappen des Dorfes.

Text von Eike Jablonski, Kruchten (Auszug aus der Geschichte zum Baum im Buch „Die starken Bäume Deutschlands – 111 faszinierende Naturerben und ihre Geschichten“, Hg. Andreas Roloff, Quelle & Meyer Verlag Wiebelsheim, 2020):

Die Ausrufungen haben am 5.10.2019 mit diesem ersten Nationalerbe-Baum begonnen: der Heeder Sommer-Linde, mit über 17 m Stammumfang der dickste vollstämmige Baum Deutschlands und einem Alter von etwa 600–800 Jahren der ganz klar bestgeeig-

Rechts: Der gewaltige vollholzige Stamm der Heeder Riesenlinde, mit wohl noch fast gesamter erhaltener Stammbasis des Ursprungsbaumes

Einmalig imposanter Stamm mit über 17 m Umfang, seit 2019 mit Ehrentafel

nete erste Kandidat. Dies war eine optimale und vor Ort hervorragend vorbereitete Premiere. Das Medienecho übertraf alle Erwartungen, ebenso die vielen begeisterten Zuschriften über diese Initiative. Damit war also im Jahr 2019 der Einstieg in diese langfristige Initiative gelungen.

Es waren zudem umgehend in erheblichem Umfang Pflege- und Sicherungsmaßnahmen am Baum notwendig, da einige seiner Stämmlinge auszubrechen drohten. Diese Aufgaben wurden daher gleich im zeitigen Frühjahr 2020 kurz vor Austrieb durchgeführt, damit der Baum zeitnah darauf reagieren konnte. Dafür wurde ein ausgewiesener Baumpflege-Spezialist für alte Bäume ausgewählt, der sich ein Team der TOP-Baumpfleger aus ganz Deutschland zusammenstellte. Dieses Team hat in sehr feinfühliger und verantwortungsbewusster Weise (vor allem mit Handsägen) sämtliche Stämmlings-Teilkronen eingekürzt, die zahlreichen überalterten Kronensicherungen ausgebaut und nach Stand der Technik umfassend erneuert. Zwei der Stämmlinge mussten abgestützt werden, da sie sonst ausgebrochen wären. Sie sollen in mehreren Schritten weiter eingekürzt werden, so dass sie im besten Fall nach ausreichendem Holz-Neuaufbau wieder selbsttragend werden können.

Der Baum hat auf diese umfangreichen Eingriffe sehr positiv reagiert, nun bereits mehrere Frühjahre intensiv wieder ausgetrieben und seine etwas zurückgebaute Krone näher am Hauptstamm ausgebaut. So bleiben die Stämmlinge nicht mehr ganz so kopflastig wie zuvor. Es ist davon auszugehen, dass dieser Baumveteran durch die Sofort-Maßnahmen gerade noch rechtzeitig vor dem Auseinanderbrechen bewahrt werden konnte und nun noch eine längere Zukunft vor sich hat. Das Ziel der Ausrufung und Würdigung dieses Naturmonumentes ist somit erreicht, und es werden in regelmäßigen Abständen weitere vorsichtige Arbeiten in der Krone notwendig sein.

Ortstafel von Heede mit dem Lindenwappen

Komplett erneuerte Kronensicherungen nach erfolgter Einkürzung: „jeder hält jeden"

NW7 NI.3

Schlosseibe in Thedinghausen

(bei Bremen)

Europäische Eibe
(Taxus baccata)

Standort: Samtgemeinde Thedinghausen im Landkreis Verden; direkt nordwestlich am Schloss Erbhof (dort Parkplätze), Braunschweiger Str. 1, 27321 Thedinghausen; Niedersachsen

Alter: ca. 405 Jahre (vermutlich 1621 vierjährig gepflanzt: zur Schlossvollendung)

Stammumfang: 4,82 m in 1,3 m Stammhöhe (gemessen Dez. 2022)

Höhe: ca. 14 m

GPS-Daten:
N 52.961339, O 9.029814

NEB seit:
18. August 2023

Dies dürfte nicht nur die dickste öffentlich zugängliche Eibe Deutschlands sein, sondern auch eine der besonders schönen mit vollkommen intakter, ca. 21 m breiter Krone und einem gut sichtbaren starken Stamm. Sie könnte daher in Zukunft Ausmaße und eine Wirkung wie die vielen uralten englischen Eiben erreichen, was natürlich noch etwas dauern wird – wenn sie weiter in demselben Maß wächst wie bisher, wäre das in 300–400 Jahren möglich. Also ist etwas Geduld angesagt …

Da diese Eibe eine vollkommen intakte Krone hat, sind keine Pflegearbeiten notwendig. Und weil der Gemeinde die Besonderheit dieses Baumes gar nicht so bewusst war, ist sie lange Zeit „einfach vor sich hingewachsen". Nun kommt sie mehr ins Rampenlicht, und ab und zu werden Gäste des Ortes oder ein Hochzeitspaar ehrfürchtig vor dem Baum stehenbleiben, denn im Schloss kann geheiratet werden.

Eiben bilden meist mehrstämmige oder tief angesetzte Kronen und können hier 1.500 Jahre alt werden. Auffallend an der Baumart ist ihre durch die immergrünen Nadeln relativ dunkle und oft sehr dichte Krone. Ältere Exemplare wirken daher monumental und waren früher ideale und beliebte Bäume zur Betonung von Kultstätten: Den Kelten galt sie als heiliger Baum, den Germanen als Sinnbild für Ewigkeit. Beeindruckend ist zudem ihre enorme Schattentoleranz, so dass Eiben problemlos dauerhaft unter allen anderen Baumarten und Bäumen wachsen können.

Die immergrünen Nadeln bleiben ca. 8 Jahre am Zweig und sind besonders ausgeprägt an Sonne oder Schatten angepasst. Dies führt dazu, dass Eiben besonders sensibel auf plötzliche Freistellung reagieren, wenn sie längere Zeit z. B. im Wald oder in Parks im Schatten unter anderen Bäumen gewachsen sind und diese plötzlich entfernt werden. Dann kann es zu massivem Sonnenbrand der vorherigen Schattennadeln kommen und im Extremfall sogar zum Absterben der Eibe. Dies lässt sich vermeiden, wenn sich die zunehmende Belichtung behutsamer in mehreren Stufen umsetzen lässt.

Eiben sind besonders langsamwüchsig: Sowohl ihre kurzen Jahrestriebe als auch die schmalen Jahrringe führen nur allmählich zu einer größer werdenden Krone und einem dicker werdenden Stamm.

Rechts: Typisch für alte Eiben, dass der Stamm nur im Dunkel innerhalb und unter der Krone zu sehen ist.

Am Morgen der Ausrufung

Dieser ist sehr oft auffallend wulstig und rippig, wie auch bei diesem Baum mit zahlreichen Stammaustrieben. Ihre farbigen Borkeschuppen leuchten meist rötlich, zudem hat der Baum oft eine Trichterform des Stammes durch die zahlreichen steilen und tief angesetzten Äste.

Und „gleich um die Ecke" (auf der gegenüberliegenden Seite des Schlosses) gibt es noch ein weiteres Baum-Highlight vor Ort: das „Arboretum des Nordens". Er zeigt eine Vielzahl von Laubbaumarten und -sorten aus der gemäßigten Klimazone. Der Bestand umfasst insgesamt 71 Baumgattungen, bestehend aus 450 Arten und Sorten. Dieser Baumhain ist äußerst sehenswert und zudem ein wunderschöner Park mit phantastischer Erläuterungs- und Übersichtstafel sowie Flyer, monatlich werden Führungen durch Schloss und Park angeboten.

Das Schloss Erbhof wurde 1619–21 erbaut als fürstliche Residenz des damaligen Bremer Erzbischofs Johann Friedrich, der Landesherr des Erzbistums Bremen und damit auch des Amtes Thedinghausen war. Dabei könnte auch diese Eibe gepflanzt worden sein – das ist zwar nicht sicher, aber eine schöne Vorstellung und passt gut zu ihrer Stamm- und Kronendimension. Nach wechselvoller Geschichte des Schlosses über die 4 Jahrhunderte wurde 1999 die Samtgemeinde Thedinghausen Eigentümerin und damit eines der überregional bedeutendsten profanen Baudenkmale.

Darin befindet sich heute die Tourist-Information, und besonders sehenswert ist der originalgetreu wiederhergestellte Renaissancesaal mit handgeschnitzten Fensterstöcken und bemalten Deckenbalken, in dem es kulturelle Veranstaltungen gibt und wo in historischem Ambiente geheiratet werden kann.

Alljährlich finden auf den Wiesen um das Schloss, auf dem Schlossplatz und im Baumpark etliche kulturelle, musikalische und sportliche Veranstaltungen und Feste statt, z. B. bis vor Corona auch jährliche Gartentage, die ich 2018 sogar zufällig miterleben konnte.

Die Eibe sieht so unscheinbar aus, dass viele ohne die Baumtafel wohl vorbeigehen würden

Um die Eibe herum befindet sich der städtische Festplatz, auf dem regelmäßig Feiern stattfinden

NW8 NI.4

Klosterlinde Isenhagen
(bei Gifhorn)

Holländische Linde
(Tilia × europaea)

Standort: Isenhagen ist ein Ortsteil von Hankensbüttel, einer Samtgemeinde im Landkreis Gifhorn in Niedersachsen, am südlichen Rand der Lüneburger Heide. Der Baum steht im Klostergelände, mit freiem Zugang – am besten zu erreichen vom Parkplatz an der Abzweigung Klosterstraße/Sudendorfallee, dann etwa 200 m die Klosterstraße westlich hineingehen, und nördlich vor dem Klosterhauptgebäude mit Kirche steht der Baum, nicht zu übersehen

Alter: ca. 400–500 Jahre (hergeleitet aus Umwidmungsjahr Kloster zu Damenstift: 485 Jahre)

Stammumfang: 7,15 m in 0,9 m Stammhöhe (Taille, gemessen Feb. 2023)

Höhe: ca. 17 m

GPS-Daten:
N 52.725866, O 10.619703

NEB seit:
29. September 2023

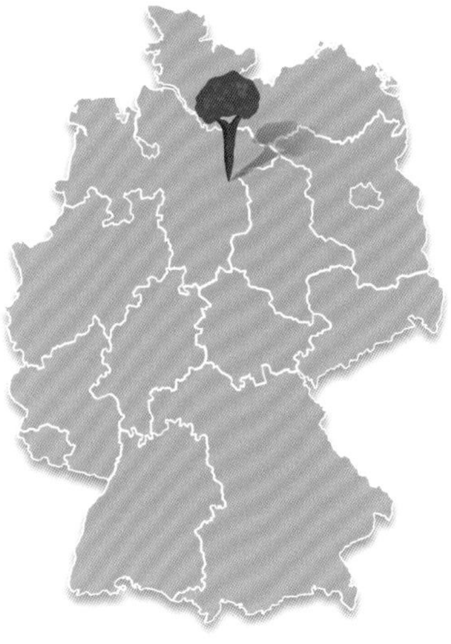

Bei intensiver Begutachtung ergab sich, dass es sich definitiv um eine Holländische Linde handelt, die Kreuzung zwischen Sommer- und Winter-Linde mit durchgehend allen Übergangsmerkmalen zwischen beiden Elternarten. Da dieser Hybrid relativ häufig und sogar die seit vielen Jahren am meisten gepflanzte Straßenbaum-Linde ist (vor allem die Sorte ‚Pallida', auch Kaiser-Linde genannt) – wegen all ihrer günstigen Eigenschaften dafür und gegenüber dem Klimawandel –, ist es gerade interessant, sie mit unter den Nationalerbe-Bäumen zu berücksichtigen. Im aktuellen Botanikführer des Klostergartens (Calluna-Medien 2010) wird sie vom Gartenbau-Experten Dr. Richard Fronia richtig als die Kreuzung Holländische Linde benannt, und es werden ausführlich und korrekt die Erkennungsmerkmale beschrieben. Somit passte dann alles.

Da die Holländische Linde schneller wächst als beide Eltern, ist ausgeschlossen, dass dieser Baum 1.000 Jahre alt sein kann, wie verschiedentlich genannt. Dafür reicht auch ihr Stammdurchmesser bei weitem nicht aus. Ihr Alter dürfte vielmehr 400–500 Jahre betragen, womit sie eine der 5 ältesten bekannten Holländischen Linden ist. Und dazu passend findet man in der ereignisreichen Klostergeschichte ein schönes Ereignis: die Umwandlung des Zisterzienser-Nonnenklosters in ein evangelisches Damenstift im Jahr 1540 – das könnte und müsste doch eine Baumpflanzung wert gewesen sein. Der Baubeginn 1345 ist eindeutig zu früh bei diesem Linden-Hybrid. Danach gab es längere Zeit nur Ereignisse wie die Pest, während derer man keine Ehrenbäume pflanzte. Somit könnte die Linde 485 Jahre alt sein: nämlich im Jahr 1540 mit 2 Jahren Alter gepflanzt. Dabei ist

Rechts: Die Holländische Linde im Klostergarten am Hauptzugang zur Kirche: genau dieser Standort ist sicher beabsichtigt

Merkmale der Holländischen Linde (*Tilia × europaea*)	
Blätter unterseits	in den Nervenwinkeln gelbliche bis weißliche Achselbärte; Nerven behaart und deutlich hervortretend
Blüten/Früchte je Blütenstand	3 bis 7
reife Früchte	bis 8 mm dick, nur undeutlich gerippt, kaum zerdrückbar
Jahrestriebe & Blattstiele	behaart
Blütezeit	Ende Juni/Anfang Juli
Ansprüche	gering
Toleranzen	sehr trockenheitstolerant, erträgt moderate Bodenversiegelung/-verdichtung und ist schnittverträglich

Alles ist etwas schief: Linde, Bank und Gebäude dahinter – ein sehr sehenswertes historisches Ensemble

berücksichtigt, dass sie die letzten Jahrzehnte eine deutlich reduzierte Krone aufweist und deshalb nur noch einen geringeren Zuwachs zustande bringt.

Die Klosterlinde ist seit 1993 Naturdenkmal und wird verbreitet auch als „Tausendjährige Linde“ bezeichnet. Der schon erwähnte hervorragende 48-seitige Klostergarten-Führer vermittelt umfassend und sehr anschaulich, wie viele Jahrhunderte zurück schon die Geschichte von Klostergärten allgemein und speziell dieses Klostergartens Isenhagen reicht. Zudem ist die Konzeption der Gärten in dieser Klosteranlage hochinteressant dargestellt, einschließlich immer wieder durchgeführter Veränderungen.

Das Kloster hat ein ganz besonderes Ambiente, eigentlich ist ein schönerer Baumstandort kaum vorstellbar. Zudem merkte man den Reden von Äbtissin, Kreisrätin und Samtgemeinde-Bürgermeister zur Ausrufungsfeier die große Verehrung dieses Baumveterans an. Hier wollen alle nur das eine: dass die Linde als älteste lebende Kloster-, Gemeinde- und Kreisbewohnerin zunächst in 15 Jahren 500 Jahre alt wird und dann „etwas später“ auch die 1.000 erreicht. Das haben wir nun jedenfalls mit der erfolgreichen Ausrufung zum Nationalerbe-Baum optimal auf den Weg gebracht.

Wir konnten einer schönen und bewegenden Ausrufung am 29.09.2023 im Kloster Isenhagen beiwohnen, mit sehr aktiver Beteiligung und großem Engagement der Klostermitglieder. Am entspannten Freitag-Nachmittag kamen zur Festveranstaltung etwa 100 Beteiligte und Gäste, genossen die musikalische Begleitung durch 2 Trompeter mit Liedern wie „Bunt sind schon die Wälder“, die Redebeiträge und die längere Laudatoren-Geschichte zum Baum. Zwei auserwählte anwesende Kinder durften die Tafelenthüllung vornehmen, was sie souverän hinbekommen haben. Große Freude bei allen Beteiligten und der Linde über den schönen Verlauf – incl. gemütlichem Beisammensein mit wunderbarem, selbst und lokal hergestelltem Catering.

Idealer Standort, sowohl für den Baum als auch für Kirchenbesucher

Kurz vor der Ausrufungsfeier ist alles präpariert

NW9 NI.5

Tumuluslinde Evessen

(bei Braunschweig)

Sommer-Linde
(Tilia platyphyllos)

Standort: an der L 625 (im Ort: Schöppenstedter Straße) zwischen Braunschweig und Schöppenstedt am südwestlichen Rand des Höhenzuges Elm, etwa 250 m hinter dem Ortseingang von Evessen (Landkreis Wolfenbüttel, Niedersachsen).

Alter: 600–800 Jahre, nach eigener Einschätzung eher 800 Jahre wahrscheinlich

Stammumfang: 7,10 m in 1,3 m Stammhöhe (gemessen August 2022)

Höhe: ca. 14 m

GPS-Daten:
N 52.188592, O 10.705367

NEB seit:
15. Oktober 2022

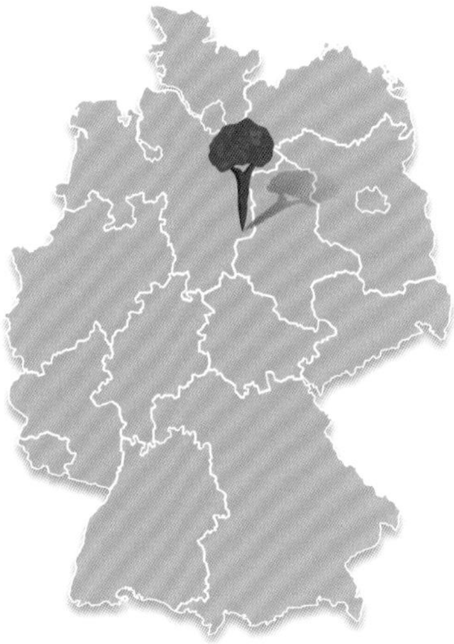

Wer zum ersten Mal durch den Ort fährt, wird staunen, denn ein solches Ensemble aus altem Grabhügel (Tumulus genannt) und mächtiger alter Linde ist sehr selten. Bei diesem Tumulus handelt es sich um den laut Literatur „wohl eindrucksvollsten Grabhügel Niedersachsens" mit etwa 6–7 m Höhe und 34 m Durchmesser. Was er genauer verbirgt, wird man wohl nie erfahren; es sind jedenfalls keine Grabungen zugelassen worden, und dies soll auch so bleiben. Vermutet wird, dass es sich hier um einen Grabhügel handelt, der irgendwann zwischen später Steinzeit und früher Bronzezeit entstanden ist – der Tumulus soll daher zwischen etwa 2.500 und 4.000 Jahre alt sein!

Im Volksmund wird der Hügel hier auch schlicht „dat Hoch" genannt. Die Entstehung erklärte man sich früher mit folgender Legende: Vom Elmgebirge ist ein Riese gekommen, mit großen Lehmklumpen an den Stiefeln. Diese hat er in Evessen mit einem Lindenheister abgestreift und den Heister in den Klumpen gesteckt, wo er zum Lindenbaum wurde. Da in der Nachbarschaft bis in das 18. Jahrhundert zwei weitere, ähnlich große Grabhügel vorhanden waren, muss der Riese also wohl mehrere Lehmklumpen abgestreift haben …

Wie und wann auch immer sie gepflanzt worden ist, die eindrucksvolle und von der Kronenform her sehr gleichmäßig geformte Linde prägt den Hügel. Laut Literatur werden bereits im Jahr 1347 Gerichtsverhandlungen hier in Evessen genannt, und diese Vogteigerichte wurden erst 1808 aufgehoben. Spätestens seit Anfang des 19. Jahrhunderts wurde auch der Baum in diesem Zusammenhang erwähnt. Daher muss er vor 200 Jahren schon sehr stattlich gewesen sein, was gegen die in manchen Quellen genannten 400 Jahre Baumalter spricht. Wir schätzen den Baum angesichts des exponierten Standorts auf dem Hügel und mit diesem Stammumfang auf deutlich mehr als 600 Jahre ein; aufgrund der ungünstigen Wasserversorgungs-Situation auf dem Tumulus könnten es wohl 800 Jahre sein.

Die Linde ist schon seit 1944 Naturdenkmal. Es sind in früheren Zeiten zahlreiche „baumchirurgische" und in jüngerer Zeit baumpflegerische Maßnahmen ergriffen worden, um den Baum zu erhalten. Dazu zählen Kronensicherungen und -einkürzungen, Zumauern bzw. Beton-Plombierungen mancher Höhlungsbereiche und das Verschließen größerer Öffnungen mit Draht, um zu verhindern, dass z. B. spielende Kinder ins Innere der Linde gelangen. (Das Bedürfnis, in einem hohlen Baum Feuer zu entfachen, ist vor allem in der Kindheit,

Rechts: Sehr beeindruckender Standort der Tumuluslinde

So sieht sie wie eine ganz normale Linde aus, aber auf dem 7 m hohem Hügel ist sie schon ein besonderer Anblick

und offensichtlich leider auch bei manchen Erwachsenen, gegeben.)

In die untere Stammborke sind in früheren Zeiten etliche Nägel eingeschlagen worden, was ein volkstümlicher Brauch gegen Zahnschmerzen gewesen sein soll: Beim Einschlagen des Nagels hatte man einen Spruch aufzusagen, der bewirkte, dass der Schmerz aus dem Körper fuhr und mittels Nagel in den Baum geleitet wurde. Es wird erzählt, dass sich deswegen nie ein Zahnarzt in Evessen niedergelassen hat … Die Nägel hat der Baum dank seiner guten Vitalität bisher gut vertragen.

Text bis hierher aus dem Buch „Die starken Bäume Deutschlands", Verlag Quelle & Meyer, Wiebelsheim 2020: darin diese Baumbeschreibung von Rolf Kehr (S. 130/131) – etwas aktualisiert und ergänzt

Diese Linde wird häufig – auch in seriösen Botanik-Quellen – als Winter-Linde bezeichnet,

dies trifft aber definitiv nicht zu. Denn sie hat behaarte junge Triebe und Blattstiele und Fruchtstände mit nur 3–5 Früchten, die sich reif nicht zerdrücken lassen.

Sie überragt große Teile des Dorfareals an der Landesstraße durch ihre Position auf dem Hügel. Man fragt sich beim Anblick der sattgrünen Blätter des Baumes und seiner guten Vitalität auch nach den extrem trockenen Sommern 2018, 2019 und 2022, woher der Baum sein Wasser bezieht. Dafür kann die allgemein bekannte maximale Wurzeltiefe dieser Baumart von 2 Metern nicht ausreichen. Das Gras rundherum auf dem Hügel ist erwartungsgemäß vollkommen vertrocknet (Bilder), und viele Bäume in der Umgebung zeigen deutliche Trockenschäden. Die Antwort zur Frage ist: Man fand die Wurzeln der Linde 35 m entfernt in einem privaten Garten!

Der Baum prägt auch das sehr schöne Ortswappen von Evessen.

Straße halbseitig für die Ausrufung gesperrt

Man kann sie nicht übersehen, wenn man durch den Ort kommt

NW10 NI.6

Dicke Eiche Groß Schneen

(bei Göttingen)

Stiel-Eiche
(Quercus robur)

Standort: Ortschaft Groß Schneen der Gemeinde Friedland, ca. 12 km südlich von Göttingen mit perfekter Bus-Anbindung vom Bahnhof dort; von der Straße „An der Eiche" aus unübersehbar steht die Eiche am Seitensträßchen Am Mühlenberg, ca. 350 m westlich der Hauptstraße; Landkreis Göttingen, Bundesland: Niedersachsen

Alter: ca. 450 Jahre (400–500, die bei Recherchen gefundenen Angaben reichen von 275 bis 1.000 Jahre)

Stammumfang: 8,20 m in 1,3 m Stammhöhe (an der Taille, gemessen Okt. 2024)

Höhe: ca. 25 m

GPS-Daten:
N 51.438165, O 9.924367

NEB seit:
27. April 2025

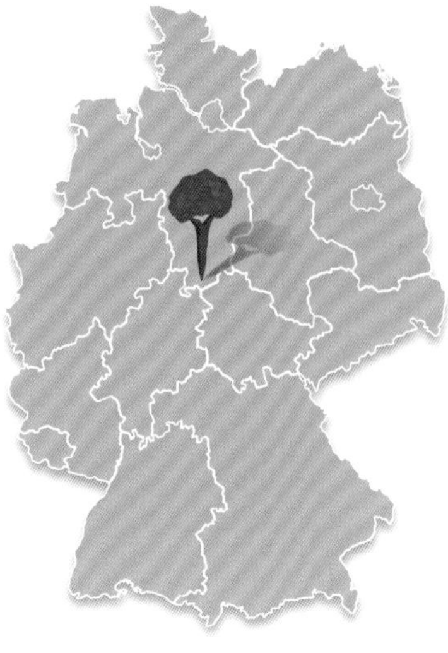

Eine besonders schöne dicke Stiel-Eiche bei Göttingen hat unseren Ruf erhalten und wurde in die Nationalerbe-Baumgalerie aufgenommen. Sie steht in einem sehr beeindruckenden Ambiente auf einer großen Wiese mit Spielplatz, als hätte sie schon die ganze Zeit darauf gewartet, dass wir uns melden. Ihr mächtiger Stamm ist bis unten beastet und teilt sich in fast 10 starke Äste, von denen einige, dick wie Baumstämme, in die riesige Krone führen.

Verbreitet heißt die Dicke Eiche auf Karten und z.B. in Google Maps „1.000-jährige Eiche", aber das großzügige Aufrunden kennen wir ja schon. Bei dieser Eiche wird es allerdings etwas spannender, da sie vor 20 Jahren nach einem Gutachten mit Jahrringmessungen an einem Ast als 275-jährig altersdatiert wurde. Darüber gerät man allerdings sehr ins Staunen angesichts der Dimensionen dieser dicken Eiche. Die damalige Begutachtung war so aber nicht zulässig, da das Baumalter von den Jahrringen eines Astes abgeleitet wurde. Der Stamm ist natürlich hohl bei so einer alten Eiche, daher helfen die noch vorhandenen äußeren = jüngsten Stamm-Jahrringe nicht bei der Altersschätzung, weil man zum frühen Baumleben ja so nichts erfährt. Und diesen ungeheuer beeindruckenden, kurzen, knolligen und beuligen Stamm möchte man dafür auch nicht anbohren und damit beschädigen. Nach den eigenen Recherchen hat sich nun ihr Alter fast verdoppelt, was man ihr auch ansieht.

Bei unseren Nationalerbe-Bäumen geht es ja so: Je dicker und älter sie sind, desto schöner werden sie … Dies ist daher einer der ganz seltenen Fälle von unseren Uralt- und Altbäumen, bei dem das Alter viel zu niedrig angesetzt war. Die Kirche als Baumeigentümer und die Gemeinde als Pächter des Grundstückes freut es natürlich sehr, dass der Baum nun deutlich älter ist und wohl gegen Ende des 16. Jahrhunderts gepflanzt wurde. Die das Ortsbild prägende Stiel-Eiche ist schon seit 1913 als Naturdenkmal ausgewiesen – seit über 100 Jahren also, was sehr bemerkenswert und selten ist.

Dieser Baum wird auch häufig als Gerichtseiche bezeichnet, was allerdings nicht sicher zutrifft: es soll dort seit dem 13. Jahrhundert eine Halsgerichtsstätte (mit Strafen wie Verstümmelung und Tod) des Amtes Friedland gegeben haben, die erst 1859 aufgehoben wurde. Dann wäre es möglich, dass auch noch unter

Rechts: Mächtiger wulstiger Stamm der Dicken Eiche

Mächtiger Baum – man kann die Dicke Eiche nicht übersehen, wenn man durch das Dorf kommt

der heutigen, damals etwa 275-jährigen Eiche Gericht gehalten worden ist. Im 13. Jahrhundert könnte es jedoch diese Eiche noch nicht gewesen sein, da müsste es dann schon einen Vorgängerbaum gegeben haben.

Bei unserer Eigentümersuche zu dieser Eiche war interessant, dass zunächst Unsicherheit bestand, wem der Baum gehört: der Gemeinde oder der Kirche. Letzteres trifft zu, aber das Grundstück ist schon seit fast 100 Jahren an die Gemeinde verpachtet – nun sind die Kirchengemeinde und die Gemeinde beide hellauf darüber begeistert, dass wir gekommen sind, um den Baum zu ehren und in die höchste Baumliga Deutschlands aufzunehmen.

Auch interessant und schön: es gibt kaum im Ort Aufgewachsene, die nicht in ihrer Kindheit viel ihrer Freizeit an, unter, in und auf dieser Eiche verbracht haben, da sie ein sehr beliebter Treffpunkt war und auch heute noch ist – alle lieben sie! Daher hatte ich in meiner Laudatio zur Ausrufung in die Runde gefragt, wer von den Einwohnern eine schöne Geschichte zu erzählen hat, was er/sie als Kind auf oder in der Eiche erlebt hatte. Das traute sich erstmal niemand, aber dafür hinterher beim gemütlichen Zusammensein: so wurde mir von einem älteren Gemeindemitglied erzählt, dass er in der Eiche vor über 6 Jahrzehnten seine erste Zigarre geraucht hatte – das wollte er aber lieber nicht vor allen beichten (verständlich ...). Und auch die weiteren berichteten schönen Geschichten aus der Eiche waren zu intim für die Öffentlichkeit – da kam ich aber ins Staunen ...

Und die Besonderheit zur Ausrufung: da es ein Kirchenbaum ist, gab es zu Beginn der Feier eine Andacht mit bewegenden Worten der Gemeinde-Pastorin, mit Liedern über Natur und Bäume zum Mitsingen und Segnung.

So richtig eindrucksvoll wird der Riesenbaum dann bei Schneesturm

Bombenstimmung und -wetter zur Ausrufung mit zünftiger Blasmusik

NO1 MV.1

Kirchlinde Polchow

(bei Laage)

Sommer-Linde
(Tilia platyphyllos)

Standort: im Ortsteil Polchow der Gemeinde Wardow bei Laage (Landkreis Rostock, Mecklenburg-Vorpommern), unübersehbar im Kirchgarten

Alter: ca. 800 Jahre

Stammumfang: 14,40 m (in 1,3 m Höhe, gemessen Feb. 2022

Höhe: ca. 20 m

GPS-Daten:
N 53.944755, O 12.476577

NEB seit:
28. Mai 2022

Diese uralte Linde ist ein unvergessliches Erlebnis, wenn man vor ihr steht: Immer, wirklich immer kommt beim Anblick dieses Baumes der Ausruf: „Booooaah!" und man bleibt angewurzelt stehen, staunt für mindestens 5 Minuten, manche brauchen auch eine Stunde ... Falls die erste Kirche am Ort und die Linde gleichen Alters sind, ist der Baum heute also gut 800 Jahre alt. Das erscheint durchaus schlüssig bei diesem Baum mit seinem gewaltigen Stammumfang, noch großen Teilen des Ursprungsstammes und seiner Stammgestalt.

Nicht viele Bäume erreichen dieses Alter, für Linden ist das aber nicht ungewöhnlich. Sie wachsen zwar nicht lebenslang in die Höhe, stellen jedoch das Dickenwachstum nicht ein. Die Polchower Linde ist einer der ältesten Bäume Mecklenburgs und der dickste bekannte Ostdeutschlands. Man könnte – den Baum aus der Nähe und aus allen Himmelsrichtungen betrachtet – durchaus zu dem Schluss kommen, mehrere Bäume vor sich zu haben, die an einigen Stellen in der unteren Krone zusammengewachsen sind. Dies wurde daher genetisch untersucht mit dem zweifelsfreien Ergebnis: Es ist eine einzige Sommer-Linde.

In der Nacht vom 22. auf den 23. Juni 2017, in einem schweren Regensturm, hat der östliche der beiden Hauptstämmlinge nachgegeben und brach oberhalb des Stammfußes. Was dabei zu Tage trat, war sehr verblüffend: Offensichtlich hatte sich die Linde schon längere Zeit darauf vorbereitet, den Stämmling zu opfern, um dessen Nachbarn und damit sich selbst erhalten zu können. Er ruhte nur noch auf dem Holz der letzten Jahresringe wie auf einem hohlen, dünnen Außenskelett. Hinter dieser Wandung hatte sich aber längst ein neuer Stamm gebildet. Mit dem Abwurf dieses ausgehöhlten mächtigen Stämmlings hat sich diese Linde selbst stabilisiert, weshalb es hier nicht als Schaden einzustufen ist, denn der Baum steht seitdem insgesamt stabiler als vor dem Ausbruch. Die Ast- und Blattmasse, die sich über die Jahre bildet, beschwert den Baum und könnte an einer anderen Stelle zu einem weiteren Bruch führen. Daher wird der Baum weiterhin regelmäßig entlastet und die Gesamtkrone eingekürzt werden müssen. Seine enorm hohe Vitalität lässt hoffen, dass er keinen Schaden nehmen und immer wieder austreiben wird.

Wir möchten all den vielen Menschen danken, die sich seit Jahrhunderten um diesen Uraltbaum gekümmert und ihn, so gut es bei einem solch alten Monument möglich ist, beschützt haben. Wir danken auch im Namen der unzähligen

Rechts: Mächtige Stammskulptur der uralten Polchower Linde

Beeindruckendes Ambiente vom Baum mit Kirche und Friedhof

Menschen längst vergangener Generationen, die unter seiner Krone Ruhe und Trost fanden, die sich über die ersten Blätter im Frühjahr als ein Wiederaufleben freuten, die einfach nur in seinem sommerlichen Schatten saßen und die im Herbst mit seinen Blättern Abschied nahmen. Möge uns die Polchower Linde noch lange erhalten bleiben!

Text bis hierher von Wolf-Peter Polzin (aus dem Kalender „Starke Bäume" 2019 vom Dr. Frank-Verlag, Gera: Januarblatt, gekürzt und etwas verändert)

Diese Linde befindet sich in einem altersentsprechend sehr guten Pflegezustand. Es ist bisher sehr verantwortungsvoll und einfühlsam mit dem Methusalem umgegangen worden – was auch so bleiben soll, inzwischen auch mit fachlicher Unterstützung der Deutschen Dendrologischen Gesellschaft. Wir möchten zeigen und vorführen, dass mit besonderer Behutsamkeit und Fürsorge solch ein Baum das Alter von 1.000 Jahren erreichen kann und dies auch in Deutschland möglich ist.

Dem bewegenden Dank von Wolf-Peter Polzin oben im letzten Absatz möchten wir uns mit DDG-Kuratorium und Stiftung vollumfänglich anschließen, es ist eine wunderbare Würdigung der Jahrhunderte langen Förderung und erfolgreichen einfühlsamen Pflege dieses Baumes.

Wenn Sie einmal vor diesem Baum stehen: nehmen Sie sich 30 Minuten Zeit und schauen sich die Skulptur dieses Stammes und seiner Lebensgeschichte an! Versuchen Sie zu verstehen, was der Baum uns heute mit seinen Resten des ursprünglichen Stammes und den Dutzenden starker Wiederaustriebe erzählt. Fast jeder wird zu einem anderen Ergebnis kommen, aber eins ist immer gleich: die phänomenale Wirkung dieses uralten Lebewesens.

Phantastische, stimmungsvolle Ausrufungsfeier mit Jazz und Torten in der Polchower Kirche

Der gewaltige Stamm mit seinen Geschichten aus 8 Jahrhunderten

NO2 MV.2

Methusalem-Eiche Ivenack

(bei Waren/Müritz)

Stiel-Eiche
(Quercus robur)

Standort: im Hutewald des Nationalen Naturmonuments Ivenacker Eichen beim Gutsdorf Ivenack, zum Amt Stavenhagen gehörend (dort auch nächster Bahnhof); mittig zwischen Waren/Müritz, Neubrandenburg und Demmin (Parkplatz sehr nah in Richtung Ivenack); Lkr. Mecklenburgische Seenplatte, Bundesland Mecklenburg-Vorpommern.

Der Bestand ist eingezäunt, kann aber jederzeit durch ein Tor betreten werden.

Alter: ca. 850 Jahre (geschätzt – genannt werden 700 bis 1.000 Jahre)

Stammumfang: 11,55 m in 1,5 m Stammhöhe (oberhalb Stammbeulen; gemessen August 2024)

Höhe: ca. 30 m

GPS-Daten:
N 53.715932, O 12.949155

NEB seit:
2. Juli 2025

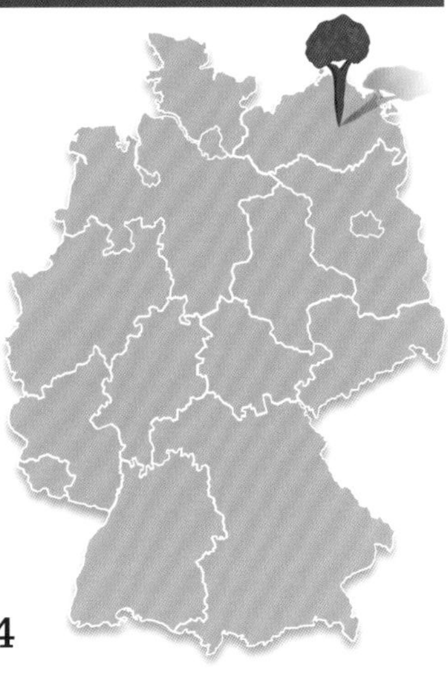

Im Juli 2025 wurde auch die weithin bekannte Methusalem-Eiche in Ivenack ein Nationalerbe-Baum Deutschlands – damit war absichtlich gewartet worden, um sie als ganz besonderen 50. Kandidaten für das „Bergfest" der Ausrufungen auszuwählen (insgesamt sollen es 100 Ausrufungen werden). Bei der etwa 850-jährigen Eiche im Nationalen Naturmonument Ivenacker Eichen handelt es sich um die zweitstärkste Eiche Deutschlands, nur noch übertroffen vom Nationalerbe-Baum Raesfelder Femeiche (NRW). Aufgrund ihrer gewaltigen Ausmaße und Intaktheit hat der nun als Ivenacker Methusalem-Eiche bezeichnete Uraltbaum eine solche Wirkung, dass ankommende Gäste beim Anblick voller Bewunderung und Staunen stehen bleiben und emotional tief berührt werden.

Das Waldgebiet „Ivenacker Tiergarten" ist eingezäunt, kann aber jederzeit durch ein Tor betreten werden. Von April bis Oktober wird von 10:00 bis 17:00 Uhr Eintritt erhoben. Vor und nach den Kassenzeiten sowie im Winter (November bis März) ist täglich und ganztags freier Zugang durch ein Drehkreuz und Schwingtor möglich. Es gibt dort insgesamt noch fünf besonders uralte Eichen. Die nun ausgewählte Methusalem-Eiche ist die beeindruckendste, intakteste und mächtigste, zudem genial inszeniert gleich in der Nähe des Eingangs: mit idealer Wegeführung, dezenter Abgrenzung der nicht zu betretenden „heiligen" Fläche unter der Krone, informativen Erläuterungen im Park sowie mit besonders schönen Baumimpressionen und Waldbildern.

Der Wald im Ivenacker Tiergarten hat eine sehr lange Historie. Schon vor über 1.000 Jahren trieben die Slawen ihr Vieh zum Weiden in den Wald bei Ivenack. Im Mittelalter durften sich die Tiere des einst in Ivenack bestehenden Zisterzienserinnenklosters, später auch das Damwild des Grafen im sogenannten Tiergarten unter den Ivenacker Eichen satt fressen. Der dadurch entstandene Hutewald mit seinen typischen Eigenschaften – licht, parkartig und voller knorriger alter Bäume mit ausladenden Kronen – blieb so stets erhalten. Vor allem den vielen alten Eichen ist diese Behandlung offensichtlich besonders gut bekommen.

Aufgrund seiner wissenschaftlichen, naturgeschichtlichen und kulturhistorischen Besonderheiten und seiner Seltenheit wurde das Waldgebiet 2016 das erste Nationa-

Rechts: Die etwa 850-jährige Ivenacker Methusalem-Eiche in ihrer ganzen Pracht, Vitalität und Intaktheit

Der mächtige Stamm mit fast 12 m Stammumfang

le Naturmonument in Deutschland. Durch diesen Schutzstatus per Bundesnaturschutzgesetz ist es wie ein Naturschutzgebiet zu schützen.

Im Forstamt Stavenhagen sind Uraltbäume in besten Händen: Hier wird seit Jahrzehnten nachhaltige Waldnutzung und forstliches Management mit Öffentlichkeitsarbeit und Waldpädagogik kombiniert. Dabei liegt der Fokus gleichermaßen auf der hohen Bedeutung und Vereinbarkeit von wirtschaftlichen Zielen, Umweltbildung, Naturschutz und Kulturgeschichte. Es erfolgt ein vorbildliches Management durch das Forstamt-Team.

2020/21 wurden tiefgehende eigene Untersuchungen von uns an der Methusalem-Eiche zur Verzweigung (Vitalität) und der Blätter mit einer Hebebühne durchgeführt, die überraschende und höchst interessante Ergebnisse erbrachten. In der südlichen Oberkrone wurden an einem etwa 300-jährigen Ast Traubeneichen-Blätter gefunden, in der nördlichen Kronenmitte desselben Baumes an einem 400 Jahre alten Ast hingegen Stieleichen-Blätter. Dieser Befund bestätigt die schon länger von uns vertretene Hypothese, dass es sich bei den beiden Eichenarten um Anpassungstypen (gegenüber Trockenheit) desselben ursprünglichen Blatttyps handelt, die hier nun beide gleichzeitig an der ca. 850-jährigen Methusalem-Eiche vorkommen. 1995 wurde von uns erstmals mit Begründungen die Einschätzung publiziert, dass es sich bei Stiel- und Trauben-Eichen gar nicht um getrennte Baumarten, sondern um zwei Ökotypen derselben Eichenart handelt, was durchaus Konsequenzen für ihre Verwendung haben würde. Diese These wird durch die aktuellen Forschungsergebnisse an der Ivenacker Methusalem-Eiche bestätigt und sorgt für intensive Diskussionen in der Fachwelt unter Baumexperten.

Wie ein solcher Eichenhybrid aussieht, lässt sich sofort in jedem Portemonnaie auf den kupfernen 1-, 2- und 5-Cent-Münzen feststellen – ein Anlass zum Schmunzeln und zu großer Freude, dass ausgerechnet diese Hybrideiche dort abgebildet ist …

Ankommende Gäste bleiben erstmal stehen und staunen, staunen, staunen …

obere Reihe: Stieleichenblätter aus der nördlichen Kronenmitte, unten: Traubeneichenblätter aus der südlichen Oberkrone

NO3 MV.3

Kroneiche in Röbel/Müritz

Stiel-Eiche
(Quercus robur)

Standort: Amt Röbel/Müritz, Landkreis Mecklenburgische Seenplatte, ca. 5 km vom Westufer der Müritz entfernt; direkt an der Straße von Röbel/Müritz nordwestlich nach Minzow (Parkplatz 50 m westlich auf der gegenüberliegenden Straßenseite); Bundesland: Mecklenburg-Vorpommern

Alter: ca. 600 Jahre (geschätzt 500–700)

Stammumfang: 10,15 m in 1,1 m Stammhöhe an der Taille (gemessen Feb. 2023)

Höhe: ca. 25 m

GPS-Daten:
N 53.390018, O 12.544948

NEB seit:
22. April 2023

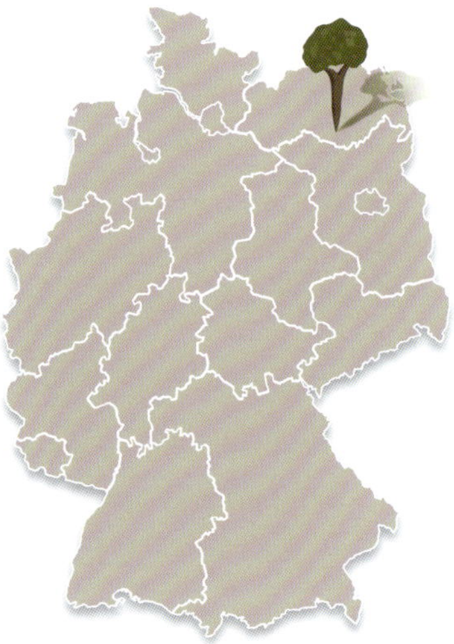

Es gibt sehr viele schöne und beeindruckende Eichen in Mecklenburg-Vorpommern, und als eine besonders eindrucksvolle davon wurde auch die Stiel-Eiche im Stadtwald von Röbel an der Müritz ausgewählt. Sie steht mit ihrem etwas geneigten und starken Stamm frei direkt an der Straße von Röbel/Müritz nach Minzow, und strahlt mit dem Ambiente neben dem wunderschön restaurierten Forsthaus große Kraft und Würde aus.

Dies ist ein Baum und Ort, der auf jeden eine starke Wirkung hat, wenn man dies zulässt und sich Zeit nimmt – also: auf zu diesem traumhaften lohnenden Ausflugsziel! Gleich in der Nähe gegenüber befindet sich ein Waldparkplatz, der zum Anhalten einlädt und außerdem Ausgangspunkt einer wunderschönen ein- bis zweistündigen Wanderung entlang der Auen-Bruchwälder zum Gliensee und zum Rohrteich ist.

Man könnte Mecklenburg-Vorpommern auch als Bundesland der alten Eichen bezeichnen, da es so viele davon im Wald, in der Landschaft und als Straßen- und Alleebäume gibt. Das liegt u. a. an dem sehr verbreitet erreichbaren Grundwasser für die bis zu 5 m tiefen Pfahlwurzeln der Eichen.

Die Kroneiche mit ihren über 10 m Stammumfang steht am Rand des Röbeler Stadtwaldes im Glienholz, neben dem Ende des 19. Jahrhunderts erbauten Forsthaus, das nach dem damaligen ersten Forstaufseher Hagen des Stadtwaldes benannt wurde. Die Eiche mit ihrem gewaltigen Stamm ist mit eine der 6 stärksten Eichen Deutschlands. Ihr Stammdurchmesser nimmt nach oben schnell ab, was – wie auch die dicken tief angesetzten Äste – auf ihren Aufwuchs im Freistand zurückzuführen ist. Das ist aber auch der Grund für etliche Blitzeinschläge, die sie überstehen musste und die ihren Stamm beschädigt haben.

Dieses Schicksal erfahren frei stehende Eichen fast immer und häufig in ihrem Leben, da sie oft mit ihren tiefen Pfahlwurzeln auch Kontakt zum Grundwasser haben, was der Blitz besonders gerne „sucht“. Solch ein Blitzspalt im Stamm dieses Baumes auf seiner bemoosten Westseite wurde anschließend vor langer Zeit mit jetzt noch teilweise sichtbaren Ziegelsteinen geschlossen. Dies würde man heute nicht mehr machen, da es den Pilzbefall fördert – jedoch sollte man die Steine jetzt auch nicht mehr entfernen, da sie bereits eingewachsen sind.

Rechts: Sehr wilder Stamm mit wilder Krone – typisch für viele uralte Eichen

Eigens für diesen besonderen Baum ein Tempo-50-Schild

Die Krone dieser Eiche ist durch ihre lange Lebensgeschichte, die Wetterkapriolen und einige Risse, tote Stammbereiche, Starkäste und Aststummel besonders wild und ausdrucksstark geworden, was alte Eichen oft sehr monumental aussehen lässt wie kaum eine andere Baumart. Vielleicht stammt ihr Name Kroneiche mit seinem ungeklärten Ursprung einfach von dieser schon immer sehr imposanten Krone?

Dass wirklich, wie gelegentlich beschrieben, Kraniche auf der Eiche rasteten oder gar brüteten, ist wohl eher unwahrscheinlich. Da die Eiche aber früher längere Zeit frei in der Landschaft stand und es in der Nähe Wasserflächen, Nasswiesen und Bruchwälder gab und gibt, ist sehr wahrscheinlich, dass sie sich schon immer gerne und häufig in der Nähe des Baumes aufgehalten haben und sie von dort zu hören waren. Vielleicht hat(te) der Name aber sogar mit einer Krönung zu tun? Denn Kroneichen gibt es auch etliche viel weiter im Westen, z. B. in Schleswig-Holstein und in Hessen, wo Kraniche nicht so oft vorbeikommen.

Die idyllische Kleinstadt Röbel/Müritz liegt am Ende einer langen Bucht im Südwesten der Müritz und wird oft als „bunte Stadt am kleinen Meer“ bezeichnet. Damit ist die farbenfrohe Altstadt mit ihren vielen restaurierten Fachwerkhäusern gemeint. Anziehungspunkt des Städtchens ist auch der hübsche Müritz-Hafen mit seiner langen Uferpromenade. Sehenswert sind außerdem die hölzernen Bootshäuser am Nordufer der Bucht (gegenüber dem Anleger der Ausflugsschiffe) und der Müritz-Nationalpark östlich der Müritz. Zahlreiche Radwege erschließen die Umgebung, und einer führt mit ca. 85 km Länge (fast immer in Wassernähe!) rund um die Müritz – was man also entspannt an einem Tag hinbekommen kann, wenn man möchte, oder sich z. B. mit Kindern auch mehr Zeit dafür lassen kann und sollte.

Das Ensemble mit dem Forsthaus ist eine Pracht

Tote Äste und reichlich Stammschäden deuten auf ein bewegtes Leben hin (Musik zur Ausrufungsfeier)

NO4 BE.1

Dicke Marie Berlin

Stiel-Eiche
(Quercus robur)

Standort: Berliner Forsten, im Forstamt Tegel, Revierförsterei Tegelsee, nahe Schloss Tegel, 100 m entfernt vom Schwarzen Weg Nr. 1 (Restauration Waldhütte), 50 m von nördlicher Seespitze Große Malche; Ortsteil Tegel im Berliner Bezirk Reinickendorf, Bundeshauptstadt Berlin

Alter: 600 Jahre (500–650 geschätzt, Angaben 350–800 Jahre zu finden)

Stammumfang: 6,10 m (gemessen Feb. 2021 in 1,5 m Stammhöhe über Stammverdickung)

Höhe: ca. 15 m

GPS-Daten:
N 52.593599, O 13.264860

NEB seit:
9. Juli 2021

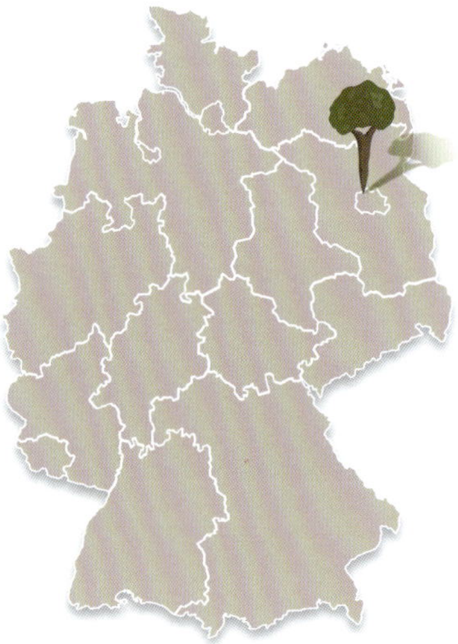

Etwas versteckt abseits der Wege (aber gut ausgeschildert und auf Karten/in Navis genannt) steht diese alte Stiel-Eiche im Nordwesten Berlins, im Forstamt Tegel nahe dem Schlosspark Tegel und dem nordöstlichsten Zipfel des Tegeler Sees, der sogenannten Großen Malche. Als beliebtes Ausflugsziel der Berliner zu Beginn des vorigen Jahrhunderts ist die Eiche auf zahlreichen historischen Ansichtskarten dieser Zeit abgebildet als „Historische Eiche Dicke Marie“.

Sie ist ein Baum-Naturdenkmal im Tegeler Forst und wohl der älteste und einer der dicksten Bäume der Stadt. Ihren Namen hat die „Dicke Marie“ – so heißt es – von den Brüdern Alexander und Wilhelm von Humboldt, die unweit im Tegeler Schloss aufwuchsen und Gefallen an der alten Eiche gefunden hatten. Sie sollen den Baum nach ihrer Köchin Marie benannt haben, die „wohlbeleibt“ gewesen sein soll und damit dem auffälligen „Hüftpolster“ der Eiche entsprochen haben könnte …

Auf alten Postkarten ist sie als Solitär direkt neben einem breiten Fußweg und freistehend an einer Wiesenfläche zu sehen. Aufwuchs in ihrer unmittelbaren Umgebung und die daraus resultierende Beschattung über die letzten Jahrzehnte haben nachfolgend zu einem Absterben der Äste im unteren Kronenbereich geführt. Mit ihrer nunmehr deutlich reduzierten Krone über dem mächtigen walzenförmigen Stamm hat es die Eiche schwer, genügend Licht für die Photosynthese und Zuckerproduktion zu erhalten. Man darf sie jetzt aber auch nicht plötzlich freistellen. Dies muss behutsam erfolgen, sonst würde sie das übelnehmen. So gehen wir mit ihr nun Jahr für Jahr vor und hoffen, dass sie „mitzieht“ – es wird wohl ein längerer, hoffentlich erfolgreicher Weg dieses kostbarsten Baumes von Berlin.

Ihr besonders knorriger Habitus zeigt, dass ihr Alter höher ist, als wenn man es nur nach ihrem Stammdurchmesser einschätzt. Die Krone war sicher früher lange Zeit viel größer, als der Baum freistehend aufgewachsen ist, das bezeugen die sehr dicken unteren (z. T. toten) Äste.

In einer alten Quelle von 1906 wird beschrieben, dass die Krone vom Sturm gebrochen war und der Stamm aus jungen Zweigen eine neue Krone bildet. Es muss daher beachtet werden, dass der Baum vor dem Verlust seiner Krone vor etwa 120 Jahren wohl eher stärker gewachsen ist, seit diesem Verlust aber einen extrem geringen Zuwachs haben dürfte. Die Quelle weist auch auf die Funktion dieser Eiche in früher Zeit als Landmarke

Rechts: Die Dicke Marie in ihrem „Lichtschacht“ zwischen Konkurrenzbäumen

Nach erfolgter zweiter Freistellungsmaßnahme mit weniger bedrängter Krone

und Grenzbaum zwischen den Gemarkungen Tegel und Heiligensee hin.

Die standörtlichen Verhältnisse wirken sich auch stark aus: in etwa 10 m Entfernung befindet sich eine feuchte Senke, welche die Eiche seit langer Zeit mit ihren Wurzeln erreicht haben dürfte. Zudem ist der See Große Malche nur 50 m entfernt – der Grundwasserstand ist somit an der Eiche mit etwa 2 m unter Flur anzusetzen, ein ziemlich optimaler Zustand. Daher dürften ihr Trockenjahre auch nicht viel ausmachen.

Die Dicke Marie wurde bereits 1987 erster Baum einer Sammelteller-Serie „Uralte Riesen" der bekannten Tirschenreuth Porzellan-Manufaktur über besondere, alte Bäume damals West-Deutschlands, was die große Bedeutung und Bekanntheit der Eiche seit langer Zeit sehr deutlich macht. Der Schmuckteller zeigt ein sehr schönes Bild des Baumes aus früheren Zeiten, das tatsächlich genau diesen Baum darstellt: man findet noch alle Starkäste des heutigen Baumes auf dem Bild von 1986.

An diesem Baum sollen aufgrund seiner dafür günstigen Umfeldbedingungen möglichst wenige oder keine Verkehrssicherungsmaßnahmen durchgeführt werden, sondern wir wollen ihn in Würde altern lassen, um zu zeigen, wie dieser Prozess ohne Eingriffe verläuft. Daher darf der Standraum des Baumes auch nicht betreten werden, denn es können jederzeit Äste herunterfallen. Die Zukunftserwartung für diese Eiche ist völlig offen: es können noch 50, aber auch 500 Jahre sein – wir werden sehen, bzw. wohl eher unsere Nachkommen, und sind zuversichtlich, dass er 1.000 Jahre schafft. Wir haben ihn jedenfalls nun auf diese Bahn gebracht. Man muss nur immer wieder das Wachstum umstehender Bäume zurücknehmen, damit die Dicke Marie nicht einwächst und zu stark beschattet wird.

Text: nach Andreas Gomolka im DDG-Kalender Starke Bäume 2017, verändert und ergänzt

Der imposante Stammfuß mit „Hüftpolster“ und seit über 100 Jahren unverändertem Starkast am Stamm

Zustand des Baumes vor etwa 100 Jahren am Ufer-Promenadenweg auf alter Postkarte

NO5 BB.1

Flatter-Ulme Gülitz

(in der Prignitz)

Flatter-Ulme
(Ulmus laevis)

Standort: auf dem Anger hinter der Kirche im Dorf Gülitz; Lkr. Prignitz, Brandenburg

Alter: 450 Jahre (400–500 geschätzt)

Stammumfang: 10,10 m (gemessen 08.2020 in 1,3 m Stammhöhe)

Höhe: ca. 22 m

GPS-Daten:
N 53.202130, O 11.968667

NEB seit:
21. Mai 2022

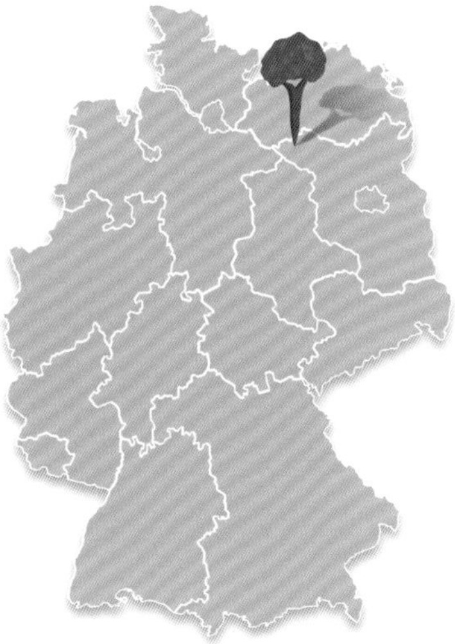

In der Weite und Stille der Prignitz, weit nordwestlich von Berlin, steht verborgen wie behütet einer der spektakulärsten Ulmen-Baumschätze Deutschlands: die Gülitzer Flatter-Ulme, mit etwa 10 m Umfang und einem Alter von ungefähr 400–500 Jahren ein wahrer Methusalem. Sie ist die stärkste Ulme Europas und steht ganz hinten im Dorf, auf dem Anger nahe der Kirche – ehemals befand sich hier der alte Friedhof, aber Gräber findet man heute keine mehr. Einige Steine der nicht mehr vorhandenen Friedhofsmauer hat die Ulme sich unter ihre knorrigen, weit anlaufenden Wurzeln und in den hohlen Stamm einverleibt, als wolle sie so die Geschichte des Dorfes für immer bewahren.

Es ist die Gelassenheit, welche die alte Ulme ausstrahlt und mit der sie kraftvoll die ganze Welt um sich herum zu tragen scheint. Selbst wiederum beschützt durch das Dorf, das ihr Jahrhunderte lang Ort der Geborgenheit war und weiterhin ist. Man kann hier stundenlang verweilen, sie betrachten, im Gras zu Füßen ihres mächtigen, vollkommen hohlen Stammes voller Knollen und Beulen liegen und dem Wind und den Vögeln in ihrer Krone lauschen, die kein Lärm einer Straße stört.

Was könnte sie alles erzählen? Nicht von den großen umwälzenden Ereignissen, nicht von Kriegen und Katastrophen, nicht von berühmten Persönlichkeiten. Kein Kaiser oder Dichter wird hier je vorbeigekommen sein, keine napoleonischen Heerscharen, keine Panzer-Armeen. Sie hütet einen viel größeren Schatz: die Geschichte des Dorfes und seiner Menschen über viele Jahrhunderte hinweg. Anfangs hat sie noch die Verstorbenen auf dem heute aufgelassenen Friedhof begleitet, später die Schüler der schräg gegenüberstehenden alten Schule.

Wie die Menschen im Ort sie wohl über die lange Zeit gesehen haben? Als jungen Baum eher beiläufig, als mächtigen hohen Riesen vielleicht furchtsam bei Stürmen, als knorrigen Methusalem bis heute ehrfurchtsvoll und voller Stolz. 13 kleine Kinder sollten schon einst in ihren hohlen Stamm gepasst haben, mindestens genauso viele braucht es heute, sie zu umfassen.

Über einer mächtigen hohlen Basis aus Stamm und freiliegendem Wurzelstock voller Beulen und Knollen erhebt sich eine „wirre" Sekundärkrone. Im Laufe der Jahrhunderte ist zunächst die Hauptkrone verlorengegangen, aus dem vitalen Stamm bildete sich eine neue Krone, aus der ihrerseits wieder Stämmlinge ausgebrochen und neu entstanden sind.

Rechts: Die Riesenulme auf dem Dorfanger bei der Kirche „am Ende der Welt"

Die Stammbasis ist hohl und hat Wurzelanläufe wie ein Dinosaurierfuß

Viele und vor allem die alten Ulmen wurden in den vergangenen Jahrzehnten durch das Ulmensterben dahingerafft. Von der dafür verantwortlichen Holländischen Ulmenkrankheit ist aber die Flatter-Ulme, wie hier die Gülitzer Ulme, kaum betroffen, wie die anderen beiden heimischen Ulmenarten Feld- und Berg-Ulme.

Die Unterscheidung zwischen den 3 einheimischen Ulmen ist nicht einfach und oft fehlerhaft. So wird auch die Gülitzer Ulme bisweilen als Feld-Ulme ausgewiesen. Will man sicher sein, so muss man zur rechten Zeit (im April/Mai) nach den lang gestielten, hängenden und bewimperten Früchten der Flatterulme sehen. Schauen Sie dann mal genauer hin.

Text (bis hier) von Andreas Gomolka, Berlin: gekürzter Auszug aus dem Buch „Die starken Bäume Deutschlands“, Quelle & Meyer Verlag Wiebelsheim, 2020

Zudem hilft an ihren Blättern als Merkmal, dass nur bei der Flatter-Ulme in der oberen Blatthälfte (fast) keine gegabelten Haupt-Seitennerven auftreten. Am Stamm von Flatter-Ulmen gibt es immer zahlreiche Austriebe, und die Wurzelanläufe sind brettartig hervortretend. Für diesen starken Baum tragen sie entscheidend zu seiner Stand- und Bruchsicherheit bei, nach dem „Eiffelturm-Prinzip“. So kommt bei jeder Umfangmessung etwas anderes heraus wegen der vielen Beulen, Rippen und Kehlen sowie meterhoher Wurzelanläufe – damit muss man bei sehr alten Bäumen leben.

Dieser Baum ist also etwas sehr Besonderes und Kostbares, u. a. eine der ganz wenigen Ulmen, die es über 500 Jahre Baumalter schaffen können.

Direkt nahbei die alte Dorfschule (hinten rechts) und dahinter die Kirche

Das Stamminnere kennen viele Gülitzer Kinder (heute die meisten Erwachsene) ganz genau

NO6 BB.2

Klosterlinde Pehlitzwerder

(bei Chorin)

Winter-Linde
(Tilia cordata)

Standort: Amt Britz-Chorin-Oderberg, Landkreis Barnim; am Südufer vom Parsteiner See auf der Halbinsel Pehlitzwerder im Campingplatz-Gelände unmittelbar neben der Klosterruine; etwa 20 km nordöstlich von Eberswalde: Fahrt über Chorin nach Pehlitz, an der schmalen Straße „Am Parsteinsee" (von Pehlitz nach Parsteinsee) Abzweig zum Campingplatz: Parkplatz vor der Schranke rechts, von dort zu Fuß oder mit Fahrrad immer Zutritt möglich; Bundesland: Brandenburg

Alter: ca. 600 Jahre (500–700 geschätzt)

Stammumfang: 7,20 m in 1 m Stammhöhe (an der Taille, gemessen Feb. 2023)

Höhe: ca. 22 m

GPS-Daten:
N 52.913597, O 14.003360

NEB seit:
15. April 2023

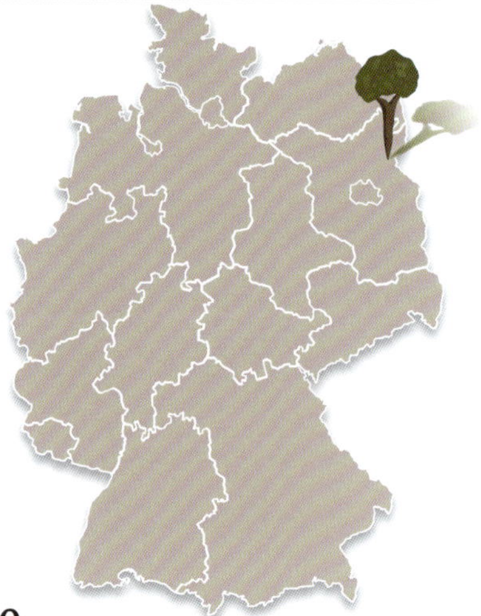

Hier hat es wieder einmal mit einer Winter-Linde geklappt, noch dazu in so besonders schöner Umgebung auf der Halbinsel Pehlitzwerder am Parsteiner See. Dort befindet sich eine sehr interessante Baumsammlung, da schon vor vielen Jahrhunderten Bauminteressierte und -kenner erwartet haben, dass sie hier besonders gut wachsen. Es wurde dort nämlich im 13. Jahrhundert (die heutige Halbinsel war damals noch eine Insel) mit dem Bau eines Zisterzienser-Klosters begonnen, das dann 1273 zugunsten von Chorin aufgegeben und dort vollendet wurde. Es wird angenommen, dass schon damals die Mönche auf dieser Insel z. B. Elsbeeren pflanzten, da sie deren Heilkraftwirkungen kannten und für ihr Kloster nutzen wollten.

Der nun ausgewählte, wohl etwa 600 Jahre alte Baum ist etwas sehr Besonderes, denn alte Winter-Linden sind viel seltener als Sommer-Linden und erreichen auch noch viel seltener ein so hohes Alter. Zudem steht der Baum auf einem Campingplatz, wo der Betreiber und seine Gäste ein enormes Engagement für Bäume zeigen – dies merkt man sofort, wenn man hier ankommt. Der Zugang und damit das Aufsuchen des Baumes sind jederzeit öffentlich möglich, nur die Zufahrt mit dem Auto wird durch eine Schranke verhindert. Man muss daher noch etwa 800 m laufen (also 10 Min.), um den Baum zu erreichen – was aber gar kein Problem ist, da man so viel mehr und besser diese einmalige Naturkulisse auf der Halbinsel erleben kann.

Etliche Winter-Linden als Kandidaten für Nationalerbe-Bäume stellen sich bei genauerer Überprüfung als Sommer-Linden heraus, was etwas irritiert – denn so schwierig ist die Unterscheidung beider Baumarten eigentlich nicht. Daher war es besonders spannend, wie der vom Campingplatz-Pächter gemeldete Baum wohl bei näherem Ansehen aussieht und es war eine wunderbare Überraschung, dass wir hier mit dieser Baumart zum 2. Mal tatsächlich bei einer Winter-Linde fündig geworden sind. Der Baum war auch schon vorher von mehreren angesehenen Dendrologen aus der nahen Forststadt Eberswalde überprüft worden, daher konnte man das auch erwarten.

Das Areal um den Baum ist teilweise waldartig. Die frühere Insel wurde Jahrhunderte lang mit Schafen beweidet, so dass sich die ausgewählten geschützten Bäume lange Zeit frei von Konkurrenz wunder-

Rechts: Der monumentale Stamm der Klosterlinde

Um diese Stammstrukturen zu verstehen, braucht man mindestens eine Stunde – dafür gibt es extra eine Bank.

bar entwickeln konnten (als sog. Hutebäume): z. B. etliche alte Stiel-Eichen, Rot-Buchen, Hainbuchen, Birnbäume und Linden. Daher sind diese Bäume auch eindrucksvolle Zeugen der Kulturgeschichte vor Ort mit all ihren Besonderheiten.

Nach dem 2. Weltkrieg wurde die Insel durch einen Dammbau zu einer Halbinsel, auf der sich heute alleine 8 Baum-Naturdenkmale befinden, und der Campingplatz-Betreiber kümmert sich zusammen mit dem Eigentümer Amt Britz-Chorin-Oderberg und dem Landkreis Barnim (UNB) nach Kräften und sehr einfühlsam um diese Baumschätze. Wir freuen uns sehr, dass wir uns daran beteiligen können, um die kostbare Winter-Linde in Würde altern zu lassen. Eindrucksvoll ist ihr Zustand auf einem Foto von 1930 mit einem „deutlich zarteren Alter" noch im Freistand auf einer Weidewiese zu erkennen (auf der Baum-Website).

Wer diesen Baum das erste Mal aufsucht, gerät garantiert in langes Staunen. Denn er ist eine Skulptur ohnegleichen; der Stamm erzählt seine extrem aufregende Lebensgeschichte – die, wie immer bei der Ausrufung, für Laien verständlich vorgestellt wurde. Hier möchte man Stunden verbringen und die Kraft des Baumes wirken lassen.

Der Verein Naturfreunde/Campinggemeinschaft Pehlitzwerder (N/CP) e. V. betreibt den Campingplatz und kümmert sich mit um die Bäume. Man darf daher z. B. nur auf genau zugewiesenen Plätzen zelten, um die Bäume zu schonen. Dadurch sind die Zeltplätze z. T. deutlich voneinander entfernt, und man hat dort beim Camping tagsüber und nachts ein besonders intensives und individuelles Natur- und Baum-Erlebnis. Zudem ist der riesige See mit Badestellen in Sicht- und Hörweite und alles ist so naturbelassen, dass man den Campingbetrieb fast nicht merkt – traumhaft!

Mit riesiger Krone, die inzwischen etwas eingekürzt worden ist, um das Ausbruchrisiko zu verringern

Wer erkennt die Eule im Stamm? Sonst noch ein bisschen mehr entspannen, dann klappt es …

NO7 BB.3

Drillingseiche Frankfurt (Oder)

Stiel-Eiche
(Quercus robur)

Standort: im „Friedhofspark" (kleine Parkanlage bzw. ehemaliger Kirchort mit Friedhof) im Ortsteil Markendorf der kreisfreien Stadt Frankfurt (Oder), an der B 87: Müllroser Chaussee/Ecke Wildbahn; unmittelbar bei der Endstation „Markendorf Ort" der Straßenbahn-Linie 4 von der Europa-Universität, Stadtmitte und vom Bahnhof kommend; Brandenburg

Alter: ca. 600 Jahre (500–700 Jahre, hergeleitet aus Stammdimension/-strukturen sowie Standort und Historie)

Stammumfang: 9,00 m in 1,0 m Stammhöhe (Taille, gemessen Aug. 2023)

Höhe: ca. 22 m

GPS-Daten:
N 52.294105, O 14.470567

NEB seit:
12. April 2024

Bei dem jetzt ausgewählten Baum handelt es sich um eine 500–700 Jahre alte Stiel-Eiche mit ca. 9 m Stammumfang, womit sie eine der 3 stärksten Eichen Brandenburgs ist. Sie steht in einem Friedhofspark (ehemaliger Kirchhof, heute Park im Ortsteil Markendorf von Frankfurt/Oder) in einer Winkelreihe von 8 uralten Eichen im Park, welche vor Jahrhunderten als Begrenzung an die Friedhofsmauer gepflanzt wurden, so dass sie in einer Reihe mit rechtem Winkel am Rand des Parkgeländes stehen. Alle 8 Eichen sind Naturdenkmale.

Diese Eiche ist der dickste und wohl auch der älteste Baum von Frankfurt (Oder) und aufgrund seines Alters, seiner Bedeutung, Funktionen und Dimension herausragend für unsere Auswahl als Nationalerbe-Baum geeignet, die Stadt ist mächtig stolz auf ihn. Der Park ist für den Baum ein idealer Standort.

Der Name Drillingseiche für den Baum ist durch die Teilung des Hauptstammes in etwa 4 m Höhe in drei Stämmlinge begründet. Diese Stammteilung kam während des Aufwuchses durch Verlust des Wipfels zustande oder (hier wohl zutreffender) erst später durch Beschädigung des Stammes, was zum Ersatz durch drei dominante Wipfeltriebe geführt hat. Dies muss schon sehr lange her sein, da die drei Stämmlinge inzwischen imposante Ausmaße haben: Einer hat mittlerweile über einen Meter Durchmesser erreicht. Früher hieß der Baum meist einfach „Alte Eiche", aber davon gibt es viele in Frankfurt (Oder), Brandenburg und Deutschland – Drillingseichen hingegen nur wenige, daher passt dieser neuere Name besser, auch weil er gleich die Besonderheit des Baumes beschreibt.

Der Hauptstamm hat auf der West- und Südostseite (zur Mauer hin) je einen Spalt, und an einem der Stämmlinge erkennt man einen ehemaligen Blitzschaden. Auch durch solch einen Blitzeinschlag vor sehr langer Zeit könnte die Dreizahl von Wipfeltrieben entstanden sein. Die Drillingseiche hat zudem eine sehr beeindruckende Borkestruktur, besonders etwa in Kopfhöhe unter der Stammgabelung auf der Nordseite des Stammes. Dort erkennt man turbulente, gewaltige Borkerippen und dazwischen teilweise über 10 cm tiefgehende Borkespalten – diese Strukturen müssen mindestens 500 Jahre zur Entwicklung gebraucht haben.

Die bereits zweite Kirche hier am Ort ist etwa 1405 erbaut worden. Das passt perfekt zum hergeleiteten Alter der Drillingseiche mit 600 Jahren. Eine 1540 erstmals

Rechts: Der Name Drillingseiche aufgrund der eindrucksvollen Stammgabelung in etwa 4 m Höhe

Enormer Stammfuß vor der ehemaligen Friedhofsmauer

erwähnte dritte Kirche wurde dann im Dreißigjährigen Krieg wiederum zerstört, und die Einweihung der vierten Kirche erfolgte 1721. Diese könnte ein Anhaltspunkt für die Pflanzung der weiteren 7 von den 8 Eichen sein, die deutlich jünger sind. Die ausgewählte Drillingseiche muss aufgrund ihrer Dimensionen also damals schon lange einzeln dort gestanden haben. Sie war daher wohl bereits der zweiten Vorgängerkirche zugehörig und zuvor möglicherweise sogar Bestandteil eines mittelalterlichen Gerichtsortes.

Auch die vierte Kirche am Ort wurde am Ende des 2. Weltkrieges wieder schwer beschädigt (es stand nur noch der Turm) und dann vor 70 Jahren abgerissen. Ihr Fundament ist noch vorhanden – nämlich genau dort, wo heute in der Parkmitte Robinien wachsen. Es hat dann seit 1955 nochmals ein provisorisches Notkirchlein gegeben – nunmehr die fünfte(!) Kirche an der Eiche, die aber 1994 von einem herabfallenden Starkast der Drillingseiche beschädigt und danach auch wieder beseitigt wurde. Insgesamt also eine tragische Geschichte dieses Kirchenortes, aber: die Eiche (mit ihren „7 Geschwistern") hat das alles problemlos seit etwa 600 Jahren überstanden und ist nun als Nationalerbe-Baum geadelt worden. Zur Ausrufungszeremonie war auch die Bundesumweltministerin Steffi Lemke erschienen und hat sich in ihrer Rede vehement für mehr Beachtung alter Bäume in Deutschland geäußert, natürlich für uns eine große Freude und Genugtuung.

Für die deutlich verschiedenen Stammumfänge (von etwa 4,50 m bis 6 m) der 7 später gepflanzten Eichen können sich unterschiedliche Mikrostandorte über die Jahrhunderte als natürliche Ursache ausgewirkt haben. Möglicherweise haben einzelne der Eichen Grundwasseranschluss gefunden, wodurch sich ihr Wachstum beschleunigt hat, andere sind im Krieg zu stark beschädigt worden.

Beeindruckende Borkestrukturen mit über 10 cm tiefen Spalten als Zeichen hohen Alters

Extra persönlich angereist zur Ausrufung: Bundesumweltministerin Steffi Lemke

Weinkeller-Linde Schlieben

(bei Herzberg/Elster)

Winter-Linde
(Tilia cordata)

Standort: Stadt und Amt Schlieben, auf dem weithin sichtbaren Weinberg (Langer Berg) an der Kellergasse, für die Anreise eingeben: Martinstraße 29; dort befindet sich die Linde – vom Ortskern aus Norden kommend – auf der Anhöhe über den Weinkellern rechts oberhalb der Straße (in unmittelbarer Nähe führt eine Treppe von der Straße hinauf); Parken unten im Stadtzentrum 200 m entfernt; Elbe-Elster-Kreis, Brandenburg

Alter: ca. 425 Jahre (400–450 Jahre, hergeleitet aus Stammdimension, -strukturen sowie Baumhabitus, Standort und Ortshistorie)

Stammumfang: 8,25 m in 1,3 m Stammhöhe (Taille hinter Efeu, gemessen August 2024)

Höhe: ca. 20 m

GPS-Daten:
N 51.720563, O 13.384896

NEB seit:
3. Okt. 2024

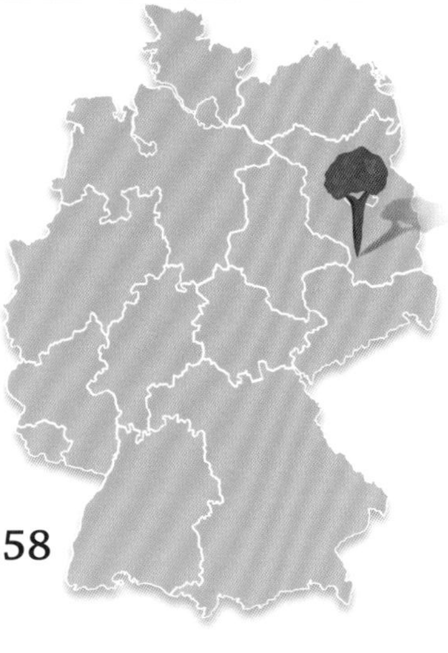

Was für eine schöne Überraschung: auch hier eine Winter-Linde, die tatsächlich eine ist (nicht Sommer-Linde, wie die allermeisten bei genauerem Hinsehen). Noch dazu steht sie über Weinkellern, aber nicht etwa an der Mosel oder in Baden-Württemberg, sondern in Brandenburg auf einem Weinberg, der auch als einer der nördlichsten von Deutschland bezeichnet wird. Da die Anbaufläche dort zu klein ist für eine gesetzlich zugelassene Rebfläche im Bundesland Brandenburg, zählt sie formell mit zum Weinbaugebiet Sachsen.

Zudem liegt das Amt Schlieben mit der gleichnamigen Stadt und seinen weiteren Ortsteilen in einer besonders schönen wald- und baumreichen Region Brandenburgs mit etwa 50 % Waldfläche. Die Stadt Schlieben hat einen umfassend herausgeputzten großen Stadtkern und eben diesen Weinberg mit Weinwanderweg. Dort begeistert das einmalige Ambiente mit 34 in das hügelige Gelände am Stadtrand eingegrabenen Weinkellern an der Martinstraße, einem Hohlweg. Und über und zwischen all den Weinkellern steht diese uralte Winter-Linde als absolut kostbarstes botanisches Highlight, das bisher wenig beachtet wurde und kaum bekannt war. Das ist nun anders geworden durch unsere Ausrufung (mit fast 500 Beteiligten und Gästen!).

Über den Weinkellern ragen überall im Gelände aus dem Boden Entlüftungsrohre heraus, damit darunter der Wein und die Keller nicht zu sehr schwitzen – man muss daher beim Herumlaufen etwas aufpassen, um nicht darüber zu stolpern. Zur Beschattung des Bodens hat man damals vor allem Linden über die Keller gepflanzt, wenn nicht schon Bäume dort standen (Rosskastanien gab es damals noch nicht, die später zur Kühlung von Bierkellern bevorzugt wurden). Meist hat man dafür Sommer-Linden gewählt, da sie schneller wachsen und größere Blätter haben, also besser beschatten. Dies ist daher eine von wenigen Winter-Linden im Gebiet und zugleich auch der älteste Baum noch aus der Zeit der Kelleranlage. Interessant: das Areal ist heute auf großen Flächen waldartig bewachsen, mit vielen Wiederaustrieb-Bäumen (vor allem Sommer-Linden, Flatter-Ulmen und Ahorne).

Bei dieser eindrucksvollen Winter-Linde handelt es sich um eine der 5 stärksten von Deutschland, da etliche als Winter-Linden bekannte bei

Rechts: Die Winter-Linde über den Weinkellern am Hohlweg mit Türen und Toren

Die Weinkeller-Linde rechts oben mittig zwischen 2 besonders großen Kellern platziert – kein Zufall

genauer Untersuchung sich dann doch als Sommer- oder Holländische Linden „entpuppen". Sie hat wohl schon einiges mitgemacht und ist ein sehr wertvoller Kandidat für unser Anliegen: das würdige Altern von Baumveteranen zu begleiten und zu fördern. Als wir damit zur jetzt so neu benannten Weinkeller-Linde als Nationalerbe-Baum bei der Gemeinde anfragten, war man sofort vollkommen begeistert. Das extrem engagierte Amts-Verwaltungsteam hat innerhalb weniger Tage alle erbetenen Informationen zusammengetragen und nach einer extra sofort dafür angesetzten Beratung die Zustimmung mitgeteilt, inclusive unterschriebener Vereinbarung innerhalb nur einer Woche – das ist Rekord! Zudem hatten sie auch schon gleich den Ausrufungstermin 4 Wochen später festgelegt, nämlich als Highlight auf dem alljährlich am Feiertag 3. Oktober stattfindenden Weinkellerfest. Das enorme Arbeitstempo in dieser Kleinstadt beeindruckt uns sehr und ebenso der Enthusiasmus, den man in der Stadt auch woanders spürt …

Weinanbau gibt es dort seit dem 13. Jahrhundert und die Weinkeller-„Anlage" ist seit etwa 500 Jahren im Weinberg ein äußerst beeindruckendes Kulturdenkmal, insbesondere direkt bei der Linde: Dort führt das schmale Sträßchen Martinstraße als Hohlweg über den Weinberg, und rechts und links in der Böschung bzw. der Mauer folgt ein Weinkeller neben dem anderen mit Türen oder Toren zur Straße. Im Internet kann man eindrucksvoll anschauen, was sich dort alles in, bei und an den Kellern abspielt: www.weinbau-schlieben.de. Die Weinlage „Schliebener Langer Berg" ist eine von zwei gesetzlich zugelassenen Rebflächen im Land Brandenburg, auf denen hochwertiger Qualitätswein erzeugt wird, der sogar schon Preise erhalten hat.

Bei diesem Uraltbaum besteht erheblicher Handlungsbedarf, um seine großen Schäden und Probleme in den Griff zu bekommen – genau dafür sind wir ja mit unserer Initiative da, und es wird hier wohl einige Zeit dauern.

Wo sie ohne Konflikte mit den Weinkellergewölben ungestört wurzeln kann

Tafel dort an der Mauer befestigt, der Stamm der Linde weitgehend hohl und morsch – wir sind gefordert

MW1 NW.1

Große Ess-Kastanie Rheine

(bei Osnabrück)

Ess-Kastanie
(Castanea sativa)

Standort: im Salinenpark im Nordwesten der Stadt Rheine beim Kunstmeisterhaus: Salinenstraße 103, mit Parkplatz und Bushaltestelle „Saline C12“; Landkreis Steinfurt, Bundesland: Nordrhein-Westfalen

Alter: ca. 260 Jahre (250–275 nach Parkhistorie)

Stammumfang: 4,90 m in 1,3 m Stammhöhe (gemessen im Feb. 2025)

Höhe: ca. 25 m

GPS-Daten:
N 52.298013, O 7.419817

NEB seit:
15. Juni 2025

Im Münsterland gestaltete sich die Baumsuche sehr spannend, denn nach intensiver Recherche und Vorerkundungen gab es da 11 in Frage kommende Altbäume, die alle wie üblich ohne Wissen der Eigentümer vorab aufgesucht und begutachtet wurden. Dafür waren sogar 3 Termine notwendig, da zunächst kein geeigneter Kandidat darunter war. So schieden z. B. etliche Alteichen aus, da sie Hofbäume in Alleinlage am Ende einer Sackgasse oder Hofzufahrt sind, wo es Probleme mit dem einfachen Aufsuchen und Finden des Baumes durch Bauminteressierte geben oder auch zu Störungen des Eigentümers kommen könnte.

Unter den verbliebenen hat sich dann eine Ess-Kastanie ganz im Norden des Münsterlandes als deutlicher Favorit ergeben, so dass der Eigentümer dazu befragt werden konnte und hellauf begeistert war: Die Stadt Rheine mit der großen Ess-Kastanie im Salinenpark ist sehr stolz darauf, dass sie nun mit diesem Baum auch dazugehört.

Die ausgewählte Ess-Kastanie in Rheine ist, besonders in Verbindung mit dem hochrangigen Kulturerbe Salinenpark, höchst interessant. Das Ambiente des Baumes, sein Zustand, seine Erlebbarkeit und Wirkung sind wichtige Kriterien für unsere Baumauswahl und hier optimal erfüllt. Er ist einer der besonders dicken und alten Bäume von Rheine mit idealem Standort und spannendem Umfeld. Dieser Baum könnte nach Recherchen im Zusammenhang mit der Parkhistorie und dem Bau der benachbarten Gebäude (Kunstmeisterhaus und Salzsiedehaus) gepflanzt worden sein. Damit lässt sich das Pflanzdatum auf einen Zeitraum von etwa 1750 bis 1770 eingrenzen, was einem heutigen Alter von 250 bis 270 Jahren entspricht. Der Kunstmeister hielt früher die Förderschächte für das Salz instand und sorgte für deren Ausbau.

Nicht weit entfernt (nur 50 m) von dieser Edel-Kastanie gab es zudem bis vor 15 Jahren eine ungefähr doppelt so dicke Kastanie im Salinenpark, die aber aufgrund ihres Alters und ihrer Ausmaße (der Stammumfang betrug etwa 8,50 m!) Anfang der 2010er Jahre abgestorben ist. Ihr monumentaler Stammfuß steht aber immer noch im Eiben/Ilex-Wäldchen 70 m südlich von unserer ausgewählten Kastanie entfernt – so wächst diese auch in der Tradition und im Gedenken an ihren Vorgängerbaum.

Rechts: Die dicke Ess-Kastanie am Kunstmeisterhaus

Mit gebogenem hohlem Stammfuß, in dem sich bestimmt interessante Tier-Lebensgemeinschaften gebildet haben

Den Zustand des Baumes haben wir dann wie üblich eingehend untersuchen lassen mit dem Ergebnis, dass altersentsprechend einiger, auch dringender Handlungsbedarf besteht, wenn er noch Jahrhunderte älter werden soll. Das ist jedoch für unsere ausgewählten Kandidatenbäume nichts Überraschendes und haben wir natürlich wie immer sofort angepackt, z. B. eine behutsame Einkürzung der Krone und die Erneuerung der Kronensicherungen. Der Stamm ist großräumig hohl, was aber bei älteren Ess-Kastanien ganz normal und kein Grund zur Sorge ist.

Sehenswert ist auch (ebenfalls nur 50 m entfernt) eine ältere Tanzlinde mit ihrer ausgebreiteten flachen Krone sowie etliche weitere beachtliche Altbäume im Salinenpark. Diese Grünfläche mit ihrem alten und vielfältigen Baumbestand erstreckt sich um die Gebäude der historischen Salinenanlage, die bis 1952 Salz für den Kurbetrieb in Bentlage produziert hat. An deren Gradierwerk kann man auch heute noch die gesunde salzhaltige Luft inhalieren, was sehr beliebt und wohltuend ist und von Einheimischen wie Gästen gern genutzt wird. Eine Reihe kastenförmig geschnittener Linden dahinter zeigt als gartenarchitektonisches Gestaltungselement das fehlende Mittelstück des Gradierwerkes an und gibt den Blick auf die Felder und Wälder im Hintergrund frei. Der Park ist vollständig begehbar, schattige Plätze unter Bäumen sind reichlich vorhanden und überall finden sich Bänke zum Verweilen.

Im Besucherzentrum „Dreigiebelhaus“ (ebenfalls nur 50 m von der Ess-Kastanie entfernt) erhalten Gäste vielfältige interessante Informationen. Verschiedene Themenwege ziehen sich durch das schöne Gelände bis zur Ems und zeigen besondere Einblicke in die Geschichte, Gegenwart und Natur des Parks. Die Wege lassen sich zu attraktiven Rundgängen kombinieren, und mit dem Fahrrad erreicht man den Salinenpark vom Ems-Radweg und über die 100-Schlösser-Route. Eine Pause auf einer Radtour kann man hier also auf jeden Fall mit einplanen.

Schwung in der Krone, dadurch ein Charakterbaum und unbedingt erhaltenswert

Salinenpark als hochrangiges Kulturdenkmal mit dem noch als Schaubetrieb betriebenen Gradierwerk

MW2 NW.2

Alte Hofulme Bierde

(bei Minden)

Flatter-Ulme
(Ulmus laevis)

Standort: Ortsteil Bierde zu Petershagen, Straße Osterend Nr. 17 (am südöstlichen Dorfende, dort ist der Baum direkt an der Straße nicht zu verfehlen; er ist sogar im Navi als „Alte Ulme" eingetragen); Bierde liegt im nordöstlichsten Zipfel von NRW, etwa 5 km östlich der Weser; ca. 15 km von Minden und 20 km vom Porta Westfalica-Blick entfernt; Kreis: Minden-Lübbecke, Bundesland: Nordrhein-Westfalen

Alter: ca. 500 Jahre (400–600 geschätzt)

Stammumfang: 8,60 m (in 0,9 m Stammhöhe: Taille, gemessen 08.2023)

Höhe: ca. 19 m

GPS-Daten:
N 52.368289, O 9.045593

NEB seit:
4. August 2023

Hier hat es sogar eine Flatter-Ulme geschafft, Nationalerbe-Baum zu werden, und ein besonders imposanter Privatbaum auf einem bäuerlichen Hof noch dazu: Die Ulme prägt den Hof über allem anderen, und die Eigentümerfamilie ist spürbar stolz auf den Baum und erst recht, dass er es zu dieser höchstrangigen Auszeichnung geschafft hat.

Ulmen mit so hohem Alter sind etwas sehr Besonderes, und das ist bisher häufiger auch nur von Flatter-Ulmen bekannt. Gemeldet hat ihn der an diesem Baum tätige Baumpfleger, welcher auch die Heeder Linde unter seiner Obhut hat. So können wir sicher sein, dass mit diesem Ulmen-Prachtexemplar äußerst sensibel umgegangen wird. Seine Wurzeln haben auf dem Hofgrundstück in den Jahrhunderten genau die interessantesten Bereiche für die Wasserversorgung gefunden, z. B. entlang dem Trauf des Strohdaches (ohne Dachrinne) eines Hofgebäudes an der Straße. Hier verläuft gut sichtbar fast 10 m lang eine Starkwurzel des Baumes, um sich Schauer und Gewittergüsse in Trockenperioden zunutze zu machen – diese uralten Bäume sind einfach genial!

Die alte Hofulme strahlt eine enorme Würde und Stärke aus. Mit ihrem schiefen, mächtigen und stark wulstigen Stamm und ihren Brettwurzeln (typisch für Flatter-Ulmen) ist sie ein Baum, an dem man sich etwas Zeit nehmen sollte. Dabei wandert man am besten das Sträßchen auf und ab und gegenüber auf die Wiese, um die Ausstrahlung des Baumveterans wirken zu lassen. Mit einem Stammumfang von fast 9 m ist sie wohl die viertstärkste Ulme Deutschlands. Ihre stärkste Schwester in Gülitz/Brandenburg wurde dort auch bereits zum Nationalerbe-Baum ernannt.

Dieser Baum wurde bisher meist als Berg-Ulme bezeichnet, was mich (und andere) irritiert hat – denn über ihre Artzuordnung kann es eigentlich keinen Zweifel geben. Flatter-Ulmen erkennt man gut an den lang gestielten Blüten und Früchten (daher der Beiname „Flatter-": im Wind), den ungegabelten Seitennerven in der vorderen Blatthälfte (man findet auch im Winter immer welche im Baumumfeld auf dem Boden), an den brettartig entwickelten Wurzelanläufen und den vielen Stammaustrieben. Das alles trifft bei diesem Baum zu.

Schon mehrmals war diese Ulme von strategischer Bedeutung: Im Befreiungskrieg 1813–15 gegen Napoleon hatten die an der Seite Preußens kämpfenden Russen hier ihr Lager in der Ortschaft Bierde aufgeschlagen; die russischen Offiziere, denen damals dieser wuchtige Baum schon auffiel, nahmen in

Rechts: Wer hier vorbeikommt, bleibt staunend vor diesem Hofbaum stehen

Schutzpatron für den privaten Hof

seinem Schatten ihre Mahlzeiten ein, was sein hohes Alter bereits unterstreicht. Und im April 1945 fand ein Gefecht zwischen 5 von Süden her angreifenden deutschen Panzern und bereits in der Ortschaft und insbesondere auf diesem Hof eingerückten Engländern statt, die einige Panzerabwehrkanonen in Stellung gebracht hatten, wobei auch die Ulme beschädigt wurde. Weitere zahlreiche Einschusslöcher sind in den vorhandenen Gebäuden noch heute zu sehen.

Nach dem Krieg waren die Ortschaft und auch dieser Hof ehemaligen russischen Kriegsgefangenen als Wohnstatt zugewiesen worden; diese nutzten die Ulme intensiv als Feuerholz, was zur weiteren Schädigung führte. Davon hat sie sich aber erstaunlich gut erholt und dadurch sogar ihren ausgeprägten Charakter erlangt.

Flatter-Ulmen sind zum Glück kaum von der Holländischen Ulmenkrankheit betroffen, dem sog. Ulmensterben – weshalb diese Bezeichnung auch nicht pauschal auf alle Ulmen zutrifft. Besonders betroffen ist davon vor allem die Feld-Ulme, und sie ist dadurch tatsächlich extrem selten geworden. Die Flatter-Ulme hingegen kann man wieder bzw. weiterhin bedenkenlos sogar als Stadt- und Straßenbaum empfehlen, sie kommt nicht nur mit den dortigen Stressverhältnissen gut zurecht, sondern eben auch mit der Krankheit, meist sogar besser als Züchtungen von sog. Resista-Ulmen.

Dieser Baum ist also das älteste lebende Familienmitglied der Eigentümerfamilie, wohl auch der älteste Bewohner des Ortes und kann nun mit unserer Unterstützung weiter in Würde altern. Die Eigentümerfamilie hat für den Baum vor einiger Zeit sogar einen direkt am Baum stehenden alten Geräteschuppen abgerissen, damit seine Wurzeln sich ungehindert ausbreiten und für Standfestigkeit sorgen können. Sie wurden schon 35 m vom Baum entfernt auf dem Hof gefunden!

Phantastischer Stammfuß, wilder geht es kaum

Rückseite des Baumes vom Hof aus

MW3 NW.3

Erler Femeiche

(bei Borken)

Stiel-Eiche
(Quercus robur)

Standort: in Erle (Ortsteil der Gemeinde Raesfeld, Kreis Borken, Westmünsterland, NRW), Ekhornsloh, nahe Kirche, auf einem von überall ausgeschilderten Platz

Alter: 900 Jahre (geschätzt 800–1.000)

Stammumfang: 12,45 m (in 1,3 m Stammhöhe, gemessen 08.2021 um die Stammteile herum)

Höhe: ca. 11 m

GPS-Daten:
N 51.745478, O 6.862142

NEB seit:
31. Okt. 2021

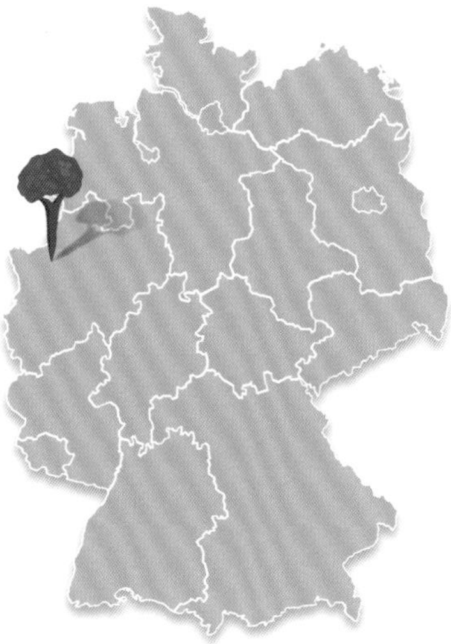

Was für eine Skulptur von Lebewesen, was für ein uraltes Geschöpf, welch aufregende Gestalt! Ehrfürchtig steht man davor und betrachtet sie, die Erler Femeiche: einer der ältesten Bäume Deutschlands mit noch zusammenhängenden Teilen seines Originalstammes, also nicht aus Wiederaustrieben der Wurzel. Mit 12,45 m Stammumfang (um die lebenden Stammteile herum gemessen) ist sie wohl auch die dickste Eiche Deutschlands, und mit Urkunden belegt der älteste und bekannteste Gerichtsbaum Mitteleuropas (seit 1363). Seit 1750 wurde in der bis heute erhalten gebliebenen Pfarrchronik vom jeweiligen Pastor immer wieder auch zur Eiche berichtet und so ihre „jüngere“ Geschichte aufgeschrieben.

Für uns Baumbiologen ist diese Eiche einer der wertvollsten Bäume unseres Landes, da er so viel von seiner fast 1.000-jährigen Geschichte preisgibt wie kaum ein anderer. Bei den anderen versinkt vor dem 15. Jahrhundert meist alles im Nebel und in erfundenen Geschichten. Zudem wird diese Femeiche auch heute beim Anschauen immer noch als ein Baum erlebt, und nicht als 2 oder 3 verbliebene getrennte Restteile desselben.

Der Baum hat seit mindestens 250 Jahren seine Krone „zurückgezogen“ (durch Absterben oder Abbrechen von Ästen), d. h. seine Höhe und damit Größe zurückgebaut und so die Transportwege für das Wasser von den Wurzeln zu den Zweigen und für den Zucker von den Blättern zu den Wurzeln verkürzt. Dies wurde und wird durch behutsame Schnittmaßnahem unterstützt, der Baum befindet sich (wieder) in einem sehr guten Pflege-, Schutz- und Sicherungszustand. Die Krone ist für sein Alter sehr gut entwickelt.

Der bekannte Eichenspezialist aus den Niederlanden, Jeroen Pater, bezeichnet die Femeiche treffend als „den Veteranen unter Veteranen“. Dieser Methusalem ist absolut einmalig: eine Skulptur von noch miteinander verbundenen Stammteilen, die Reste des möglicherweise über 900 Jahre alten Baumes sind. Um 1750 war die Eiche noch relativ vollholzig: Es war nur Kindern möglich, durch einen Spalt hineinzugelangen und dies auch nur mit großer Anstrengung, z. B. um die Eier von Pastors Enten herauszuholen – so steht es in der Pfarrchronik.

Es brachen dann in der Folgezeit nach und nach größere Teile der Krone bei Stürmen ab. Danach hat man den Stamm ausgehöhlt (das Innere aus morschem Holz entfernt) und einen begehbaren Eingang in den Innenraum hergestellt (den vorhandenen Spalt erweitert). So wurde im Jahr 1814 dem damaligen

Rechts: Absolut einmaliger Zustand der etwa 900-jährigen Gerichtseiche Raesfeld

Mit erstaunlich großer Krone und völlig neugestaltetem Umfeld ...

Pastor im Baum ein Orden verliehen, und 1819 passten 36 Infanteristen mitsamt ihren Waffen in den Baum!

Im Jahr 1900 ist publiziert, dass der Hohlraum im Stamminneren fast 3 m breit war, mit einem noch relativ intakten etwa 15–20 cm dicken Stammmantel rundherum, und sich so ein richtiger Innenraum ergab. Wie durch ein Wunder wurde vor 50 Jahren in Zeiten der „Baumchirurgie“ der hohle Stamm nicht mit Beton ausgegossen oder ausgemauert, denn das hat man damals nach bestem Wissen bei vielen alten Bäumen gemacht. Dies hätte ihn sicher umgebracht, wie man inzwischen von etlichen anderen Beispielen weiß. Schon vor langer Zeit wurde ein Zaun um den Baum gebaut – heute ist dieser für die Eiche überlebensnotwendig, um Besucher vom Zertrampeln der Wurzeln, Abbrechen von Zweigen und Beklettern des Baumes abzuhalten.

Im Mittelalter wurden – vom 14. bis zum Ende des 16. Jhdts. – unter der Eiche Femegerichte abgehalten (daher ihr Name Femeiche), wodurch wohl etliche Schwerverbrecher ihr Leben beenden mussten. Hierzu heißt es in einem dokumentierten Urteilsspruch eines anderen Femegerichtes von 1448 in heutiger Sprache: „Der Verfemte ist von allen Freiheiten und Rechten ausgeschlossen und der höchste Unfriede und Strang für ihn bestimmt. Er ist ehr- und rechtlos und jedermann preisgegeben. Sein Leib wird den Raben überlassen, seine Seele aber sei Gott befohlen.“ Jeder, der Kenntnis von einem Todesurteil hatte, durfte den Verfemten und für vogelfrei Erklärten an dem nächsten Baum aufhängen und den Vögeln zum Fraße freigeben, daher „vogelfrei“.

Der heutige Standort der Femeiche soll bereits im ersten Jahrtausend als Thingstätte mit Gerichtsversammlungen gedient haben. Das Femegericht wird seit 1992 vom Heimatverein zu besonderen Anlässen nachgespielt, mit eindrucksvollem Ablauf und viel Zulauf von Zuschauern.

... und oben noch zusammenhängenden Stammteilen

Große Freude vom Kuratoriums-Vorsitzenden über die Enkelversammlung zur Ausrufung der Femeiche

MW4 NW.4

Dicke Ess-Kastanie Aachen

Ess-Kastanie
(Castanea sativa)

Standort: Kreisfreie Großstadt Aachen, Stadtteil Vaalserquartier; südlich der B1 am westlichen Stadtrand, 900 m vor der Grenze zu den Niederlanden: auf einer Wiese an der Abzweigung Schmiedgasse von der Alten Vaalser Straße (Bushaltestelle Linie 25+35 „Vaalserquartier Schmiedgasse", von dort neu ausgeschildert); Bundesland: Nordrhein-Westfalen

Alter: ca. 450 Jahre
(aus Dimension, Standort und Lebensgeschichte hergeleitet, Schätzungen gibt es von 300–600 Jahren)

Stammumfang: 8,05 m (in 1,3 m Stammhöhe, gemessen 05.2024)

Höhe: ca. 18 m

GPS-Daten:
N 50.768166, O 6.034851

NEB seit:
24. Okt. 2024

Als ich den Baum zum ersten Mal sah, verschlug er mir erstmal die Sprache: Denn genau so eine Ess-Kastanie hatten wir gesucht und erhofft! Sie thront auf einer Weide am Hang und war bisher gar nicht zugänglich. Es konnte im Zuge der Verhandlungen geändert und erreicht werden, dass sie über einen neu angelegten Fußweg erlebbar wird. Großer Dank an die engagierten Verantwortlichen der Stadt Aachen und an die Pächter des Weidelandes (ein Ökolandwirt-Betrieb) – alles passt und ist ein Wunder.

So wünschen wir uns das und war wohl ein Glückstreffer: der Pächter war begeistert von unserem Anliegen, den Baum als Nationalerbe auszuwählen. Aber, sagte er: er wäre ja nicht der Eigentümer, denn das sei die Stadt Aachen. Also bin ich bald danach nochmals nach Aachen gefahren, um alles in einer gemeinsamen Beratung am Baum mit den Stadtvertretern und Pächtern durchzusprechen und es wurde beschlossen: Das geht klar!

Der Baumveteran ist schwer gezeichnet durch Blitzeinschläge, Sturmereignisse und Astabbrüche, aber strotzt mit allen seinen Rissen, Beulen und Höhlungen vor Lebensfreude, das ist ein Hochgenuss. Halt ein „Senior mit Macken", wie wir ja nun schon eine Reihe kennengelernt und „aufgenommen" haben …

Eine große Freude ist auch das optimale und geschützte Umfeld der Riesenkastanie: ein Landschaftsschutzgebiet mit Schafbeweidung (die Schafe schlafen auch im Hohlraum des Stammfußes). Der Baum ist weitgehend hohl und hat überall Öffnungen – darin muss sich eine enorm kostbare, interessante und vielfältige Mehrgenerationen-WG aus Fledermäusen, Käfern, Vögeln, Kleinsäugern, Moosen, Flechten etc. entwickelt und eingerichtet haben. Denn in und an einer (nur halb so dicken) Ess-Kastanie bei uns im Forstbotanischen Garten Tharandt der TU Dresden wurden bei einer Intensiv-Untersuchung eines Zoologie-Spezialisten 105 Käferarten gefunden, darunter auch einige ausgestorbene und vom Aussterben bedrohte!

Zusammen mit einem großen, etwa halb so alten Esskastanien-Baumkreis gleich nebenan muss es sich hier wohl um einen mystischen Ort handeln, der früher strategische Bedeutung gehabt haben soll. Schon Karl der Große hat womöglich vom Aussichtspunkt auf dem Kastanienhügel weit bis nach Holland geschaut und wichtige Entscheidungen getroffen …

Rechts: Monumentaler Stamm und riesige Krone

Bizarre Knollenstrukturen am Stammfuß, typisch für alte Ess-Kastanien

Aufgrund ihrer Robustheit, ihrer Früchte und des besonderen Aussehens sind Ess-Kastanien auch beliebte Stadtbäume, vor allem in Parkanlagen, großen Gärten und an Gutshäusern. Dabei ist zu beachten, dass die Bäume sehr groß werden. So ist bzw. war auch der wohl größte Baum Europas eine weit über 1.000-jährige Ess-Kastanie am Ätna auf Sizilien, die einen Stammumfang von über 55 m hat! Das kann man heute noch aus ihren verbliebenen 3 Teilbäumen rekonstruieren. Sie wurde und wird auch „Kastanie der 100 Pferde" genannt, da so viele Pferde unter ihrer Krone Platz hatten, wovon es eindrucksvolle Bilder gibt (z. B. auf Wikipedia).

Das natürliche Areal der Ess-Kastanie lässt sich schwer rekonstruieren aufgrund ihrer mehr als 2.000-jährigen menschlichen Verbreitung und Pflanzung in Europa. Schon zur Römerzeit wurde sie für Rebstöcke und wegen ihrer Früchte außerhalb des Ursprungsareals angebaut. Die Ess-Kastanie wird wegen ihrer langen Einbürgerungsgeschichte als heimische Baumart eingestuft (im Gegensatz zur Rosskastanie). Mit ihrer Herkunft aus dem Mittelmeerraum ist erklärbar, dass sie mit heißen trockenen Sommerperioden gut klarkommt und vom Klimawandel profitieren wird. Die größten Ess-Kastanienbestände in unserem Land gibt es westlich vom und im Rheintal.

Für die Nutzung sind die Maronen-Früchte am attraktivsten. Menschen und Tiere essen sie gerne und zum Jahresende findet man sie auf jedem Weihnachtsmarkt. Es gibt so viele Verwendungsmöglichkeiten, dass darüber schon mehrere ganze Bücher geschrieben worden sind.

Die Ess-Kastanie ist also eine besonders geschätzte Baumart mit vielen attraktiven Eigenschaften und Nutzungsmöglichkeiten. Wer sie pflanzt, kann sich auf 500–1.000 Jahre Lebenserwartung freuen und vielen Nachfahren damit eine Freude machen – so ist es wohl auch hier bei dieser Ess-Kastanie in Aachen, und nun erhält dieser kostbare Baum unsere höchstrangige Auszeichnung: Wir wünschen ihm damit noch eine lange und gesunde Zukunft!

Zur Herbststimmung besonders schöner Uraltbaum

Nur ziemlich kleine Menschen (und Schafe) passen in den Baum

MW5 HE.1

Lärche Kassel-Wilhelmshöhe

(im Schlosspark)

Europäische Lärche
(Larix decidua)

Standort: Bergpark Kassel-Wilhelmshöhe in 425 m Höhe ü. NN nahe dem Neptunbassin, am Fuß der Wasserkaskaden unterhalb vom Herkules-Denkmal; Solitär auf großer Wiese; Bundesland: Hessen

Alter: 220–250 Jahre (geschätzt)

Stammumfang: 4,77 m (gemessen 10.2021 in 1,5 m Stammhöhe oberhalb der Verdickung, 7,20 m in 0,5 m Höhe)

Höhe: ca. 27 m

GPS-Daten:
N 51.315667, O 9.399532

NEB seit:
8. Okt. 2021

Was für ein beeindruckender Baum und was für ein Ambiente im UNESCO-Weltkulturerbe Bergpark Kassel-Wilhelmshöhe! Alles ist perfekt hier für diese ganz besondere Lärche. Ihr dicker wulstiger Stammfuß sieht aus, als wäre der Baum veredelt oder als hätte er im frühen Baumleben Dramatisches erlebt und würde seitdem eine innere Fäule kompensieren. Aktuelle Schalltomografie-Messungen des Stammes in 20 und 120 cm Höhe haben jedoch ergeben, dass es im Stamminneren zwar turbulent zugeht, aber die vorhandenen inneren Fäulebereiche begrenzt und unkritisch für die Baumstatik und -versorgung sind. Die Ursache für die Verdickung dürften Ringwurzeln aus der Zeit der Pflanzung sein, die am Stammfuß seitdem spiralförmig um die Stammachse wachsen („Drehwuchs“) und im Lauf des langen Lebens dieser Lärche immer dicker geworden sind. Man kann dies äußerlich gut erkennen und nachvollziehen. Wir sind optimistisch, dass der Baum weiter gut damit umgehen kann, da er es offensichtlich bisher auch geschafft hat.

Aufgrund der wulstigen Verdickung im unteren Stammbereich ist der exakte Stammumfang nur etwas ungewöhnlich ermittelbar. Knapp oberhalb des verdickten Stammsockels in 1,5 m Höhe beträgt der aktuelle Umfang 4,77 m, in 50 cm Höhe am Wulst sind es 7,20 m. Über das genaue Alter (oder Pflanzjahr) dieser Lärche gibt es keine Aussagen oder Informationen: 200 bis 300 Jahre sind möglich – für am wahrscheinlichsten werden 220–250 Jahre gehalten. Die Krone war sicher vor einiger Zeit etwas größer, da sie im Wipfelbereich abgestorbene Äste aufweist.

Durch den besonderen Stammfuß wirkt dieser Baum – die erste von bisher 2 Lärchen unter unseren Nationalerbe-Bäumen – besonders imposant, denn ähnlich monumental sehen auch Uraltlärchen in den Alpen am Naturstandort dieser Baumart in 2.000 m Höhe aus, wo sie über 1.000 Jahre alt werden können und ihre dicken Stammfüße zeigen, dass sie schon etliche Lawinenabgänge überstanden haben. Und was könnte besser als Kulisse für eine Baumart der Hochgebirge passen als ein Bergpark, noch dazu hier an einem der schönsten Orte im Park mit Blick auf die Wasserkaskaden?! Dies war auch unsere erste Baum-Ehrung in einer öffentlichen Parkanlage.

Rechts: Durchgehender Stamm bis in den Wipfel, wie für viele Nadelbäume typisch

Besonderes Kennzeichen der Kasseler Lärche ist ihr angeschwollener Stammfuß (wie im Hochgebirge)

Die Lärche entwickelt – für einen Nadelbaum ungewöhnlich – Kurz- und Langtriebe. An den sehr früh im März ergrünenden vielen Kurztrieben stehen bis zu 50 Nadeln dicht gedrängt im Büschel zusammen. Sehr ungewöhnlich: die Langtriebe hingegen erscheinen erst 4 Wochen später und wachsen dann bis zum Spätsommer immer weiter.

Besondere Nährstoffansprüche hat die Baumart nicht, sie kommt eigentlich mit fast allen Böden zurecht, außer bei hoch anstehendem Grund- oder Stauwasser. Dabei benötigt sie aber ihr ganzes Leben viel Licht, so wie es hier im Park mit ihrem Freistand optimal gegeben ist.

Der Bergpark Wilhelmshöhe gehört zur Stadt Kassel, ist der größte Bergpark Europas, seit 2013 UNESCO-Weltkulturerbe und gehört zur ‚Museumslandschaft Hessen Kassel' mit der neuen Bezeichnung ‚Hessen Kassel Heritage'. Dies alles ist also oberste Liga für unsere Lärche, da sie dort an markanter Stelle wächst und tagein, tagaus die Kaskaden, den Herkules und die Stadt Kassel „sieht" (und umgekehrt von überall dort gesehen werden kann).

Die Wasserkaskaden sind über 250 m lang und ergießen sich über einen Höhenunterschied von fast 100 m bergab in Wasserfällen über zahlreiche Staustufen. Diese werden beidseitig von Treppen mit 535 Stufen begleitet, die man hinuntersteigen kann (allerdings dann auch wieder hinauf muss!). Die Herkules-Statue steht ganz oben auf dem Berg auf dem Oktogon-Schlossdach und ist das Wahrzeichen der Stadt Kassel.

Die Wasserspiele funktionieren immer noch mit der Jahrhunderte alten Technik, alleine mit dem vorhandenen Gefälle und ohne Pumpen. Der Ablauf ist so konzipiert, dass sie zu bestimmten Zeiten angestellt werden (vom 1. Mai bis 3. Oktober immer mittwochs, sonntags und an Feiertagen um 14:30 Uhr), in einer komplexen Choreografie 1:15 Stunden dauern und die Besucher dabei das Wasser von oben bis nach unten auf den Treppen nebenan begleiten können, um im Verlauf alle Stationen und Wasserbilder zu verfolgen.

Lärche in Bildmitte auf der Wiese rechts der Sichtachse mit ständigem Blick auf Kassel

Blick hinauf zum Herkules auf die Wasserkaskaden

MW6 HE.2

Schlosslinde Homberg (Ohm)

bei Marburg

Sommer-Linde
(Tilia platyphyllos)

Standort: links vor dem Eingang zum Schloss: am Ende vom Sträßchen „An der Schlossmauer“ auf einer kleinen Erhöhung mit dahinter befindlichen historischen Gräbern vor der Schlossmauer; Stadt Homberg (Ohm), Vogelsbergkreis, Oberhessen; Bundesland: Hessen

Alter: ca. 750 Jahre (600–800 Jahre, hergeleitet aus Stammdimension, -strukturen sowie Standort und Ortshistorie)

Stammumfang: 9,40 m in 1,2 m Stammhöhe (Taille, gemessen 01.2024)

Höhe: ca. 22 m

GPS-Daten:
N 50.727726, O 8.999552

NEB seit:
20. April 2024

Einen schöneren Platz für eine uralte Linde kann man sich kaum vorstellen: vor dem Eingang zum Homberger Schloss an der Schlossmauer steht der beeindruckende Baumveteran wohl seit fast 800 Jahren (damals Anlage der Burg). Der Standort dort ist trocken – wie es bei Burgen auf Bergen meistens der Fall ist –, daher war das Wachstum der Linde sicher zeitlebens langsam. Die dort nach den meisten Beschreibungen erwartete Winter-Linde war es allerdings dann bei der Überprüfung doch nicht, sondern eindeutig mit allen Merkmalen eine Sommer-Linde. Das hatten wir ja schon mehrere Male auch bei anderen Linden-Kandidaten …

Der Baum ist sehr eindrucksvoll mit seinem hohlen Stamm, der einen Ein-, Rund- und Ausgang hat. Man sieht sofort, warum die Linde im Ort schon lange einfach nur Hohler Baum genannt wird: sie ist so hohl, dass sogar „Nachwächterführungen“ dort angeboten werden, wobei aus dem Baum eine Stimme spricht und dies bei Kindern (und Erwachsenen ebenso) natürlich enorm Eindruck macht. Zudem gehört zum Baumbesuch seit langer Zeit dazu, dass man durch den Baum hindurchgeht, da er einen Ein- und Ausgang sowie im Inneren einen Rundgang hat. Dieser Baumbesuch ist bei den örtlichen Kita-Gruppen, Schulklassen und Stadtführungen fest im Programm verankert. Man kann nur auf Rücksicht beim Betreten des Baumes hoffen, damit er nicht zu sehr beschädigt wird.

Der Hohle Baum ist also eine Linde, bei der es nicht nur um Fakten und Baumverstehen geht, sondern ausdrücklich auch Emotionen zugelassen sind. Sicher spielt für diese Besonderheit zudem der Wuchsort eine Rolle: er steht so exponiert dort oben kurz unter dem Himmel, dass man wirklich an Elfen, Baumgeister und Zauberer glauben möchte – genießen Sie es!

Vor etwa 100 Jahren ist die komplette Krone der Hohlen Linde in 6 m Höhe bei einem Gewittersturm abgebrochen – daher muss man an diesem Baumveteranen nun noch mehr bewundern, was so eine alte Linde alles „wegstecken“ kann. Bis vor einiger Zeit war das Burggelände in Privatbesitz und ein Besuch am und im Schloss nicht möglich. Seit 2012 ist aber alles im Eigentum der Stadt und nun öffentlich zugänglich. Ein Förderverein ‚Schlosspatrioten‘ setzt sich für die Erhaltung des Schlosses ein, organisiert kulturelle Veranstaltungen und kümmert sich

Rechts: Der Hohle Baum von seiner intakten Seite mit Blick hinunter auf das Fachwerkstädtchen

Die Seite mit Ein- und Ausgang (links und rechts im Stamm) und drinnen Rundgang

intensiv um Recherchen zur Schloss-, Linden- und Stadt-Historie.

Nach ausgiebigem Erlebnisgenuss mit allen Sinnen incl. Laufen möglichst ohne Schuhe im Baum („Baumbaden" nennt man das heutzutage) erwartet Sie dann im Schloss noch ein uriges kleines Schlosscafé (Öffnungszeiten checken: meist am Sonntag-Nachmittag). Und wenn Sie dann gestärkt sind oder das Café geschlossen hat, sehen Sie sich noch die zweite alte Linde an: in (!) der Schlossmauer oberhalb – dieser Baum ist tatsächlich eine Winter-Linde! Sie ist ziemlich genau 400 Jahre alt, da sie auf dem Gewölbe eines historischen Wasserbehälters steht, der beurkundet vor 400 Jahren gebaut wurde, und sie hat einen beeindruckenden Stammumfang von über 7,50 m (schwierig messbar wegen der Mauer mittendrin ...). Mit ihrem noch höher gelegenen und im Boden felsigen, daher vermutlich noch trockeneren Standort als bei der Hohlen Linde wäre sie mit ihrer Stammstärke als Winter-Linde an anderen Wuchsorten schon viel älter (da Winter-Linden langsamer wachsen und kleiner bleiben als Sommer-Linden). Aber sie steht auf dem gemauerten Wasserbehälter für die Burg, hat garantiert seit 350 Jahren ihre Wurzeln darin und ist deshalb sogar schneller gewachsen als die Hohle Linde.

Es wurde und wird hier also mal wieder nicht langweilig bei den Baum-Recherchen – und es gibt dort sicher noch viel mehr zu entdecken ...

Bei Anreise mit dem Auto empfiehlt sich unbedingt, das Fahrzeug schon in der Unterstadt abzustellen, da im Ort die Parkplätze sehr begrenzt sind und man sonst auch das Erleben des Erwanderns durch die wunderhübsche kleine Fachwerkstadt mit sehr engen Sträßchen verpassen würde. Mit schnelleren Schritten braucht es 10 Minuten für den Aufstieg bis zum Schloss und zur Linde. Von dort oben hat man einen phantastischen Ausblick über das Städtchen und rundherum in die traumhafte Landschaft mit dem Ohmtal. Damit wird sogar der „Aufstieg" belohnt – und dann steht dort ja dieser Linden-Methusalem!

Ein traumhaftes Umfeld des Baumes …

… und sein wunderbarer Wuchsort vor der Schlossmauer

MW7 NW.3

Säuleneiche Harreshausen

(bei Frankfurt/M.)

Säulenförmige Stiel-Eiche
(Quercus robur)

Standort: im Stadtteil Harreshausen von Babenhausen (Landkreis Darmstadt-Dieburg), 600 m nördlich außerhalb des Ortskernes auf einem Acker am Feld- und Fernradweg von Harreshausen nach Mainhausen (Verlängerung der Gersprenzstraße aus dem Ort nach Norden); Bundesland: Hessen

Alter: 585 Jahre (geschätzt durch belegte Jahrringbohrungen), nach eigener Recherche auch 500 Jahre möglich

Stammumfang: 4,30 m in 1,3 m Stammhöhe (gemessen 06.2022)

Höhe: ca. 16 m (nach Blitzeinschlägen und Sturm-Astbrüchen stark eingekürzt)

GPS-Daten:
N 49.977911, O 8.984721

NEB seit:
8. Okt. 2022

Nun hat es auch einmal ein alter Baum mit besonders markanter Wuchsform in unsere Ehrengalerie geschafft: die „Schöne Eiche von Harreshausen" mit ihrem straff säulenförmigen Habitus, weshalb sie auch seit Jahrhunderten als Säulen-Eiche bezeichnet wird und damit in ganz Europa berühmt geworden ist.

Diese Eiche ist kulturhistorisch einer der bedeutendsten Bäume Deutschlands. Wenn man von der offiziellen Seite (Fahrradweg/für Pkw gesperrte Forststraße) kommt, und von dort die „Schöne Eiche" sucht, sieht man sie von kleineren Linden umgeben (als Sturm- und Blitzschutz) auf dem Feld stehen. Sie ragt aus den Linden oben gut erkennbar heraus – beim Herangehen zu den Bäumen wird dann alles klar und hervorragend auf der installierten Infotafel erläutert.

Der Stamm ist für eine Stiel-Eiche ungewöhnlich schnurgerade und astfrei, was ein deutliches Zeichen für den früheren Aufwuchs im Bestand ist. Er ist weitgehend hohl, man kann (so erzählt der dort zuständige Baumpfleger) von oben bei den Astansätzen tief in den Stamm hinein- und hinunterblicken. Die älteste dokumentierte Vermessung des Baumes stammt von 1781: Damals hatte er einen Stammdurchmesser von 65 cm, eine Stammlänge von 12 m bis zum Kronenansatz und schon eine Gesamthöhe von 30 m.

Die Eiche ist von 4 in absehbarer Zeit fast genauso dicken Linden umgeben, welche im Viereck um die Eiche positioniert sind. Sie wurden nach und nach seit etwa 150 Jahren als Sturm- und Blitzschutz an die Eiche gepflanzt, da diese frei auf dem Feld stand und mehrmals Blitze in sie einschlugen (z. B. 1871 und 1928), mit erheblichen Kronenschäden und Stammfäule als Folge. Und bei Stürmen und Gewitterböen brachen immer wieder Kronenteile von ihr ab.

Dieser Baum ist die „Mutter aller Säuleneichen" in großen Teilen Europas geworden und wurde deshalb seit Jahrhunderten berühmt und bekannt. Es gab darüber schon seit dem 18. Jahrhundert Beschreibungen und besondere Schutzmaßnahmen, sogar in Kriegen wurde immer auf seine Unversehrtheit geachtet!

In 3,70 m Entfernung vom Stamm der Eiche steht zudem ein ebenfalls säulenförmiger „Nachkömmling",

Rechts: Imposante Kronenform der Säuleneiche (in Bildmitte; rechts daneben ein fast ebenso hoher Nachkömmling und links und rechts außen Linden zum Schutz vor Sturm und Blitzeinschlägen)

Der problematische Kronenansatz (nach Installation der zentralen Kronensicherung)

wahrscheinlich vor etwa 50 Jahren gepflanzt oder aus dem Sämling einer Eichel hervorgegangen – das ist unsicher. Der alte Mutterbaum selbst (mit dem Namen „Schöne Eiche") ist eine natürlich entstandene Mutation mit straff aufrechtem Zweigwuchs ab etwa 10 m Stammhöhe – dort ist der heutige Kronenansatz, darunter wuchsen Äste normal seitlich vom Stamm weg und wurden entfernt oder sind durch Beschattung von Nachbarbäumen abgestorben. Nur höchstens 5 % der Eicheln dieses Baumes bringen wiederum aufrecht wachsende Nachkommen hervor.

Die Krone setzt abrupt am Stamm an, am Kronenansatz sind deutliche Schäden zu erkennen (viele Fäulen), aber der Baum wurde und wird von Baumpflegern regelmäßig kontrolliert und ist gegen Ab- und Auseinanderbrechen durch ein stammumspannendes Drahtseil gesichert sowie eine alle Äste verbindende zentrale Kronensicherung.

Die Eiche soll fast 600 Jahre alt sein. Als Nachweis dafür gilt eine zweifache Jahrringbohrung Ende der 1930er Jahre mit dem Ergebnis von damals 500 Jahrringen (entsprechend heute also 585 Jahre). Dabei mussten aber die fehlenden Jahrringe im hohlen Stammkern geschätzt und gerundet werden. Allerdings kann heute niemand mehr wissen, wie der Baum im frühen Leben aufgewachsen ist, z. B. mit Beschattung oder Konkurrenz. Sicher ist aber, dass die Eiche bis vor 240 Jahren in einem dichten Waldbestand aufwuchs, der dann 1781 zur Gewinnung von Biwakholz komplett beseitigt wurde. Dabei hat man diesen säulenförmigen Baum entdeckt und ihn deshalb stehengelassen und sogar in Kriegszeiten geschützt – der Baum wurde mehrmals bewacht! Es gibt zur Eiche seit damals eine beeindruckend dicht belegte Chronologie mit Bildern und urkundlichen Quellen, und sie ist dadurch bereits seit Jahrhunderten ein großer, auffälliger und viel beachteter (und genutzter) Baum gewesen. Eine umfassende Darstellung der Baumhistorie findet sich auf der Baum-Website.

Anblick, wenn man vom Feld- und Radweg kommt

Problematischer Zustand vor Maßnahmenbeginn: die Schöne Eiche war von den Linden fast gänzlich eingewachsen

Pfarreiche Klein Lübars

(bei Magdeburg)

Stiel-Eiche
(Quercus robur)

Standort: Klein Lübars (Ortsteil der Stadt Möckern), Lkr. Jerichower Land, ca. 30 km östlich von Magdeburg, Sachsen-Anhalt; am Westrand des Ortes – rund 150 m westlich der Kirchenruine (in einem Grünstreifen zwischen einem Privatgrundstück und einem Feld – Zugang nur über Fußpfad nördlich der Kirche, ausgeschildert)

Alter: 450 Jahre (geschätzt: 400 bis 500, Herleitung aus Dimension, lebenslangem Freistand, Stammumfang und Standort mit Grundwasseranschluss)

Stammumfang: 6,75 m in 1,3 m Stammhöhe (gemessen 10.2022)

Höhe: ca. 23 m

GPS-Daten:
N 52.171444, O 12.097631

NEB seit:
28. April 2023

Wer diese Eiche das erste Mal sieht, wird wohl meistens denken oder sogar sagen: „Boah – sowas an Eiche hab‘ ich ja noch nie gesehen!“ Deshalb wird sie auch bisweilen „Bilderbucheiche“ genannt. Denn es gibt wohl kaum andere, sehr alte Eichen mit noch so vollkommener, unangetasteter Krone. Wenn man darunter oder davorsteht, ist der Eindruck überwältigend: Es scheinen noch alle (lebenden und toten) Äste erhalten zu sein. Die untersten Seitenäste befinden sich in 2,5 m Höhe am Stamm und darüber folgt Ast auf Ast mit gewaltiger Länge. Die Krone ist 37 m breit und hat etliche „Astschleppen“ bis zum Boden.

Um diesen Zustand zu erhalten, wird darauf hingewiesen (auf der Tafel und durch im Kreis um die Eiche ausgelegte Steine), dass man nicht unter die Krone laufen darf, da keine toten Äste entfernt werden. Entspannend ist dabei, dass selbst ein gelegentlich abbrechender Ast immer auf einem darunter befindlichen zu liegen kommt und nicht wie sonst bei den meisten Alteichen aus 20–30 m Höhe im freien Fall auf den Boden trifft. Diese Krone ist wahrlich eine Skulptur und damit auch der ganze Baum ein Naturwunder. Man kann daher hier so vollkommen wie selten woanders erfahren, wie die Baumentwicklung einer uralten Stiel-Eiche ohne Eingriffe verläuft.

Das wird nicht das ganze weitere lange Leben dieser Eiche so bleiben können, da in höherem Alter dann irgendwann mehr Äste absterben werden, und dieser Schaden allmählich auf Teile der Krone übergreifen kann, wobei auch Teile des Stammes herausbrechen könnten. Spätestens, wenn diese Entwicklung abzusehen ist und bevor sie eintritt, muss behutsam eingegriffen werden durch Asteinkürzungen und ggf. Sicherungsmaßnahmen. Aber das ist noch lange hin, hoffen wir.

Der auch Kircheiche oder Breitkroneneiche genannte Altbaum ist seit 1937 Naturdenkmal. Sein Alter wird von 300 bis 800 Jahre angegeben, beide Werte sind sicher so nicht zutreffend. Gemäß Ortschronik soll die Eiche ca. 800 Jahre alt sein, aber nach den eigenen Recherchen dürften es etwa 450 Jahre sein.

Sie steht etwas versteckt am Dorfrand und ist nur über einen Fußpfad von der Straße aus nördlich der eindrucksvollen Dorfkirchenruine (unbedingt ansehen!) erreichbar. Mit dem Wegweiser von der Straße an der Kirche lässt sich der Baum leicht finden, etwa 100 m Zuweg auf einem Grünstreifen am Acker entlang.

Rechts: Mächtiger Stamm mit tief angesetzter Krone

Die Krone riesig und breit …

Über die Entstehung dieses Baumes ist fast nichts bekannt: ob und wann er gepflanzt wurde und warum gerade hier – oder ob er zufällig aus einer gekeimten Eichel entstanden ist? Jedenfalls muss er sein ganzes Leben volles Licht erhalten haben, sonst wären nicht so viele tief angesetzte Äste noch am Leben geblieben und die Krone wäre nicht derartig in die Breite gewachsen.

Interessant und besonders bei diesem Baum ist auch, wie einige der unteren weit ausladenden alten Äste bis zum Boden herunterhängen („Schleppenbildung"). In Einzelfällen können sie sich beim Aufliegen auf dem Boden dann sogar bewurzeln und an der Spitze wieder aufrichten. So kann dieser Baumveteran womöglich eine Klon-Tochterkolonie bilden: nicht über Eichel-Früchte, sondern über solche „Absenker", d. h. diese Tochterbäume sind dann genetisch identisch mit dem Mutterbaum.

Die detaillierte Untersuchung des Baumzustandes ergab keinerlei Defekte, Krankheiten oder sonstige Defizite: [Auszug aus dem Gutachten] *„ein sehr imponierender Baum mit sehr hoher Erhaltungswürdigkeit; Standsicherheit ohne Einschränkungen gegeben, Bruchsicherheit nur durch etwas unbedeutendes Totholz geringfügig eingeschränkt. Die Baumscheibe unter dem Baum sollte nicht betreten werden dürfen und deutlich abgegrenzt werden. Baum mit sehr hoher Lebenserwartung."*

Die Ortschaft Klein Lübars ist Ortsteil der Gemeinde Lübars und gehört zur Stadt Möckern, welche auf Platz vier in der Liste der flächengrößten Gemeinden Deutschlands steht – nach Berlin, Hamburg und Gardelegen – und mit gut 525 km^2 etwa ein Fünftel der Fläche des Saarlands hat.

Da die Eiche hier im Fläming sehr häufig ist, wird sie in den Wappen der Stadt Möckern in Form von 3 Eichenblättern sowie im Wappen von Lübars in Form von 3 Eicheln dargestellt (s. Website zum Baum).

... mit fast noch allen Ästen

Ausrufung mit hohem Gast: Bundesumweltministerin Steffi Lemke eröffnete persönlich die Feierstunde

Hohne-Eiche im Nationalpark Harz

(bei Wernigerode)

Trauben-Eiche
(Quercus petraea)

Standort: ca. 350 m nordwestlich vom Bahnhof Drei Annen Hohne der Harzer Schmalspurbahnen bzw. Harzquerbahn, etwa 8 km östlich vom Brocken; vom Bahnhof oder von den Parkplätzen in Bahnhofsnähe 150 m dem leicht ansteigenden Hauptweg Richtung Westen bis zum Wegeabzweig an der Brücke folgen und über den ausgeschilderten Löwenzahn-Entdeckerpfad zur Eiche gehen, dann sieht man den sehr besonderen Altbaum schon von Weitem; Landkreis Harz, Bundesland Sachsen-Anhalt

Alter: ca. 500 Jahre (400–600, gefundene Angaben reichen von 350 bis 700 Jahre)

Stammumfang: 5,10 m in 1,5 m Stammhöhe (oberhalb großer Stammknolle gemessen im Feb. 2025)

Höhe: ca. 13 m

GPS-Daten:
N 51.771679, O 10.723526

NEB seit:
26. Juni 2025

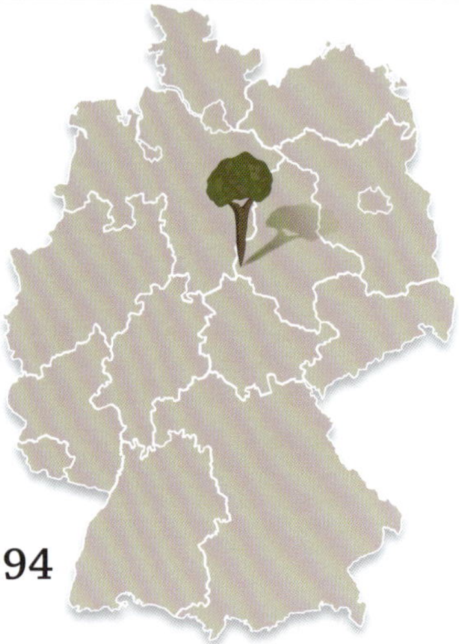

Endlich konnte mal wieder eine Trauben-Eiche gefunden werden, noch dazu im Harz in ca. 600 m Höhe, nicht weit vom Brocken entfernt. Das begeistert uns, denn die sind unter den Baummeldungen sehr selten. Im Ostharz kommen sie aber durchaus häufiger vor, auch in dieser Höhenlage (und noch höher), da sie sich dort im Regenschatten des Brockens wohlfühlen und der Ostharz deutlich wärmer als der Westharz ist.

Zudem ist der Standort dieser Eiche interessant, da sie seit Beginn ihres Lebens frei auf der riesigen Hohnewiese steht. Man fragt sich, was dort möglicherweise früher für ein besonderer Ort war – ob es ein Gerichtsplatz gewesen sein könnte? Das ist jedoch sehr unwahrscheinlich, denn darüber ist nichts dokumentiert, hingegen aber, dass dort schon vor Jahrhunderten ausgedehnte Weideflächen waren – dann könnte die Eiche ein Ruhe- und Schattenplatz fürs Vieh am Rand der Weiden gewesen sein, oder als Hofbaum zu einem Gut gehört haben.

Dies ist erst die zweite Trauben-Eiche unter den 50 Nationalerbe-Bäumen, da sich 80 % der gemeldeten und überprüften Trauben- als Stiel-Eichen herausgestellt haben. Diese hier hat alle Merkmale, welche Trauben-Eichen typischerweise aufweisen sollen:

- Blattstiellängen über 1 cm (bei Stiel-Eichen kürzer),
- keine Seitennerven in die Buchten zwischen den Blattlappen (wie bei Stiel-Eichen),
- die Hauptnerven auf der Blattunterseite behaart (bei Stiel-Eichen kahl)
- und die Früchte ungestielt in Trauben (bei Stiel-Eichen an mehrere cm langen Stielen verteilt).

Zudem ist sie ein Traum von Eiche: ihr wilder Stamm, ihre wilde Krone mit allen Zerfallsstadien, Beulen, Rissen und Gesichtern sowie ein großer abgebrochener Ast unter dem Baum. Damit und mit ihrem hohen Alter ist sie absolut nationalparkwürdig und Lebensraum für unzählige Käfer- und weitere Insektenarten, Vögel, Kleinsäuger, Flechten, Moose und mehr. Für die forstliche Nutzung wäre sie damit unattraktiv, konnte stattdessen aber ihren Charakter lebenslang enorm entwickeln, was zur Ausdrucksstärke ihrer einmaligen Gestalt geführt hat.

Rechts: Astabbrüche, Stammrisse und -beulen, krummer Stamm: ein starker Charakterbaum

Beeindruckender Uraltbaum mit wilder Krone, der große Ast rechts liegt schon seit 50 Jahren unter der Krone

Von verschiedenen Stellen dort oben hat man einen großartigen Blick über den Ostharz, und in der Umgebung gibt es etliche attraktive Harzstädtchen, (Ski-)Wandergebiete, Mountainbike-Touren – mit reißenden Bächen, Felskuppen und Talsperren in ausgedehnten Waldgebieten. Nicht weit vom Baum (etwa 500 m entfernt und ausgeschildert) befindet sich das Natur-Erlebniszentrum HohneHof des Nationalparks mit seinen vielfältigen Angeboten für Naturentdecker und einem hinreißend rustikalen Café, wo man wunderbar auftanken, interessante Snacks (Torten!) genießen und herrlich plaudern kann.

Hier oben kommt es häufiger vor, dass mal richtig wildes Wetter herrscht mit Sturmböen und waagerechtem Starkregen, im Winter meterhohen Schneeverwehungen – allerdings deutlich abgeschwächt durch den in Hauptwindrichtung westlich vorgelagerten Brocken mit 1141 m Höhe. Bis dorthin hoch hinauf fährt die Harzer Dampflok-Schmalspurbahn vom Bahnhof „Drei Annen Hohne bei der Eiche", und man kann dann wieder bergab zur Bahnstation „Drei Annen Hohne" zurücklaufen (sind etwa 10 km). Ich habe mir bei meiner zweiten Anreise absichtlich die Dampflokfahrt von Wernigerode bis Drei Annen Hohne gegönnt – man kann sogar von Nordhausen und auch von Quedlinburg (mit Umsteigen) bis dorthin fahren.

Die Hohne-Eiche ist ein beeindruckender Solitär auf einer großen Wiese und sehr gelungen in Szene gesetzt durch eine kreisförmige Eingrenzung mit Rundholzzaun, der nicht übertreten werden soll zum Schutz des Baumes und auch seiner Besucherinnen und Besucher. Diese Uralteiche ist einer der kostbarsten Bäume des Nationalparks, nun nochmals aufgewertet durch unsere Ernennung zum Nationalerbe-Baum. In Nationalparks herrscht grundsätzlich das Motto „Natur Natur sein lassen", d.h. die Bäume können und sollen auf einem großen Teil der Fläche wachsen, leben und sterben „wie sie wollen". Man kann dort also spannende natürliche Abläufe studieren. Der Nationalpark Harz gehört im westlichen Teil zu Niedersachsen, im östlichen Teil mit der Eiche zu Sachsen-Anhalt.

Baumzustand vor etwa 100 Jahren (Foto-Postkarte von ca. 1920)

Formelle nichtöffentliche Ernennung der Hohne-Eiche zum 49. Nationalerbe-Baum am 26.06.2025 mit Nationalpark-Chef Dr. Roland Pietsch (rechts) und Kuratoriumsleiter Andreas Roloff (die öffentliche Feier dazu wurde nachgeholt)

MO3 ST.3

Prangerlinde Großpörthen

(bei Zeitz)

Winter-Linde
(Tilia cordata)

Standort: direkt vor der Kirche Am Anger im Dorf Großpörthen; Lkr. Burgenland, Sachsen-Anhalt

Alter: 800 Jahre (geschätzt 700–900 Jahre)

Stammumfang: 9,85 m (gemessen 01.2021 in 1,5 m Stammhöhe an der Taille)

Höhe: ca. 12 m

GPS-Daten:
N 50.997678, O 12.171613

NEB seit:
11. Juni 2021

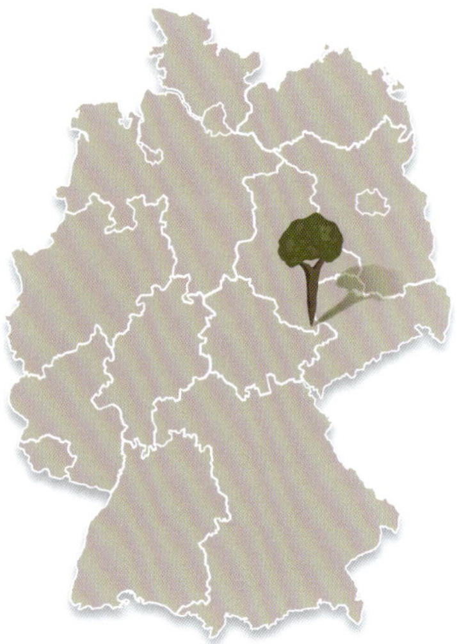

Diese Linde hat so einiges an schönen und spannenden Überraschungen und Besonderheiten bereit, da weiß man gar nicht, womit man anfangen soll. Sie ist mit 9,85 m Stammumfang in etwa 1,5 m Höhe (schwierig mit der Messebene, da am Hang und der Stamm voller Rippen und Beulen) wohl die dickste Winter-Linde Deutschlands, obwohl sie kein Naturdenkmal ist, weil sie – man glaubt es kaum bei ihren Ausmaßen – bis vor kurzem ziemlich unbekannt war.

Ihr Alter ist – wie bei uralten Linden üblich – schwierig zu schätzen, aber man kann es eingrenzen auf 700–900 Jahre. Damit dürfte sie wohl der älteste Baum Sachsen-Anhalts sein. Beim Stamm fehlt ein Teil hangaufwärts, der vor längerer Zeit (1950) weggebrochen ist. Wenn man diesen Teil vorsichtig & seriös mit hinzurechnet, wäre der Stammumfang wohl etwa 15 m. Damit käme man bei mäßigem Wachstum – da der Standraum nach 2 Seiten unmittelbar begrenzt ist (nach vorne Straße/Mauer, rechts Wohnhaus) – auf 800 Jahre, vorsichtiger ausgedrückt 700–900 Jahre. Dies ist insofern bedeutsam, da das Dorf mit 107 Einwohnern ausgerechnet im Jahr der Ausrufung 2021 sein 900-jähriges Bestehen feierte! Und eine möglicherweise 900-jährige Linde gehört zu den Ureinwohnern und wurde gleichzeitig Nationalerbe-Baum – was für ein schönes Zusammentreffen! Eine Vorgänger-Kirche/-Kapelle vor der heutigen Kirche von 1760 muss mindestens schon 1403 gestanden haben, denn von damals ist die Glocke der Kirche (dies ist sicher dokumentiert durch Glockengravur, und damit ist sie eine der ältesten, noch in Betrieb befindlichen Kirchenglocken Deutschlands). Somit reicht auch die Geschichte des Baumplatzes mit der Kirche mindestens sechs Jahrhunderte zurück.

Der Baumstandort an der Kirche und früher auf Kirchengrund (jetzt Gemeindeland) hat ihn wohl in den vergangenen Jahrhunderten vor der Holznutzung in Krisenzeiten bewahrt. In Zukunft wird das die Ausrufung zum Nationalerbe-Baum sicherstellen. Ihr Name Prangerlinde im lokalen Volksmund macht eine weitere Besonderheit deutlich: Es dürfte sich um einen früheren Gerichtsbaum handeln, was so nah an der Kirche und mitten im Dorf glaubwürdig erscheint und bedeutet, dass dort Gericht gesprochen sowie Urteile gefällt und z. T. auch gleich vollzogen wurden. Darauf deutet auch das verrostete Halseisen am Baum hin.

Rechts: Mächtiger Stamm mit tiefer Gabelung

Standort direkt vor der Kirche, wenn auch heute auf Gemeindegrund

Ja, wenn das heute noch so einfach unter Bäumen entschieden würde bei Gerichtsverfahren – das würde sicher zu einer gewaltigen Baumvermehrung überall im Lande führen!

Anzunehmen ist, dass die örtlichen Gerichtsherren die Linde tatsächlich als Pranger benutzten. Ein am Baum befestigter Eisenring wurde dem Verbrecher um den Hals gelegt, und ein Zettel beschrieb seine Verfehlungen. Noch bis zur Mitte des 19. Jahrhunderts war eine Bestrafung mit Halseisen an Bäumen verbreitet – die Übeltäter durften bespuckt und verhöhnt oder körperlich gezüchtigt werden. Mehr möchte ich dazu hier nicht schreiben.

Der Zustand des Baumes ist so, dass er mit unserer Beteiligung einfühlsame Pflege nötig hatte, z. B.:

- Entfernen des Stahlbandes (das mittlerweile an einigen Stellen eingewachsen war),
- Erneuerung der Kronensicherung (die beide Stammteile zusammenhält und ein Wegbrechen verhindert),
- Einkürzung der beiden Oberkronen (damit sie nicht zu kopflastig werden und das Risiko des Auseinanderbrechens der Linde erhöhen.

Die vorgesehenen Maßnahmen wurden umgehend einfühlsam durchgeführt, 2025 nochmals nachbearbeitet und sichern so das weitere Überleben dieses kostbaren Baumes für eine lange Zukunft. Der Baum überwallt Faulstellen und Öffnungen am Stamm intensiv und treibt überall sehr wüchsig aus, was als ein sehr gutes Zeichen hoher Vitalität anzusehen ist. Es gibt ein Foto von 1928, auf dem es noch ein geschlossener Stamm war.

Die Baumart Winter-Linde kann als die „kleine Schwester" der Sommer-Linde bezeichnet werden: mit kleineren Blättern, Zweigen und Früchten und geringeren Anforderungen an die Wasser-, Nährstoff- und Lichtversorgung. Eine Unterscheidungshilfe zwischen beiden Lindenarten findet sich bei der Winter-Linde Pehlitzwerda (Brandenburg, NO6, BB.2), wer sie nutzen möchte.

Mit Halseisen als Hinweis auf die frühere Gerichtsfunktion der Linde

Die Ausrufungszeremonie wie üblich mit einfühlsamer musikalischer Begleitung

Mahllinde Vogtei

(bei Mühlhausen)

Sommer-Linde
(Tilia platyphyllos)

Standort: in der Gemeinde Vogtei bei Mühlhausen (an der Grenze zwischen den Ortsteilen Oberdorla zu Niederdorla, Eisenacher Straße/Ecke Mahllindenweg, Unstrut-Hainich-Kreis, Thüringen), unübersehbar auf einer Anhöhe

Alter: 400–500 Jahre (hergeleitet: 500)

Stammumfang: 9,95 m (in 1,3 m Höhe, gemessen 12.2021)

Höhe: ca. 25 m

GPS-Daten:
N 51.161782, O 10.435577

NEB seit:
7. Mai 2022

Wer den Platz unter den Linden betritt, wird (hoffentlich) spüren, dass dies ein besonderer Ort ist. Und das war schon lange so, denn es soll sich um einen historischen Gerichtsplatz des Mittelalters – mit Vollstreckung von Todesurteilen – handeln. Und es war nach verschiedenen Quellen bereits in noch weit früherer Zeit eine Thingstätte oder ein strategischer Ort, so, wie er sich auf einer Anhöhe mit Blick weit in die Landschaft befindet. Nördlich von Niederdorla, nicht weit vom Baum, ist beim Torfabbau im Moor eine kulturhistorisch überaus bedeutsame Stätte gefunden worden, in der am heutigen Opfermoor der Vogtei von 600 vor bis 600 nach Christus von verschiedenen Völkern und Kulturen Kultstätten errichtet waren.

Hier in Vogtei gab man das Baumalter mit 300–500 Jahren an – meinen großen Respekt für diese vorsichtigen Angaben. So einfach kann es unter annähernd normalen Umständen allerdings nicht sein, denn sonst müsste die Linde auf einer Quelle stehen, um so rasant gewachsen zu sein. Tut sie aber nicht, sondern im Gegenteil befindet sie sich auf einer Anhöhe. Dies hat mich bei meinem ersten Besuch der Mahllinden sehr verwirrt, auch da die beiden Winter-Linden deutlich schlanker und wohl dementsprechend noch jünger sind (es werden 200–300 Jahre genannt).

Der lokale Historiker und Kreisarchivar Michael Zeng schreibt dazu 2018: „Die drei Bäume sind Linden. Die Linden, die nach Langula und Oberdorla zeigen, sind Winterlinden. In Richtung Niederdorla wächst eine Sommerlinde. Die Langulaer und Oberdorlaer Linden sind etwa 200 Jahre alt, die Niederdorlaer Linde zählt etwa 400 Lebensjahre. Wurden vor 400 Jahren auch Sommerlinden für Langula und Oberdorla gepflanzt? Gingen die beiden Bäume ein und wurden nach 200 Jahren neu gepflanzt, diesmal als Winterlinden? Oder gab es 200 Jahre lang nur die ‚Niederdorlaer Linde'? Und wurde dann 200 Jahre später erstmals je eine Linde für Langula und Oberdorla gesetzt? Wir wissen es (noch) nicht. Vielleicht findet das mal jemand heraus."

Aus baumbiologischer Sicht kann es dafür eine sehr gute Erklärung geben, die durch die Gestalt der Linde nach eingehender Untersuchung bestätigt wird: Es stand schon vorher eine Linde dort am Platz der besonders starken Sommer-Linde. Die heutige ist ein Wiederaustrieb von ihr, und so hatte sie noch die Wurzeln des Vorgängers zur Verfügung und konnte sie weiternutzen. Dazu passt ihr gewaltiger Stammumfang und ihre weite Wurzelausdehnung, und

Rechts: Baum mit gewaltigem Stammanlauf und Riesenwurzeln

Bauminneres vor über 70 Jahren mit Beton und Ziegelsteinen verfüllt, wie es damaliger Stand des Wissens war

damit konnte sie von Anfang an das Wasser in 3 m Tiefe erreichen. Zudem ist das auch zusammen mit der Ortsgeschichte schlüssig, denn hier an diesem Ort hat ganz bestimmt zur Zeit der Gerichtsbarkeit auch schon ein Baum gestanden, und damals mit hoher Wahrscheinlichkeit auch eine Linde. Dieser erste Baum ist dann vor etwa 500 Jahren auf der exponierten Anhöhe z.B. durch Blitzeinschlag abgebrannt oder bei Sturm umgestürzt/abgebrochen und hat – wie bei Linden üblich und absolut sicher – wieder aus dem Wurzelstock ausgetrieben.

Das Alter der dicksten Linde ist somit 400–500 Jahre, da der oberirdische Teil mit Stamm und Krone dafür zählt, und ihr Ursprung (des Vorgängers) kann 800 Jahre zurückliegen oder (des Vorvorgängers) sogar 1.200 Jahre. Nur die beiden Winter-Linden sind und bleiben noch ungeklärt (ihre Stammumfänge sind 5,10 m und 3,75 m): Wann sie und warum so viel später dazu gepflanzt worden sind, muss zunächst offenbleiben.

Interessant: diese Ma(h)llinden werden mal mit ‚h' und mal ohne ‚h' geschrieben. Als Naturdenkmal, im Duden und auf vielen Karten heißen sie Mallinden (als Denkmal in der Landschaft), im Ort und auf dem Straßenschild steht Mahllinden (vielleicht wegen der vielen Mühlen in der Umgebung?). Da der lokale Historiker und Kreisarchivar Michael Zeng vehement für Mahllinden (mit ‚h') plädiert „als eingebürgerte regionale Besonderheit der lokalen Betonung und Aussprache", haben wir es hier so übernommen.

Eine weitere Besonderheit an unserem Kandidaten ist, dass der Stamm dieser Sommer-Linde vor sehr langer Zeit ausgemauert und mit Beton verfüllt worden ist, wie man das im letzten Jahrhundert bei hohlen Bäumen nach damaligem bestem Wissen oft gemacht hat, da man dachte, dem hohlen Baum damit etwas Gutes zu tun. Es hat jedoch oft zum Absterben der Bäume geführt (vor allem bei Eichen), da so optimale Bedingungen für Pilzausbreitung geschaffen wurden.

Dreiergruppe mit 2 Winter-Linden im Hintergrund (vorne unser Nationalerbe-Baum)

Ausrufungsfeier mit örtlichem Gesangverein unter der Linde

MO5 TH.2

Dicke Lärche Trusetal

(bei Eisenach)

Europäische Lärche
(Larix decidua)

Standort: südöstlich von Trusetal (Ortsteil der Stadt Brotterode-Trusetal, etwa 30 km südlich von Eisenach) an dem Waldsträßchen L 2608 im Thüringer Wald, nordöstlich der Feriensiedlung Nüßleshof, in über 500 m Höhe ü. NN; Landkreis Schmalkalden-Meiningen, Thüringen (zwischen 2 Waldwegen)

Alter: ca. 280 Jahre
(250–300 Jahre, hergeleitet aus Baumgestalt, Standort und Umfeldsituation)

Stammumfang: 5,05 m
in 1,3 m Stammhöhe
(gemessen April 2024)

Höhe: ca. 47 m

GPS-Daten:
N 50.771450, O 10.427450

NEB seit:
8. Juni 2024

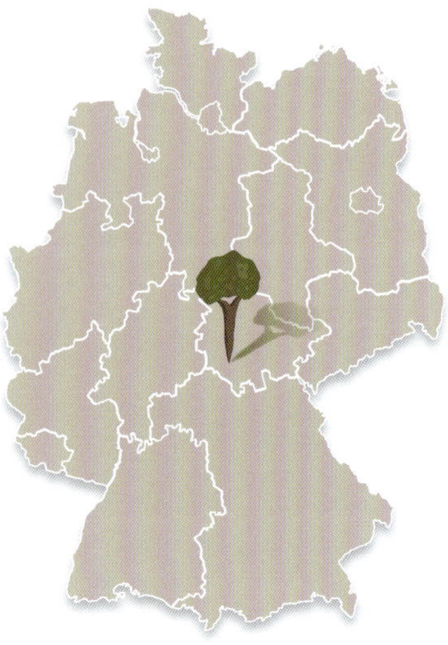

Hier wurden wir bei einer gigantischen Lärche fündig: mit über 5 m Stammumfang und etwa 47 m Baumhöhe – so richtig Wirkung zeigt das, wenn man den Baum aufsucht. Aus 50 m Entfernung sieht man, dass er alle umstehenden Fichten und Lärchen deutlich überragt. Zudem hat die Dicke Lärche Trusetal eine riesige Krone mit fast 20 m Länge im oberen Stammbereich. Dort kann man staunen, was Lärchen hierzulande zustande bringen können.

Wie es zu dieser Riesenlärche im Thüringer Wald bei Trusetal gekommen ist, bleibt ein Geheimnis – niemand weiß dazu etwas Genaueres. Wunderbar passend: im besonders schönen gebirgigen Ambiente des Thüringer Waldes, wo sie sich sichtlich wohlfühlt wie sonst kaum irgendwo in Deutschland. Rundherum sind etliche Fichten abgestorben, in der weiteren Umgebung auch ganze Bestände, aber die Lärche strotzt, als wäre das jetzt die beste Zeit ihres Lebens.

Dieser Baum ist relativ unbekannt, u.a. da er nicht ganz einfach zu finden und nur etwas mühsam erreichbar ist. Andererseits ist es eine ganz besondere Lärche mit ihrem Stammumfang und vor allem ihrer Baumhöhe, daher lohnt das Aufsuchen. Außerdem soll es hierzulande starke ältere Lärchen von Natur aus nur im südlichsten Zipfel Deutschlands in den Allgäuer Alpen bei Oberstdorf geben (allerdings habe ich sie dort nicht gefunden, und die Förster auch nicht). Das Bemerkenswerte ist, dass die Lärche deshalb in ganz Deutschland, bis nach Flensburg, als einheimisch gilt, da dies nach Landesgrenzen entschieden wird. Daher passt der Standort in über 500 m Höhe in einem so schönen Teil des Thüringer Waldes besonders gut zu ihr.

Besonders beeindruckend ist die Lärche, wenn satt Schnee liegt, was ihre Wirkung erheblich verstärkt. Alte Gebirgslärchen in den Alpen sind oft eindrucksvolle Monumente und Skulpturen – das traue ich dieser Lärche in höherem Alter auch zu. Sie ist nun behutsam von einigen Konkurrenzbäumen freigestellt worden, damit sie ihre Krone besser ausbreiten und etwas nach unten zurückbauen kann, um die Transportwege für das Wasser bis zur Baumspitze zu verkürzen, denn das muss sie derzeit dorthin 47 m hoch hinaufziehen!

Die Europäische Lärche wirft als einzige heimische Nadelbaumart ihre Nadeln im Herbst ab. Eine vollkommen schlüssige Erklärung dafür gibt es nicht, aber sicher ist dies von Vorteil, wenn es im Verbreitungsgebiet einer Baumart entweder extrem kalt oder extrem trocken werden kann. Nur wenige andere heimische Baumarten sind so frosthart

Rechts: Gewaltiger Stammfuß in Winterstimmung

Dicke Lärche Trusetal im Waldbestand, freigestellt von Konkurrenten

wie die Lärche: bis unter −40 °C. Der beste Frostschutz für einen Baum ist nun einmal, wenn die Blätter vor dem Winter abgeworfen werden. Das setzt aber voraus, dass der Baum vorher wichtige Nährstoffe aus den Nadeln abzieht – der Grund für die wunderschöne goldene Herbstfärbung der Lärche bis in den November hinein.

Die Lärche bildet – für einen Nadelbaum ungewöhnlich – Kurz- und Langtriebe. An den sehr früh (bereits im März/April) ergrünenden vielen Kurztrieben stehen bis zu 50 Nadeln dicht gedrängt im Büschel zusammen. Die Langtriebe hingegen erscheinen erst 4 Wochen später und wachsen dann bis zum Spätsommer immer weiter. Da Kurztriebe (und auch die Zapfen!) zu Langtrieben durchwachsen können, besteht ein großes Potenzial der Kronengestaltung und -anpassung.

Der biegsame Stamm erweist sich bei Lawinenabgängen im Gebirge als Vorteil. Die Stammbasis ist dort in Hanglagen oft säbelartig gebogen und kann dadurch malerisch gekrümmt aussehen – das hat schon viele Künstler und Fotografen inspiriert. Oft liegt davor noch ein Felsblock von Lawinen oder Gesteinsschutt, den die Lärchen am Weiterrollen gehindert haben. Die Borke zeigt im Alter eindrucksvolle Plattenstrukturen: Die rötlich-braunen Borkeschuppen werden sehr dick und ähneln dann dem nordamerikanischen Riesenmammutbaum. Das ist bei diesem Prachtexemplar besonders eindrucksvoll entwickelt!

Wir freuen uns sehr, dass es mit dieser außergewöhnlichen Lärche nach längerer Suche geklappt hat und wir damit nun auch den 2. Nationalerbe-Baum Thüringens sowie insgesamt 2 Lärchen unter unseren Nationalerbe-Bäumen gefunden haben.

Borke wie ein Riesenmammutbaum

Alle Nachbarbäume überragend mit 47 m Baumhöhe

MO6 SN.1

Gerichtslinde Collm

(bei Oschatz)

Sommer-Linde
(Tilia platyphyllos)

Standort: im Dorf Collm, Ortsteil der Gemeinde Wermsdorf (Landkreis Nordsachsen), direkt an der Kirche auf dem Kirchanger am Dorfplatz/Kirchberg; Bundesland: Sachsen

Alter: ca. 800 Jahre

Stammumfang: 11,05 m (gemessen Okt. 2022 in 1,3 m Stammhöhe)

Höhe: 24 m (nach Einkürzung 03.2023 um 5 m)

GPS-Daten:
N 51.302758, O 13.018747

NEB seit:
22. Oktober 2022

Im kleinen Dorf Collm am Fuße des gleichnamigen Berges (312 m ü. NN) in der Nähe von Oschatz gibt es ein Naturdenkmal, welches kaum ein Wanderer links liegen lässt. Es ist die sog. „1.000-jährige Linde von Collm". Direkt vor der kleinen romanischen Kirche überspannt die noch immer majestätische Krone dieser Sommer-Linde den südlichen Teil des Friedhofs. Schon wieder ein angeblich tausendjähriger Methusalem, mag so manch einer fragen. Und die Bedenken sind berechtigt. Denn schon seit 200 Jahren wird sie als „Tausendjährige Linde" bezeichnet, wofür es aber keine eindeutigen Belege gibt. Bereits 1185 soll sich eine Linde in Chulmice, wie das Dorf damals hieß, befunden haben, als hier nachweislich am Collmberg erstmalig das Landding (Landthing) stattfand, die höchste Gerichtsversammlung des Meißener Landes. Der Markgraf von Meißen kam bis 1259 hierher (nachgewiesen sind 15-mal), um mit den wichtigsten Personen des Landes über Landkäufe, Schenkungen, familiäre Bindungen, Straftaten und ähnliches zu verhandeln. Bei der ersten Versammlung wurden, so die Überlieferung, die Grenzen des 1170 gegründeten Klosters Altzella festgelegt.

Nach heutigen Erkenntnissen ist die Linde auf ein Alter von ca. 800 Jahren einzuschätzen. Obwohl sich der Baum schon lange in der sog. Baumveteranenphase befindet, sind seine Ausmaße immer noch beachtlich. 1926 und 1953 wurden Ausmauerungsarbeiten mit Bruchsteinen und Beton durchgeführt, um das sich auflösende Kernholz zu ersetzen. Im Jahre 1942 erfolgte eine „Sanierung" des Baumes, indem u. a. der Wurzelboden aufgelockert wurde. Da man heute weiß, dass Ausmauerungen die Vitalität hohler Baumstämme eher negativ beeinflussen, wurden diese im Jahr 1992 größtenteils entnommen. Der ursprüngliche Stamm wird mittlerweile durch etliche starke Innenwurzeln unterstützt. Besonders Linden sind dafür bekannt, in alten und hohlen Baumstämmen neue, sekundäre Wurzeln und daraus Stämme hervorzubringen, die nicht nur für eine verbesserte Stabilität sorgen, sondern zunehmend auch die Versorgung der Krone mit Wasser und Nährstoffen übernehmen.

Der seit 1949 unter Naturschutz gestellte Baum hat heute einen Stammumfang von 11,05 m. Schon Ende des 19. Jahrhunderts, als 10 m gemessen wurden, nutzte man seine imposante Gestalt zum Werbeträger als Vorläufer für das, was wir heute Crowdfunding nennen: 1877 wurde durch die Königliche Kircheninspektion eine Erlaubnis erteilt, an der Collmer Linde eine Sammelbüchse anzubringen. Die Erträgnisse der Lindenbüchse

Rechts: Originalstammreste, Innenwurzeln und Wiederaustriebe

In schönster Herbststimmung

wurden hauptsächlich zur Verschönerung des Gotteshauses verwendet. Schon in jener Zeit war der Baum zusammen mit dem in unmittelbarer Nähe gelegenen Gasthof auch ein beliebtes Postkarten-Motiv.

Das Naturdenkmal ist nicht nur ein Ziel für Wanderer. Der Baum bietet heute Langohrfledermäusen und vielen Insekten, insbesondere Käfern, ein Zuhause. Ein beeindruckendes Erlebnis ist es, wenn sich zur Zeit der Lindenblüte tausende Hummeln und Bienen einfinden, um hier ihren Nektarhunger zu stillen.

Text zuvor: aus dem Kalender „Starke Bäume 2021" (Verlag Quelle & Meyer, Wiebelsheim), September-Blatt von Hans-Roland Müller (geringfügig verändert, gekürzt und aktualisiert)

Der Baum wurde nach dem Laubfall intensiv begutachtet (dann kann man besser die gesamte Krone durchchecken). Darauf aufbauend erfolgte die Planung umfangreicher Pflege- und Sicherungsmaßnahmen, um sein Auseinanderbrechen zu verhindern. Dies erfolgte im Spätwinter 2024 kurz vor dem Austreiben, damit der Baum dann zeitnah auf die Eingriffe reagieren konnte. Damit haben wir bei Linden sehr gute Erfahrungen gemacht, so auch bei diesem Baum.

Es handelt sich um einen Baum, der ohne Probleme 1.000 Jahre alt werden kann, wenn man sich behutsam um ihn kümmert. Das möchte die Deutsche Dendrologische Gesellschaft nun befördern und stellt dafür Fördermittel der Eva Mayr-Stihl Stiftung zur Verfügung.

Mit gebührender musikalischer Begleitung: Mit Kirchengeläut Punkt 10 Uhr zur Eröffnung und anschließendem Posaunenchor mit kirchlichen Bläser-Musikstücken begann die Ausrufungszeremonie der Collmer Linde am 22. Oktober 2022.

Die Collmer Linde ist Stempelstation an einem Pilgerweg.

Selbst Kinder waren während der Ausrufungszeremonie schwer beeindruckt vom Methusalembaum.

Starke Wirkung des Baumes am Wuchsort

MO7 SN.2

Ginkgo Schlosspark Jahnishausen

(Riesa)

Ginkgo
(Ginkgo biloba)

Standort: Schlosspark Jahnishausen (ca. 5 km südlich von Riesa, 50 m hinter dem westlichen Eingang durch einen Mauertorbogen); Riesa, Lkr. Meißen, Sachsen

Alter: ca. 215 J. (geschätzt)

Stammumfang: 5,15 m (gemessen 08.2019 an Taille in 0,8 m Stammhöhe, Stammaufteilung in etwa 1,15 m Höhe)

Höhe: 18 m (geschätzt)

GPS-Daten:
N 51.274708, O 13.286014

NEB seit:
19. Okt. 2019

Einer der schönsten und stärksten Ginkgos von Deutschland steht im Schlosspark Jahnishausen bei Riesa in Sachsen. Er beeindruckt durch seinen ausgeprägten Habitus mit tief geteiltem Stamm, einem sehr beuligen, gedrehten und gebogenen, kurzen unteren Stammabschnitt und darüber einer breit ausladenden Krone mit überhängenden Zweigspitzen. Mit seinem Alter von über 200 Jahren und einem Stammumfang von 5,15 m in 80 cm Höhe an der „Taille“ des Stammes gehört er zu den stärksten Ginkgos unseres Landes. Dabei ist die Messhöhe am Stamm schwierig festzulegen und je nachdem, in welcher Höhe man misst, ist das Ergebnis wegen der Beulen und Knollen sowie Stammgabelung in 1,15 m Höhe und starken Wurzelanläufen jedes Mal unterschiedlich.

Sein Standort im Park und der Schlosspark insgesamt sind traumhaft, ein Besuch lohnt sich in jedem Falle Es handelt sich um einen mittelgroßen Landschaftspark mit Wasser- und Wiesenflächen und einigen besonderen Baumexemplaren. Er soll im frühen 18. Jahrhundert entstanden sein (erste dokumentierte Erwähnung 1717) und geht fließend in ein benachbartes bedeutendes Auenwald-Naturschutzgebiet am Flüsschen Jahna über. Schloss und Rittergut sind in einem beeindruckenden „Entwicklungszustand“: Sie befinden sich in fortgeschrittener Sanierung, größere Teile sind schon fertig. Der Park ist in Teilarealen naturbelassen. Nahe dem Ginkgo befindet sich eine Insel mit Teepavillon und geschwungener Fußgängerbrücke. Besonders schön ist es im zeitigen Frühjahr mit zahlreichen Märzenbechern auf den Wiesen und zur Laubfärbungszeit des Ginkgos Ende Oktober bis Anfang November.

Das Höchstalter von Ginkgos kann über 1.000 Jahre erreichen. Bei uns können die Bäume heute allerdings höchstens etwa 250 Jahre alt sein, denn die Baumart wurde erst 1730 nach Europa eingeführt und hier dann nur allmählich verbreitet. Sie erreichen Höhen von 25–30 m und hierzulande maximale Stammumfänge von 3–4 m, nur selten 5 m wie bei diesem Exemplar. In seiner Heimat China gibt es uralte Exemplare mit über 16 m Stammumfang, die sehr sehenswerte Baumskulpturen sind. Die Wald-Ginkgos wurden vor über 3.000 Jahren von chinesischen Mönchen entdeckt und von dort zunächst über ganz China und Japan verbreitet, dann in jüngerer Zeit über die ganze Welt.

Rechts: Phänomenale Herbstfärbung bis in den November

Eindrucksvoller Stamm bei Frühlingsstimmung mit Märzenbechern

Die lang gestielten, zweilappigen (deshalb biloba im lat. Namen) Blätter sind durch ihre fächerartige Form unverwechselbar. Am schönsten ist diese Baumart zweifellos im Herbst (Oktober bis November), wenn sich seine Blätter leuchtend goldgelb färben und die einmalige Blattsilhouette noch prägnanter in Erscheinung tritt. Gelegentlich wird der Ginkgo wegen seiner Blattform auch als Entenfußbaum bezeichnet.

Die Baumart ist zweihäusig, d. h. es gibt nur weibliche oder männliche Bäume, da die verschiedengeschlechtlichen, windbestäubten Blüten auf unterschiedlichen Individuen vorkommen. Die weiblichen Blüten sondern zur Blütezeit im Mai morgens einen Flüssigkeitstropfen aus, um den Pollen aufzufangen – wenn Sie sich sehr anstrengen, können Sie ihn vielleicht in der Morgensonne glitzern sehen. Der Bestäubungstropfen trocknet dann tagsüber wieder ein, wodurch der Pollen in das Blüteninnere gelangt. Das Besondere beim Ginkgo ist die urzeitliche Befruchtung durch begeißelte männliche Spermien-„Tierchen", die aktiv in Flüssigkeit schwimmen können, um die weibliche Eizelle zu erreichen und in sie einzudringen.

Hier im Park handelt es sich um einen männlichen Baum, der also keine Samen produziert. Diese sind bei uns bisweilen unbeliebt wegen ihres ranzigen Geruchs zur Reifezeit, in China hingegen heißbegehrt und verehrt, da man die sehr wohlschmeckenden Samen sammelt und intensiv nutzt. Ihre gesundheitliche Bedeutung und Wirkung ist selbst in der Schulmedizin unbestritten. Dazu können wir noch viel lernen und vielleicht unsere Vorbehalte gegenüber dieser besonderen Baumart allmählich abbauen. Auch, dass angeblich noch nie ein Tier auf dem Ginkgo gesehen wurde (Zitat eines deutschlandweit sehr bekannten Naturschützers), kann ich widerlegen mit inzwischen 450 Fotos von Tieren auf Ginkgos – u. a. seine Samen sind bei Tieren sogar sehr begehrt.

Winterstimmung am Baum und im Hintergrund der Teepavillon

3.000 Jahre alter Ginkgo in Heimatland China mit über 16 m Stammumfang innerhalb einer Tempelanlage

MO8 SN.3

Schmorsdorfer Linde

(bei Pirna)

Sommer-Linde
(Tilia platyphyllos)

Standort: mitten im Ortsteil Schmorsdorf der Gemeinde Müglitztal, nicht zu verfehlen im Zentrum des 17 Häuser-Dorfes; von überall ausgeschildert etwa 50 m südlich der Hauptstraße; ca. 10 km südöstlich von Dresden; Landkreis Sächsische Schweiz-Osterzgebirge, Sachsen

Alter: ca. 800 Jahre (700–850 Jahre, hergeleitet aus Stammdimension, -strukturen sowie Baumhabitus, Standort und Historie)

Stammumfang: 11,20 m in 1,3 m Stammhöhe (Taille, gemessen im Mai 2024)

Höhe: ca. 24 m

GPS-Daten:
N 50.931195, O 13.820479

NEB seit:
27. Sept. 2024

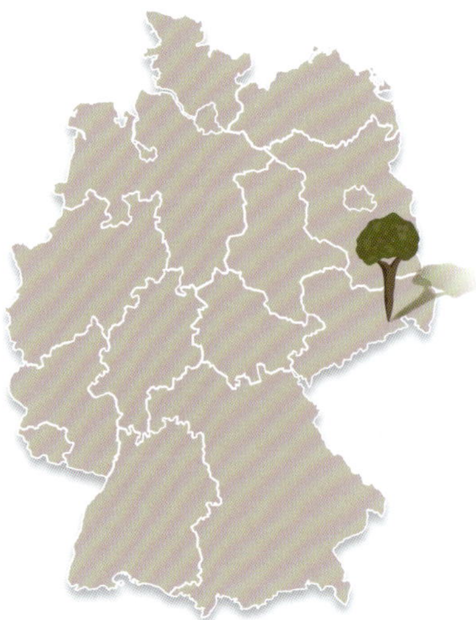

Diese beeindruckende Dorflinde ist regional und überregional sehr bekannt und berühmt, da sie ein besonders schöner und gewaltiger Baum ist, zudem genial inszeniert im Dorfmittelpunkt und rundherum frei sichtbar mit ihrem ungeheuer eindrucksvoll wirkenden mächtigen Stamm. Sie gehört zu den 10 stärksten Linden von Deutschland – das will bei tausenden von alten Linden im Land etwas heißen! Die Schmorsdorfer Linde ist damit eine wichtige kulturhistorische Landmarke, auf welche die Einwohner der näheren Umgebung und Sachsens mächtig stolz sind.

Über ihr Alter gibt es wie fast immer bei so starken Linden unterschiedliche Sichtweisen von 600 bis 1.000 Jahren – die Mitte davon, also 800 Jahre, dürfte der Realität am nächsten kommen. Einen Pflanznachweis gibt es nie aus dieser Zeit, man kann es nur aus späteren Beschreibungen oder Bildern und ihrer Stammgestalt versuchen herzuleiten.

Für den mächtigen Stamm sollte man sich unbedingt etwas Zeit nehmen, um seine Wirkung richtig zu spüren. Beim Anblicken der Stammstrukturen kann man sich gut vorstellen, wie lange dieser Baum bereits dort steht und was er alles schon erlebt hat, sowohl was das Klima, die Umwelt und Umgebung betrifft als auch die menschliche und sächsische Geschichte … So war diese Region vor langer Zeit von Sorben/Wenden besiedelt und damals soll auch der Dorfname entstanden sein.

Seit dem 19. Jahrhundert ist die Schmorsdorfer Linde vielfach illustriert und fotografiert worden und so ihre Entwicklung und ihr Aussehen seither sehr gut dokumentiert. Sie war und ist seit Jahrhunderten ein beliebter Treffpunkt im Dorf und überregional auch von Künstlern (und von Verliebten, wie ich aus sicherer Quelle weiß). Heute werden oft Hochzeitsfotos vor der Linde gemacht und gestorbene Bürger des Dorfes trägt man auf ihrem letzten Weg an der Linde vorbei, ein sehr bemerkenswertes Ritual.

Die erste schriftliche Erwähnung der Linde fand sich um 1630 im Dreißigjährigen Krieg, als Truppen an dem schon damals riesigen Baum vorbeizogen und dabei unter ihr Rast machten, um strategische Beratungen in ihrem Schatten abzuhalten. Mehrmals wurde die Linde erheblich durch Feuer, Sturm und Holznutzung geschädigt, und vor 130 Jahren war sie nach einem Bild von damals viel größer als heute (nämlich 44 m hoch) und die Krone relativ schlank.

Es wurden behutsame Einkürzungen der Krone durchgeführt,

Rechts: Mächtiger Stamm mit Ein- und Ausgang als Dorfmittelpunkt

Schon berühmt: dabei darf sich jeder etwas denken und einmal im Jahr still einen Wunsch aussprechen

um sie nicht wieder zu hoch wachsen zu lassen. Denn sonst wäre sie Stürmen zu sehr ausgesetzt und es könnten Äste abbrechen oder Stammteile herausbrechen. Zur Vorbeugung sind auch neue Kronensicherungen eingebaut, welche die Stämmlinge miteinander verbinden, so dass sie sich gegenseitig halten.

Schon im Jahr 1892 wird beschrieben, dass in der vollkommen hohlen Linde mit Ein- und Ausgang 12–15 Personen Platz fanden und nach Überlieferungen noch früher sogar Gerichtsversammlungen darin stattgefunden haben sollen. Seit langer Zeit haben sich im hohlen Stamminneren am Stammmantel Innenwurzen entwickelt und sind inzwischen zu Stammstärke erstarkt, so dass der Hohlraum wieder kleiner wird – absolut typisch für Linden in diesem hohen Alter.

Die „Körpersprache“ dieser Sommer-Linde ist sehr spannend: was sie uns alles erzählen kann (wenn man das versteht) über ihre Lebensgeschichte und zurückliegende Ereignisse. Das wurde bei der Ausrufung ausgiebig erläutert in einer „kleinen Lehrstunde“ der Baumbiologie.

Direkt neben dem Baum gibt es seit 2006 ein sehr liebevoll eingerichtetes und fachkundig gestaltetes Miniatur-Lindenmuseum, das einzige in Deutschland, das sich mit den Linden befasst. Dort findet man viel Interessantes gut aufgearbeitet, sowohl zur Linde als auch zur Dorfgeschichte – ein Besuch ist sehr lohnenswert. Das Museum ist nach der Musikerin Clara Schumann benannt, die Mitte des 19. Jahrhunderts öfters von Maxen aus zur Linde wanderte, auch nachts und darüber sowie über die Erlebnisse dort in ihrem Tagebuch schrieb. Das Museum ist erstaunlicherweise 24 Stunden täglich geöffnet.

Im kuppenreichen Umland der Linde hat man immer wieder von Anhöhen wunderbare Ausblicke ins Müglitztal, nach Dresden und zum Erzgebirge – eine traumhafte Landschaft!

Kurz vor der Ausrufungszeremonie

Der hohle Stamm als Treffpunkt und Meditationsraum

Königseiche Kammerwald

(bei Roth/Our)

Trauben-Eiche
(Quercus petraea)

Standort: bei Schloss Roth in Roth an der Our (Lkr. Eifelkreis Bitburg-Prüm, Rheinland-Pfalz), ca. 2 km nördlich des Parkplatzes an der Johanniterstraße vor Abzweig von der B 50 unmittelbar vor der luxemburgischen Grenze, an einem Waldweg

Alter: ca. 360 Jahre (geschätzt)

Stammumfang: 5,05 m (in 1,3 m Stammhöhe, gemessen 03.2022)

Höhe: 38 m (gemessen)

GPS-Daten:
N 49.939017, O 6.229221

NEB seit:
25. Juni 2022

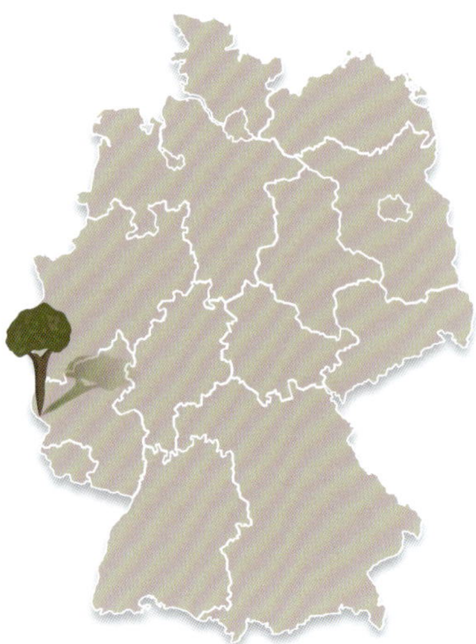

Nur wenige Meter von der luxemburgischen Grenze entfernt steht die stärkste Eiche der südwestlichen Eifel, die Königseiche. Königlich sieht sie tatsächlich aus, denn sie reckt sich einstämmig etwa 38 m in die Höhe. Sie überragt damit die benachbarten Bäume – starke Douglasien, Buchen und Eichen – um einige Meter. Um sie zu schützen, wurde vor vielen Jahren ein Blitzableiter an den Stamm montiert. Bemerkenswert ist, dass es sich um eine Trauben-Eiche (*Quercus petraea*) handelt, von der nur sehr wenige so starke Exemplare in Deutschland bekannt sind.

Die Königseiche wird im Moselfränkischen, der Sprache Luxemburgs und Teilen der Südwesteifel, „Moaderkoos“ genannt – Moader bedeutet Mutter, Koos ist der alte keltische Name für Eiche, der auch heute noch hier und da gebräuchlich ist und sich in einigen Ortsnamen auf beiden Seiten der Grenze wiederfindet. Sie steht nur wenige Meter von luxemburgischem Gebiet entfernt im Staatsforst Kammerwald. Die Eiche hat eine wechselvolle Geschichte hinter sich: gekeimt um 1650, wuchs sie noch in den Spanischen Niederlanden auf. Bald wurde das Gebiet Frankreich zugeschlagen, um kurz darauf den Österreichischen Niederlanden anzugehören. Von 1795 bis 1814 schließlich herrschte Napoleon, der Kammerwald wurde Bestandteil des Département des Forêts. Erst der Wiener Kongress 1815 machte Luxemburg nominell zu einem selbstständigen Großherzogtum. Gleichzeitig wurden Teile der Eifel zu Preußen geschlagen; auch der Kammerwald gelangte unter preußische Herrschaft.

Eine Sondersituation setzte nach dem 2. Weltkrieg ein: Roth und der Kammerwald gelangten als Reparation wieder zu Luxemburg; erst 1959 wurde der Status aufgehoben, seitdem gehört das Gebiet zum Bundesland Rheinland-Pfalz. Diese wechselhafte Geschichte ist symptomatisch für die dortigen Grenzgebiete – die Königseiche ist Zeugin dieser für uns kaum noch nachvollziehbaren Gebietswechsel. Fast wäre die Königseiche noch heute eine Luxemburgerin, denn die Bundesrepublik Deutschland hat das Gebiet des Kammerwaldes für 58,3 Millionen DM zurückgekauft. Eine damals wie heute stolze Summe, aber es waren Reparationszahlungen, die damit vergolten wurden.

In der Nähe der Königseiche stehen alte Douglasien. Sie sind um die 120 Jahre alt und weisen stolze Stammumfänge und Höhen auf. Der umgebende Wald ist jünger. Wer die

Rechts: Majestätisch überragt die riesige Trauben-Eiche den umgebenden Waldbestand

Baum mit Blitzableiter, bei solchen herausragenden Eichen bisweilen notwendig und nützlich

Königseiche besuchen möchte, parkt sein Auto am besten in der Nähe des „Schlosses" Roth auf der jenseitigen Straßenseite der B 50, unmittelbar vor der luxemburgischen Grenze. Das Schloss Roth war ab 1220 bis zur Auflösung des Ordens 1314 eine Komturei der Templer. Der Templerorden fungierte im Mittelalter als eine Art Sparkasse, in diesem Fall für die mächtigen Grafen von Vianden, deren Burg nur wenige Kilometer entfernt steht.

Neben dem Gebäude befindet sich die auf romanische Ursprünge zurückgehende kleine Kirche St. Peter, vor der eine wohl 600–700 Jahre alte Wilibrodus-Linde steht. Der Weiler Roth thront über der alten Burgstadt Vianden, einst Sitz der mächtigen Grafen von Vianden. Der in weiten Teilen erhaltene mittelalterliche Ort und das Schloss sind ebenfalls sehr sehenswert. Herrliche Wanderwege beiderseits der Grenze erschließen die Region.

Die Königseiche wird von den Forstleuten als stärkste Eiche der Westeifel bezeichnet; nach einer Tafel, die vor Jahren nahe der Eiche angebracht wurde, soll sie „30 Festmeter bestes Nutzholz" liefern können. Doch gefällt wird sie deshalb nicht, denn sie ist als Naturdenkmal ausgewiesen. Das zuständige Forstamt hat einen Holzzaun errichtet, mit dem die Umgebung der Eiche abgesperrt ist, um den Zugang zu unterbinden – zu groß wäre bei Sturm die Gefahr eines Astbruches. Starke Trauben-Eichen, die sich von der Stiel-Eiche durch ungestielte Eicheln und gestielte Blätter unterscheidet, gibt es seltener als starke Stiel-Eichen. Auch deshalb ist die „Moaderkoos" von Roth an der Our ein bemerkenswerter Baum.

Text: Eike Jablonski, Kruchten (aktualisierte Fassung aus dem Buch „Die starken Bäume Deutschlands", Quelle & Meyer Verlag Wiebelsheim 2020)

Königseiche mit Rastplatz, Abgrenzung, Tafel und Wegweisern im Wald – ein starker Ort zum Verweilen

Musikalische Begleitung der Ausrufungszeremonie durch eine luxemburgische Bigband

SW2 RP.2

Bucher Eiche im Hunsrück

(bei Kastellaun)

Stiel-Eiche
(Quercus robur)

Standort: Ort Buch der Verbandsgemeinde Kastellaun, Rhein-Hunsrück-Kreis, ca. 5 km westlich der Stadt Kastellaun; Eiche unübersehbar an der Hauptstraße von Buch (im unteren Abschnitt Richtung Westen, Einmündung der Seitenstraße Mastershausener Weg); Bundesland: Rheinland-Pfalz

Alter: ca. 400 Jahre (350–450)

Stammumfang: 7,02 m
(in 1,1 m Stammhöhe an der Taille, gemessen März 2024)

Höhe: ca. 15 m

GPS-Daten:
N 50.077515, O 7.383747

NEB seit:
12. Oktober 2024

Etwas Besonderes unter den Nationalerbe-Bäumen: eine Eiche an und über einer Straßenkreuzung. Die Hauptstraße der Gemeinde ist allerdings nur wenig und langsam befahren, daher ist dies keine dramatische Situation. Aber die Eicheln fallen auch auf die Straße, und es sind ziemlich viele aus der großen Krone. Das verlockt zum Mitnehmen, was ausdrücklich erlaubt, ja sogar gewollt ist. Denn so verbreitet sich diese Eiche über ganz Deutschland, wenn die Eicheln fern vom Hunsrück zur Keimung kommen (z.B. bei Dresden). Die Nachkömmlinge der Bucher Eiche wachsen auch in etlichen Gärten von Bucher Gemeinde-Mitgliedern, wie sie stolz erzählen.

Eichen werden deutlich seltener gemeldet als Linden und stehen oft im Wald, wo der Zugang schwierig sein kann. Ungewöhnlich ist hier, dass es eine alte Stiel-Eiche an einer Straßenkreuzung ist, was seltener vorkommt wegen der dort erhöhten Anforderungen an die Verkehrssicherheit. Hier passte aber alles wunderbar: Der Baum ist in gutem Zustand und sehr ortsprägend, er wird vor Ort auch als Wahrzeichen von Buch bezeichnet.

Auch in den Wäldern des Hunsrück kommen sehr viele Eichen vor, diese monumentale Dorfeiche ist also kein Zufall. Rundherum gibt es eine traumhafte Landschaft des Hunsrück-Höhenzuges mit ausgeprägten Wechseln von Wald und Feldern/Wiesen – nicht weit vom Baum hat man von einem Aussichtspunkt einen sagenhaften Fernblick.

Rheinland-Pfalz ist insgesamt ziemlich eichenreich, was mit am warm-trockenen Klima liegt: Berühmt ist es für seinen Weinbau in den tieferen Lagen, z.B. an Mosel und Rhein. Der Hunsrück ist ein Höhenzug bis über 800 m und auf der Südostseite mit ausgeprägtem Regenschatten wie z.B. im Bereich Kastellaun. Es lohnt unbedingt, einen Besuch des Baumes mit ein paar Tagen Auszeit in der Nähe zu verbinden, optimal für Radfahren und Wandern sowie eine Mosel-Dampferfahrt.

Am Baum lädt eine Bank zum Innehalten ein. Er steht eindrucksvoll und unübersehbar an (und über) der Hauptstraße des Ortes. Sein hohler Stamm ist gespalten und mit Beton ausgegossen, Kronensicherungen verhindern ein Auseinander- oder Abbrechen von Kronenteilen.

Die Stiel-Eiche zeigt eine auffallend breite Wuchsform mit geringer Baumhöhe. Das liegt daran, dass der zentrale Wipfelbereich vor etwa

Rechts: Wuchsort der Bucher Eiche an und über einer Straßenkreuzung

Mit auffällig breiter Krone

10 Jahren abgebrochen ist. Danach schloss sich eine längere Diskussion an, ob der Baum noch zu erhalten ist. Die Gemeinde hat sich dabei vehement für seinen Erhalt eingesetzt – mit Erfolg und Unterstützung des Landkreises, da er Naturdenkmal ist. Das hat uns sehr beeindruckt und begeistert, und so möchten wir dies ebenfalls unterstützen. Der sehr engagierte Ortsbürgermeister (zugleich Mitglied des Landtages) hat auf unsere Anfrage begeistert reagiert, daher war innerhalb kürzester Zeit schon alles vertraglich geregelt und das Ausrufungsdatum konnte festgelegt sowie die Vorbereitungen für die Feier begonnen werden.

Die Ausrufungsfeier wurde gleichzeitig als großes Dorffest veranstaltet, mit Bewirtung und Musik am Baum sowie anschließendem Tanz und Ausklang im Gemeindehaus. So konnten wir zum herbstlichen Saisonausklang 2024 schön ins Gespräch kommen. Für ordentlich Stimmung sorgten dabei besonders die Showgirls des Bucher Sportvereins mit einer fulminanten Show auf der Bühne, die große Freude machte. Alle Achtung, was dafür auf die Beine gestellt wurde (im wahrsten Sinne des Wortes), auch für die Kostüme und das Bühnenbild.

Landläufig wird der Baum auch als 1.000-jährige Eiche bezeichnet, wovon sie aber noch sehr weit entfernt ist. Diese Eiche wird sich nun wohl über ganz Deutschland ausbreiten, da ihre Eicheln unter dem Baum am Bürgersteig liegen und gerne von Baumfreunden als Souvenir mitgenommen werden, um sie einzupflanzen.

Dies ist der dritte Nationalerbe-Baum von Rheinland-Pfalz. Hier wurden auch schon eine der bisher seltenen Ess-Kastanien (in Gleisweiler an der Weinstraße, folgende Baumbeschreibung) und eine der bisher seltenen Trauben-Eichen (im Kammerwald ganz im Westen, vorherige Baumbeschreibung) für unsere Ehrengalerie gefunden.

Der Stamm wurde vor langer Zeit mit Beton ausgegossen

Die Bucher Showgirls mit ihrer Performance während des Dorffestes zur Feier der Ausrufung

SW3 RP.3

Dicke Keschde Gleisweiler

(Südliche Weinstraße)

Ess-Kastanie, Edel-Kastanie, Marone, regional: Keschde ***(Castanea sativa)***

Standort: Gleisweiler (Verbandsgemeinde Edenkoben), Landkreis Südliche Weinstraße, Rheinland-Pfalz; oberhalb vom Brunnen auf der Bergstraße bei Haus Nr. 19 an einem Hohlweg, der links am Baum vorbeiführt

Alter: 400 Jahre (300–500 Jahre geschätzt)

Stammumfang: 7,77 m (gemessen 07.2021 in 1,5 m Stammhöhe, mittig an steiler Böschung)

Höhe: ca. 25 m

GPS-Daten:
N 49.243598, O 8.065174

NEB seit:
16. Okt. 2021

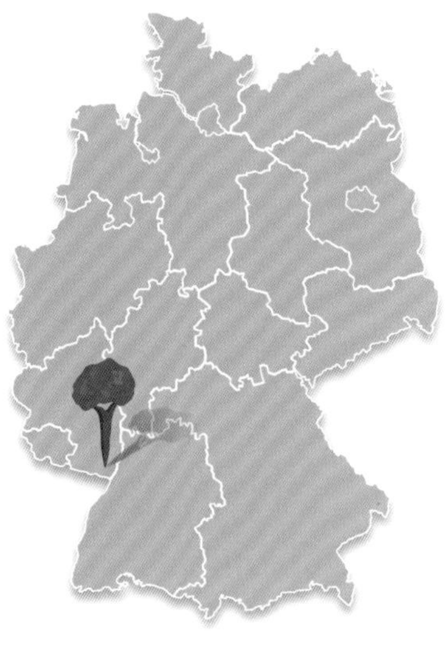

Wenn man in Gleisweiler an der Südlichen Weinstraße beim beeindruckenden, 500 Jahre alten Brunnen angekommen ist (auf einem kleinen Dorfplatz, Abzweigung zur Kirchstraße), kann man die Keschde nicht mehr übersehen: Sie steht oberhalb am Ende eines kurzen Seitensträßchens, wo ein Hohlweg beginnt, und dominiert dort das gesamte Umfeld.

Beeindruckend bei dieser Baumart sind ihre vielen deutschen und regional mundartlichen Namen: Es gibt mindestens vier, die sogar teilweise in einzelnen Orten variieren. So kennt man in Gleisweiler die Namen Edel-Kastanie und Marone gar nicht – am ehesten noch Ess-Kastanie oder einfach Keschde.

Der Stammumfang ist bei diesem Baum schwierig zu ermitteln, da er an einer sehr steilen Böschung steht und man oberhalb im Bereich der Wurzelanläufe landet, wenn man stammmittig in 1,3 m Höhe messen will. Mit den gemessenen 7,77 m Stammumfang gehört der Baum zu den 5 stärksten Ess-Kastanien Deutschlands.

Der Standort ist schwer einzuschätzen und damit auch ihr Alter: Der Baum steht an einem langgestreckten Hang mit oberhalb vielen Bauwerken und Bodenveränderungen, die Wasserversorgung wird daher als mäßig eingeschätzt, was natürlich früher nicht genauso gewesen sein muss. Damals stand sie nach Aussagen des Eigentümers auf einer Wiese; das Haus neben dem Baum wurde etwa 1900 gebaut, die weiteren Häuser und Zufahrten oberhalb erst z. T. deutlich später. Daher wird der Zuwachs früher vermutlich höher als heute gewesen sein, was man aber schwer für das gesamte Baumleben und seinen früheren Zustand seriös herleiten kann. Jahrringe möchte man wegen der damit verbundenen Beschädigung nicht aus dem Stamm bohren, daher bleibt es (s)ein Geheimnis mit dem Ergebnis einer relativ großen möglichen Altersspanne von 400 + 100 Jahren.

Bei einer aktuell vorgenommenen Vermessung stellte sich heraus, dass der Baum zu 4/5 auf Privatgelände steht, er also damals an den Rand des privaten Grundstückes gepflanzt wurde. Dann ist er im Laufe der Jahrhunderte immer dicker geworden, in den öffentlichen Straßenraum hineingewachsen und daher heute zu 1/5 „Gemeinde-Baum" – eine interessante Situation. Eigentümer und Gemeinde sind

Rechts: Mächtiger Stamm am Steilhang mit Grundstücksgrenze durch den Stamm

Der Baum ist vom Dorfplatz mit Brunnen aus nicht zu übersehen

sehr stolz auf diesen Baum und begeistert über die erfolgte Auszeichnung.

Gleisweiler befindet sich im berühmten zweitgrößten deutschen Intensiv-Weinanbaugebiet Pfalz (hier der Bereich Südliche Weinstraße rund um die Stadt Landau). Dies passt besonders gut zur Kastanie, da ihr Holz für Rebstöcke und ihre Maronen in der Küche Verwendung finden. Die Früchte sind sehr begehrt, in jedem Herbst fallen von dieser Keschde Tausende herunter, die vorzüglich schmecken. Der Hinzlochbrunnen nahe der Kastanie wurde bereits 1521 erstmals urkundlich erwähnt und ist somit jetzt genau 500 Jahre alt, könnte also ebenso alt sein wie die Keschde! Der Brunnentrog ist noch im Originalzustand erhalten, und solche Brunnen wurden damals nicht nur als Wasserspender von Mensch und Tier genutzt, sondern waren auch für Handwerker von Bedeutung und vor allem das Kommunikationszentrum des Ortes.

Bei der Nutzung dieser Baumart sind vor allem die Früchte zu nennen – es gibt ganze Bücher darüber, was man alles damit und daraus machen kann: Suppen, Bratenfüllungen (gehört in jede Martinsgans), Süßspeisen, Torten, Brot, Käse, Pralinen oder einfach „heiße Maronis". Die Maronen waren ursprünglich sehr klein und fast ungenießbar. Sie sind dann über Jahrtausende zu größeren und schmackhafteren Früchten gezüchtet worden. Bei Äpfeln und Birnen ist im Obstbau dasselbe allgemein bekannt und selbstverständlich, bei der Marone denkt man darüber nicht nach. Sie waren bis ins 17. Jahrhundert in wärmebegünstigten Regionen ein Volksnahrungsmittel: „ein Baum pro Kopf" war angesagt, um in Notzeiten mit Missernten in der Landwirtschaft beim Durchhalten zu helfen.

Aufgrund ihrer Robustheit, ihrer Früchte und des besonderen Aussehens ist die Ess-Kastanie auch ein beliebter Stadtbaum, vor allem in Parkanlagen, großen Gärten und an Gutshäusern. Dabei ist zu beachten, dass die Bäume groß werden. Das Sammeln der Früchte im Herbst ist eine attraktive Familienbeschäftigung.

Zur Ausrufung mit tausenden reifen Maronen-Früchten

Die Feier wurde zum Keschde-Verkosten mit 13 Produkten ihrer Früchte genutzt, das ganze Dorf wirkte mit

SW4 SL.1

Richteiche St. Gangolf

(an der Großen Saarschleife)

Stiel-Eiche
(Quercus robur)

Standort: am Hofgut St. Gangolf in der Gemeinde Mettlach (Landkreis Merzig-Wadern, Saarland), etwa 45 km nordwestlich von Saarbrücken, unmittelbar in der Nähe der berühmten Großen Saarschleife bei Mettlach

Alter: ca. 650 Jahre (Herleitung aus alten Quellen von 1487, worin sie schon als „... groiss eiche ...“ bezeichnet wird)

Stammumfang: 6,55 m in 1,0 m Stammhöhe (Taille, gemessen März 2022)

Höhe: ca. 23 m

GPS-Daten:
N 49.484901, O 8.585917

NEB seit:
9. April 2022

Alte dicke Bäume gibt es im Saarland nicht sehr viele. Das liegt nicht nur an der kleinen Größe dieses Bundeslandes, sondern auch an der intensiven großflächigen industriellen Landschaftsnutzung seit Jahrhunderten, vor allem für Kohle und Stahl. Daher muss man etwas länger suchen, um besondere alte Bäume zu finden – dafür wurden wir dann aber umso mehr belohnt. In der Saarschleife bei Mettlach gibt es eine eindrucksvolle Ansammlung alter Naturdenkmal-Eichen, von denen die bestgeeignete ausgewählt wurde. Und diese Eiche ist, wie sich dann herausgestellt hat, zugleich der dickste und älteste Baum des Saarlandes!

Die private, sehr naturengagierte Eigentümerfamilie war und ist begeistert von unserem Ansinnen und hat bei unserer Anfrage sofort zugestimmt. Wer den Alltag oder sogar die Welt etwas vergessen möchte in wunderschöner Umgebung zum Wandern, Radfahren, Bootfahren oder einfach „Abhängen“, der sollte sich einmal hier in der Abgeschiedenheit vom Hofgut St. Gangolf umsehen. Auf mich hatte die auserwählte „Richteiche“ schon gleich eine starke Wirkung – direkt neben der Eiche steht eine Bank, von der aus man (mit dem Stamm zur Seite) mit freiem Blick über Schafweiden auf die Saar in allerschönster Waldumgebung schauen kann und anfängt zu träumen ...

Mit dem durch Recherchen neu ermittelten Alter von 650 Jahren dürfte es auch der älteste Baum des Saarlandes sein, eine Sensation. Diese Eiche hat zudem eine besonders starke Ausstrahlung, was mit an ihrem Standort und ihrem urigen Aussehen liegt: mit einem sehr schönen knorrigen, geneigten Stamm, darin etlichen großen Löchern, wo früher Äste ausgebrochen waren, und eine Öffnung unten am Stammfuß. Die Krone ist weit auf die Wiese ausgebreitet, der Stamm etwas dorthin geneigt. Dreht man sich um, stehen auf der anderen Wegseite gleich nahbei zwei weitere Naturdenkmal-Eichen – da muss es schon etwas Besonderes als Anlass vor etwa 650 Jahren gegeben haben, diese Bäume hier zu pflanzen. Die Ursache ist: Es waren Grenzbäume, wie auch weitere mächtige Eichen in der Umgebung – sie alle markierten zusammen mit etlichen Großkreuzen einen hier sehr komplexen Grenzverlauf. Am Ort unserer auserwählten Eiche fand im Mittelalter zeitweise auch Gerichtsbarkeit statt.

Diese Eiche hat eine große baumbiologische Besonderheit: Sie ist auf ihrer kompletten Länge, etwa 20 m, durchgehend hohl im Inneren; man kann im Baum bis in den Wipfel hochschauen. Dies beeinträchtigt jedoch ihre Bruchsicherheit nicht,

rechts: Ein Ort der Entspannung und Naturschönheit mit Blick auf die Saarschleife

Richteiche St. Gangolf

Alter Grenzbaum mit über 600 Jahre langer Geschichte

da der Holzmantel drumherum bis auf die Astlöcher 20–30 cm dick und intakt ist. Er hat daher die Stabilität wie z. B. von einer Papprolle im Küchenpapier: die schafft man kaum zu knicken. Hohle Bäume sind also zunächst nichts Gefährliches, es kommt dann immer auf die sog. „Restwandstärke" an. Wenn diese intakt und dick genug ist, besteht kein erhöhtes Bruchrisiko. Das ist hier überprüft worden und in Ordnung.

Das Dorf St. Gangolf existiert seit dem späten 10. Jahrhundert. Auf dem günstig gelegenen Land am Fluss haben schon die Kelten gesiedelt und Ackerbau betrieben. Die Saarschleife weist ein eigenes Mikroklima auf, das im Jahresschnitt rund 2 °C wärmer ist als die Umgebung. Das Hofgut gibt es seit dem 14./15. Jahrhundert: Es wurde mit der Aufgabe gegründet, dem nahen Kloster Mettlach eine wirtschaftliche Grundlage zu sichern. Durch die Südwest-Hanglage unterhalb der etwa 2,5 km nordwestlich in der Saarschleife gelegenen Burg Montclair erhält das Hofgut den ganzen Tag über Sonnenstrahlung. Ein Hofladen bietet saisonal leckere Spezialitäten aus eigener Produktion von St. Gangolf an: Apfelsaft, Edelbrände, Wildbret von Reh und Wildschwein und Wildsalami.

Seit vier Generationen ist das Land im Besitz der heutigen Eigentümerfamilie. Sie begann 2008, die Landwirtschaft systematisch auf biologische Herstellung umzustellen – ein erfahrener Bio-Landwirt bewirtschaftet die Flächen mit Getreidefeldern, Heuwiesen, Äckern für Viehfutter und Obstwiesen im natürlichen Rhythmus der Natur, und ein Förster pflegt den umgebenden Gutswald mit seinem Team und drei Jägern. So eine intakte Idylle im seit Jahrhunderten gebeutelten Saarland ist beeindruckend schön und wohltuend – man merkt, dass dort die Natur ihren Rhythmus erhalten kann!

Der Fernsehsender dreht bei der Ausrufung das erste Mal in einem Baum

Blick im vollkommen hohlen Bauminneren hoch bis weit in die Krone

SW5 SL.2

Alte Eibe Lebach

(bei Saarlouis)

Europäische Eibe
(Taxus baccata)

Standort: auf dem Hofgut La Motte, Stadt Lebach, Landkreis Saarlouis; etwa 500 m südwestlich außerhalb der Ortschaft an der Straße L 336 nach Primsweiler; Zugang vom Parkplatz an der L 336: dafür wurde extra ein Fußweg über Wiese zur Eibe angelegt (ausgeschildert, etwa 300 m weit, anfangs kurze Strecke parallel neben der Straße), da auf dem Gut landwirtschaftliche Arbeiten erfolgen und man dort den Betrieb sonst stören würde; Saarland

Alter: ca. 500 Jahre (400–600 Jahre, hergeleitet aus Standort und Historie)

Stammumfang: 4,20 m in 1 m Stammhöhe (Taille, gemessen Juli 2023)

Höhe: ca. 15 m

GPS-Daten:
N 49.408455, O 6.881674

NEB seit:
20. Mai 2024

Und wieder einmal konnte eine sehr besondere Eibe gefunden werden, noch dazu im Saarland, wo alte Bäume selten sind. Man spürt hier sofort, dass die privaten Eigentümer ihre Eibe ganz besonders lieben und wertschätzen und alles für den Baum tun, damit es ihm gut geht und er geschützt wird (er ist auch bereits Naturdenkmal). Umso größer war und ist ihre Freude über die Auszeichnung als Nationalerbe-Baum und damit als zweiter des Saarlandes.

Dieser Baum hat dort schon zur Etablierung einer „Eibenszene“ geführt, mehr sag‘ ich nicht dazu – die Ausstrahlung des Baumes ist beeindruckend. Für diese Wirkung sind alte Eiben seit dem Altertum bekannt, in England und Irland hat sich dazu ein regelrechter Eibenkult entwickelt und bis heute erhalten. Und da er keinen Schaden anrichtet und niemandem wehtut, ist nichts dagegen einzuwenden – das können wir ruhig zulassen.

Diese Eibe ist einer der ältesten und bedeutendsten Bäume des Saarlandes. Es soll auch gewürdigt werden, dass sich die Eigentümerfamilie persönlich seit ganz langer Zeit sehr fürsorglich um den Baum kümmert und seine Holznutzung in früherer Zeit verhindert werden konnte.

Der Stamm und die Rinde von alten Eiben sind so beeindruckend durch ihre rötliche Farbe und die vielen verschiedenfarbigen Borkeschuppen. Zudem ist der Stamm über und über mit kleinen Austrieben (Zweiglein) „übersät“, die als Vorsichtsmaßnahme vom Baum bereitgehalten werden, sollte mal ein unerwarteter Schaden eintreten – typisch für Eiben: immer auf der sicheren Seite. Die Nadeln sind immergrün und bleiben 8–10 Jahre am Zweig, können also auch in warmen Winterperioden Zucker durch Photosynthese produzieren. Das wird ja jetzt immer häufiger möglich und macht die Eibe konkurrenzstärker gegenüber nur sommergrünen Laubbäumen.

Die Blütengeschlechter sind bei Eiben auf verschiedene Bäume verteilt, es gibt daher nur Eibenfrauen oder -männer. Dies hier ist ein weiblicher Baum. Bei den meisten anderen Baumarten sind beide Geschlechter auf einem Baum. So vermeidet die Eibe Inzucht, aber dafür muss der Pollen vom Wind von einem männlichen bis zu einem weiblichen Baum getragen werden. Dann gibt es an den weiblichen Bäumen fruchtähnliche Samen mit fleischigem, leuchtend rotem Mantel.

Alles an der Eibe bis auf den roten Samenmantel ist giftig, auch für etliche Tierarten – z. B. sind deshalb im Mittelalter viele Pferde daran gestorben, die ja als Transportmittel

rechts: Beeindruckender Stamm mit über 4 m Umfang

Typisch für Eiben der wulstige und wilde Stamm mit zahlreichen Austrieben

lebensnotwendig waren. Daher wurden Eiben an Fuhrwegen und Pferdekoppeln regelmäßig beseitigt. Aber das gilt längst nicht für alle Tiere, denn z. B. Mäuse und Rehe fressen Eibennadeln besonders gerne und können Keimlinge und junge Bäume daher sogar schädigen oder beseitigen.

Fotos aus den 1950er und 1970er Jahren zeigen, dass diese Eibe noch fast frei auf der Wiese stand, mit einer damals erstaunlich kleinen Krone – heute ist diese 23 m breit! Der Baum hat Grundwasseranschluss und daher mit seiner Riesenkrone seit längerer Zeit einen sehr guten Zuwachs. Wenn es verbreitet heißt „Eiben brauchen Schatten", sieht man hier, dass sie sehr wohl auch mit voller Sonne zurechtkommen. Sie dürfen nur nicht plötzlich aus dem Schatten freigestellt werden, denn dann können die 8–10 Nadeljahrgänge verbrennen und es kann im Extremfall sogar zum Absterben des Baumes kommen, da die verlorenen Nadeln erst nach 8 Jahren wieder vollständig ersetzt sind.

Aber Eiben wachsen tatsächlich in der Sonne nicht besser, d. h. schneller als im Schatten – was so bei fast keiner anderen Baumart auftritt. Das liegt daran, dass sie so gut an Schatten angepasst sind und damit dauerhaft zurechtkommen (nur Rot-Buche und Weiß-Tanne sind ähnlich schattentolerant). Zudem ist es unter Eibenkronen auch sehr dunkel, so dass andere Baumarten dort kaum wachsen können.

Unter allen mitteleuropäischen Baumarten hat die Eibe die höchste Lebenserwartung und kann 1.500 Jahre alt werden, in England gibt es sogar fast 2.000 Jahre alte Exemplare mit noch teilweise erhaltenem Ursprungsstamm. Das liegt daran, dass sie in besondere Weise erfolgreiche Anpassungsstrategien fürs Überleben bei Stress entwickelt hat. Auch dieser Eibe hier trauen wir ohne Weiteres zu, noch über 1.000 Jahre alt zu werden.

Man sieht bei Eiben (leider) oft gar nicht den Stamm, da er von den vielen immergrünen Zweigen verdeckt wird

Die saarländische Umweltministerin persönlich hielt die Festansprache zur Ausrufung

SW6 BW.1

Alte Zeder Weinheim

(bei Mannheim)

Libanon-Zeder
(Cedrus libani)

Standort: Große Kreisstadt Weinheim an der Badischen Bergstraße, im Südwest-Winkel vom Kleinen Schlosspark zwischen Roter Turmstraße und Obertorstraße, nicht zu übersehen: am Weinheimer Schloss (Sitz der Stadtverwaltung); Rhein-Neckar-Kreis, Baden-Württemberg

Alter: ca. 240 Jahre (aus Dimension, Baumgestalt, Standort und Lebensgeschichte hergeleitet – Schätzungen gibt es von 190 bis über 300 Jahre)

Stammumfang: 5,80 m
(in 1,3 m Stammhöhe, gemessen im Juli 2024)

Höhe: ca. 25 m

GPS-Daten:
N 49.545851, O 8.669737

NEB seit:
28. März 2025

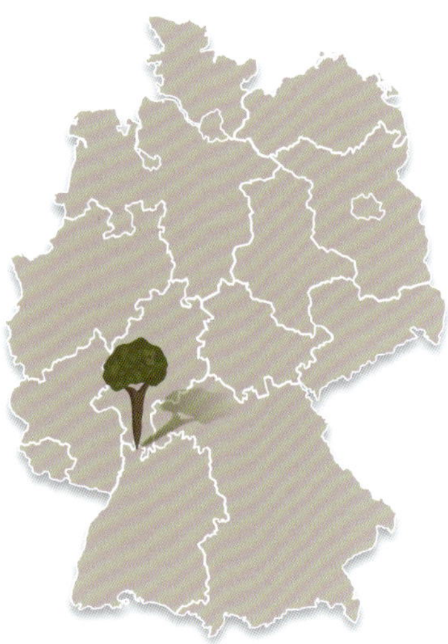

Was für ein schönes Highlight zum Beginn der Ausrufungs-Saison 2025 der Nationalerbe-Bäume Deutschlands: Da wurde also auch eine Zeder von uns gekürt und in die Ehrengarde berufen. Sie steht zudem in der für alte Bäume und viele exotische Baumarten (u.a. im „Exotenwald“) besonders bekannten Stadt Weinheim – ganz im Norden Baden-Württembergs östlich von Mannheim, mit ihrem wärmebegünstigten Klima im Südwesten Deutschlands.

Die Nadelbüschel, aufrecht auf den Zweigen stehende, walzenförmige Zapfen und die vielen starken, weit ausladenden und z.T. schleppenartig bis zum Boden herabhängenden Äste verleihen dem Baum etwas Majestätisches und Mystisches. In ihrer Heimat (im Taurus-Gebirge der Türkei sowie in Gebirgen Libanons und Syriens) können diese Zedern 30–40 m groß werden, 12 m Stammumfang erreichen und ein Alter von über 1.000 Jahren. Damit ist die Libanon-Zeder in bester Gesellschaft mit unseren etwa 15 weiteren Baumarten unter den Nationalerbe-Bäumen, die alle zu den langlebigen Baumarten mit über 500 Jahren Lebenserwartung gehören (müssen).

Es wird eine intensive Diskussion über das Alter dieser Zeder geführt, denn ein genaues Pflanzjahr ist nicht bekannt, wodurch es keinen Nachweis gibt. Die Angaben schwanken von 190 bis über 300 Jahre, teilweise haben sogar einige Fachleute auch ihre Meinung dazu geändert. Wir kommen auf etwa 240 Jahre; überzeugend dafür ist die Tatsache, dass diese Zeder auf einer Zeichnung von 1834 schon als stattlicher Baum zu sehen ist. Vermutlich wurde sie im Jahr 1788 gepflanzt, als der Kleine Schlosspark umgestaltet wurde – wobei sie dann schon ein paar Jahre alt gewesen sein muss.

Damit handelt es sich wohl um die dickste einstämmige und älteste Zeder Deutschlands. Der Riesenbaum – mit einer Kronenbreite von über 30 m und mit etwa 20 Astetagen und tausenden Zapfen – produziert fast jährlich enorme Samenmengen und breitet sich damit nach Mitteilung des Grünflächenamtes bereits in der halben Stadt aus. Das wird aber kaum als lästig empfunden, sondern ist eher interessant: dass es der Zeder so gut geht in Weinheim, fast 3.000 km von ihrer Heimat entfernt! Sie ist winterhart bis etwa –15 °C.

Im benachbarten Schloss finden Hochzeiten statt, und danach haben schon Hunderte von frischen Hochzeitspaaren am Baum ihre Hochzeitsfotos gemacht (ein weißes Brautkleid vor der bläulich-grünen

Rechts: Majestätischer Anblick der alten Libanon-Zeder im Kleinen Schlosspark

Mit weit ausladenden, unten auf den Boden herabhängenden Ästen und blaugrünen Nadeln

Nadelfarbe der Krone sieht phantastisch aus ...). Dann folgt als Ritual: Der Baum wird vom Paar befragt, was er ihnen zu erzählen hat und was er ihnen rät – so war es auch unmittelbar vor unserer Ausrufung.

Zedern tragen ihre immergrünen Nadeln an Kurz- und Langtrieben, was es sonst nur an wenigen Nadelbaumarten gibt, z. B. auch bei Lärchen (die aber sommergrün sind und im Herbst ihre Nadeln abwerfen). Aufrecht stehende Zapfen auf den Ästen wie bei Zedern gibt es sonst nur an wenigen Nadelbaumarten, z. B. an Tannen. Die Zapfen zerfallen dann bei der Samenreife am Baum, fallen also nicht als Ganzes ab wie von Fichten, Kiefern und Douglasien. Dabei rieseln die geflügelten Samen der Zedern einzeln von der Zapfenachse herab, bis diese als nackte Spindeln schließlich noch lange Zeit am Zweig stehen bleiben. 1.000 Samen wiegen weniger als 100 g!

Libanon-Zedern waren in der Antike größter Lieferant vom wohl wichtigsten und wertvollsten Holz für Ägypten, Phönizien und andere Länder des östlichen Mittelmeerraumes. Es wurde vor allem im Schiffsbau und wegen seiner Schönheit, Dauerhaftigkeit und seines Wohlgeruchs für die Errichtung und Ausstattung von Tempeln und Palästen bevorzugt. Wegen ihres ungemein eindrucksvollen Erscheinungsbildes sowie ihres sehr schönen, dauerhaften und leicht zu bearbeitenden Holzes gehören Libanon-Zedern seit fast 5.000 Jahren zu den weltweit begehrtesten und am stärksten genutzten Baumarten überhaupt.

Dieser Wunderbaum ist sehr beeindruckend in Szene gesetzt durch den Rundweg außen entlang seiner Krone und mit dem wunderschönen Schloss nebenan. Wenn man den Anblick der Zeder ausgiebig genießt, kommen einzeln verträumte junge und ältere Baumfreunde vorbei und streicheln ihre Rinde oder legen 2 Minuten die Handflächen darauf – ein bewegender und friedvoller Anblick.

Die Zweigetagen mit zahlreichen stehenden und am Baum zerfallenden Zapfen

Imposante Stammbasis mit Massen von Zedernsamen ringsherum

SW7 BW.2

Platane Hohenheim

(Stuttgart)

Ahornblättrige Platane
(Platanus × hispanica)

Standort: Stuttgart (kreisfreie Stadt), Stadtteil Hohenheim (ca. 10 km südlich vom Stadtzentrum), Stadtbezirk Plieningen; Hohenheimer Gärten der Universität Hohenheim: Exotischer Garten an der Garbenstraße (dort Parkplatz sowie U3 Endstation S-Plieningen 300 m entfernt), am Spielhaus, Quartier E, Baum 70; Bundesland: Baden-Württemberg

Alter: gepflanzt 1779, Alter daher ca. 245 Jahre

Stammumfang: 7,70 m (in 1,3 m Stammhöhe, gemessen Dez. 2022)

Höhe: ca. 34 m

GPS-Daten:
N 48.710189, O 9.207430

NEB seit:
6. Mai 2023

Es hat also auch eine Platane in die Ehrengalerie der Nationalerbe-Bäume geschafft, und was für eine: Sie gehört zu den 10 stärksten und höchsten in Deutschland. Wenn man vor dem über 3 m breiten (ovalen) Stamm steht, muss man erstmal innehalten. Noch dazu in einem Botanischen Garten, das hatten wir auch noch nicht – das Ambiente ist dementsprechend speziell und besonders interessant, der Baum umgeben von anderen ungewöhnlicheren Baumarten und Bäumen im Exotengarten der Universität Hohenheim.

Bei dieser Baumart ist zudem das Besondere, dass sie eine Kreuzung aus Morgenländischer und Abendländischer Platane ist (also ein Hybrid, wie die allermeisten Platanen in Deutschland), und Platanen treten durch ihre riesige Größe und unverwechselbare Borke allerorten in Parks, Gärten und als Straßenbaum auffällig in Erscheinung. Da ihre Eltern deutlich über 500 Jahre alt werden können (die Mittelmeer-Platane bis 1.000 Jahre), darf man bei dem Hybrid auch davon ausgehen, dass er hier ein hohes Alter erreichen kann. Das wird spannend …

Platanen in Mitteleuropa gibt es erst seit etwa 360 Jahren, und der Hybrid ist nicht natürlich entstanden, denn beide Elternteile kommen aus verschiedenen Kontinenten: aus dem östlichen Mittelmeerraum und Vorderasien die Morgenländische oder Orient-Platane (*Platanus orientalis*) und aus Kanada und USA die Abendländische oder Nordamerika-Platane (*Platanus occidentalis*). Niemand weiß genauer, wo und wie der Hybrid entstand – vermutlich in England in einem Botanischen Garten (jedenfalls kommt er nicht aus Spanien, wie der lateinische Name vermuten lassen könnte) – und es ist ungeklärt, ob die Kreuzung absichtlich durch Gärtner erzeugt wurde oder ob sie durch unabsichtlichen Pollentransport zwischen beiden Elternarten durch Wind zustande kam.

In Londons Straßenschluchten wurde dieser Baum aufgrund seiner Immissions-, Staub- und Trockenheits-Toleranz sowie Schnittverträglichkeit schnell ein Renner, und Anfang des 20. Jahrhunderts waren dort bereits etwa 90 % der alten Straßenbäume Platanen. Von England aus erreichten die Bäume bald ganz Mitteleuropa, und viel seltener kommen auch die beiden Elternarten in Deutschland in botanischen Sammlungen vor.

In Südwestdeutschland ist auch die Elternart Mittelmeer-Platane winterhart genug (bis –15 °C). Mit ihr ist eine sehr bewegende, Jahrtausende alte mediterrane kulturelle und Kult-Geschichte verbunden: Sie hatte und hat bis

rechts: Riesige doppelstämmige Platane in den Hohenheimer Gärten

Gewaltiger Stammfuß mit fast 8 m Umfang

heute im Mittelmeerraum große Bedeutung an mystischen und Versammlungsorten – die Versammlungen fanden dort im Platanen-Schatten statt. So wurden bereits vor über 2.000 Jahren große Reden berühmter griechischer und römischer Philosophen oft und gerne unter Platanen gehalten. Dieser Kult hat sich mit dem Hybrid sogar nach Mitteleuropa übertragen; so stehen sie heute auch in Deutschland oft an besonders starken Orten, wie z. B. dieser Baum im Exotischen Garten am Spielhaus. Große Reden wurden dort wohl noch nicht gehalten (denn als das geschah, war er erst ein kleines Bäumchen), aber das hat sich mit der Ausrufung als Nationalerbe-Baum geändert ...

Die Hybrid-Platane vereint die Frosthärte der Amerikanischen und die Trockenstresstoleranz der Mittelmeer-Platane und ist daher seit über 2 Jahrhunderten eine der am häufigsten gepflanzten Straßenbaumarten in mitteleuropäischen Städten.

Ein sehr attraktives Highlight der Platanen ist ihre Borke. Sie besteht aus unterschiedlich großen und farbigen Schuppen, die einen ständigen Farbwechsel des Stammes zur Folge haben. Das ist auch bei diesem ausgewählten Baum sehr ausgeprägt. Die ältesten Schuppen sind schließlich durch Verwitterung dunkelbraun, und wenn sie altersbedingt – ohne Schaden für den Baum, da die Borke außen tot ist – irgendwann abfallen, kommen darunter ganz helle (oft fast weiße) Rindenbereiche zum Vorschein, was zu einem interessanten bis spannenden Farb- und Strukturpuzzle auf dem dicken Stamm führt. Wenn man sich etwas Zeit und Muße gönnt, kann man die jüngere Lebensgeschichte der Borke daran ablesen. Die abgefallenen Borkeschuppen liegen meist noch am Stammfuß um den Baum, man wird sofort welche finden und kann nach ihrer Form und Größe versuchen, den Herkunftsort auf der Rinde am Stamm zuzuordnen, denn dort muss eine ebenso geformte helle Fläche zu sehen sein.

Schuppenborke mit puzzle-ähnlichen Borkeplättchen, die nach und nach abblättern (helle Flecken: Narben)

Musikalische Darbietung zur Ausrufung der Platane als Nationalerbe-Baum

SW8 BW.3

Käppeleslinde Hochmössingen

(bei Oberndorf/Neckar)

Sommer-Linde
(Tilia platyphyllos)

Standort: Nordausgang von Hochmössingen (Ortsteil von Oberndorf am Neckar) vor der Agatha-Kapelle, an der Dornhaner Straße gegenüber Nr. 56, Abzweigung Römlinsdorfer Straße; Lkr. Rottweil, Baden-Württemberg.

Alter: ca. 600 Jahre (500–800 sind möglich)

Stammumfang: ca. 7,90 m

Höhe: ca. 18 m

GPS-Daten:
N 48.314079, O 8.531666

NEB seit:
26. Sept. 2020

Mit ca. 7,90 m Stammumfang gehört die „Käppeles-Linde" (Sommer-Linde) in Hochmössingen zu den starken Linden Deutschlands, bei einem Alter von etwa 600 Jahren. 500–800 Jahre sind möglich, aufgrund des Standortes auf einer Geländeerhebung zwischen 2 Dorfstraßen kann durchaus der Höchstwert zutreffen. Für eine genaue Datierung müsste man Jahrringe messen und dafür einen Bohrspan aus dem Stamm entnehmen, was man diesem kostbaren Baum nicht antun möchte. Zudem ist der intakte Stammmantel viel zu dünn dafür.

Ihr Wuchsort soll schon in vorchristlicher Zeit strategische Bedeutung gehabt haben, aufgrund seiner exponierten Lage, die einen weiten Blick ins Umland ermöglicht. Darauf deuten keltische Gräberfelder in der Nähe hin. An ihrem Standort ist die Linde sehr dem Wind ausgesetzt.

Diese Linde ist ein einzigartig urig anmutendes Gebilde und hat einen bizarr geformten, vollkommen hohlen Stamm mit „Höhleneingang". Es wird gemutmaßt, dass es der älteste Baum Baden-Württembergs sein könnte. 1.000 Jahre ist das Naturdenkmal sicher noch nicht alt, aber 800 Jahre können es sein. Allerdings wurde die jetzt dort stehende Agatha-Kapelle 1480 erbaut – sollte der Baum damals gepflanzt worden sein, wäre er „nur" 540 Jahre alt. Es hat aber wohl dort zuvor schon eine andere Kirche gestanden. Und bereits in einer Oberamtsbeschreibung aus dem Jahr 1868 steht geschrieben, die Linde sei „uralt, ganz hohl und von den Stürmen halb zerschlagen". Besonders im Frühjahr ist es immer wieder ein Wunder, wenn dieser hohle Methusalembaum seine Kräfte mobilisiert und neue Blätter an neuen Zweigen austreibt, neue Jahrringe anlegt und neue Wurzeln entwickelt.

Schon in alten Schriften wird sie beschrieben und erwähnt. So schrieb auch der irische Schriftsteller James Henry 1859 über seine Fußreise von Karlsruhe nach Bassano in Italien, und darin auch von diesem eindrucksvollen, ausgehöhlten Lindenbaum, durch den man in den Himmel aufblicken kann. Nach geschichtlicher Überlieferung wurde bereits während des 30-jährigen Krieges von den Schweden rund um diese Linde gekämpft, die Kapelle von 1480 brannte damals 1634 vollkommen ab und blieb bis 1698 in Trümmern.

rechts: Der Baumveteran mit seinen „Macken", einem abgestorbenen Ast und hohlen Stamm mit Öffnungen

Global Logistics

Der Stamm mit „Eingang“, im Hohlraum haben 20 Kinder Platz (s. Bild auf der Baum-Website)

Die Dorflinde ist innen so komplett hohl, dass man sich wundert, wie sie ihre Krone noch mit Wasser und ihre Wurzeln noch mit Zucker versorgen kann. In die Stammhöhlung passt eine Schulklasse mit 20 Kindern! Der „Höhleneingang“ in die Linde hat eine gotische Spitzbogenform und ist fast 1,50 m hoch und 1 m breit, zudem gibt es mehrere „Fenster“ (Löcher im Stammmantel), durch die man hinausschauen kann. Er ähnelt dadurch einer Kapelle. Auch das obere Ende des Stammes ist ein großes Loch wie bei einem Kamin. Dadurch blickt man, in der Linde stehend, in die Krone und im Winter in den Himmel. Es sind Kronensicherungen eingebaut und an zwei Stellen große Äste abgestützt, was zeigt, dass die Kontrolle und Erhaltung der Verkehrssicherheit des Baumes sehr ernst genommen wird. Der Baum sollte bereits in den 1960er Jahren entsprechend einem kritischen Gutachten abgesägt werden, weil er nicht mehr sicher sei. Er lebt aber immer noch, und es geht ihm ziemlich gut.

Die Linde befindet sich insgesamt in einem sehr guten Pflegezustand; ein Ast ist kürzlich abgestorben, und man muss überlegen, wie damit umgegangen wird. Der Baum sieht bereits seit langer Zeit genauso aus, denn verschiedene Quellen aus dem 19. Jhdt. beschreiben ihn schon in diesem ausgehöhlten Zustand (s. oben). In Sichtweite der Linde stehen noch vier weitere Linden, die ebenfalls als Naturdenkmäler ausgewiesen sind, aber nicht die Stammstärke dieser erreichen.

Der Stammumfang beträgt derzeit 7,90 m in 1,4 m Stammhöhe. Die Restwandstärke (der noch intakte Mantel des Stammes) ist etwa 5–20 cm dick, sehr fest und trägt die große, 18 m hohe Krone. Dies ist sehr eindrucksvoll, wie auch der Wuchsort: vor der Kapelle, hinter einem Steinkreuz, zwischen 2 Straßen auf einer Erhebung, die von Mauern zur tiefer gelegenen Fahrbahn eingefasst ist. Die Gestalt dieser Linde mit ihrem beachtlichen Umfang und vollkommen hohlen und begehbaren Stamm ist wohl einmalig.

Innenansichten wie eine Kapelle mit Fenster und Blick in den Himmel (im Sommer in die Krone)

Erhöhter Standort zwischen 2 Straßen mit erheblichem Wassermangel in Trockenperioden

SW9 BW.4

Burkhartlinde am Haldenhof

(Überlingen/Bodensee)

Sommer-Linde
(Tilia platyphyllos)

Standort: beim Gasthaus Haldenhof, am Zuweg vom Wirtshaus zum Aussichtspunkt rechts an Hangkante; zur Stadt Überlingen gehörend: im westlichen Teil vom Nordufer des Bodensees; Höhenlage 635 m ü. NN; Bodenseekreis, Baden-Württemberg

Alter: ca. 450 Jahre (400–500 Jahre, hergeleitet aus Stammdimension, -strukturen sowie Standort und Historie: Entstehung wahrscheinlich durch Wiederaustrieb aus dem Stock einer Vorgängerlinde)

Stammumfang: 8,25 m (in 1,2 m „Stammhöhe", Messung am Steilhang sehr schwierig: oberseits bodennah, April 2024)

Höhe: ca. 9 m

GPS-Daten:
N 47.806099, O 9.092167

NEB seit:
27. Juni 2024

Dieser Aussichtspunkt am Bodensee ist noch ein bisschen ein Geheimtipp, wenn auch nicht gänzlich unbekannt. Man hat von hier (ebenso die Linde!) einen phantastischen Ausblick 300 m oberhalb des Wasserspiegels über den Bodensee (Überlinger See-Teil) weit nach Südosten mit einem atemberaubenden Alpenpanorama als Kulisse am Horizont – wenn das Wetter mitspielt. Der imposante Baum an der Kante zum Steilhang hat viel mitgemacht, wie man ihm ansieht: Vor über 100 Jahren ist ein zweiter Stammteil weggebrochen und seitdem der Stamm offen, so dass der verbliebene Baumteil sehr schräg „in den Hang gekrallt" sein Weiterleben meistern musste. „Typisch Linde" hat er das geschafft!

Zudem hat es in jüngerer Zeit erhebliche Schäden am Baum durch Herumlaufen über die Wurzeln und Klettern im und am Stamm gegeben, die uns richtig wehgetan haben. Dies wurde daher durch eine neue Eingrenzung des Baumes unterbunden und war auch eins der wichtigsten Anliegen bei unserer Auswahl dieses Baumes zum Schutz als Nationalerbe. Wir hoffen, den Baum damit retten zu können, wenn diese Maßnahme von den Besuchern hoffentlich akzeptiert wird. Wir trauen diesem beeindruckenden Lindenveteran zu, dass er noch etliche weitere Jahrhunderte durchhält.

Mit etwas Glück klappt es, dass die schneebedeckte Alpenbergkette am Horizont bei einem phantastischen Blick über einen großen Teil des Bodensees nach Südosten krönt. Der Ausblickpunkt ist zudem enorm gelungen inszeniert: mit geologischer Erläuterungstafel, Liegestühlen sowie Freischnitt und Kurzhalten von Baumwuchs in der Sichtachse.

Der Name Burkhartlinde wurde schon vor langer Zeit nach einem Minnesänger der damaligen Burg Alt-Hohenfels (heute gibt es noch ihre Ruine unterhalb des Baumes) verwendet, zu welcher in einer Urkunde erwähnt wird, dass er Anfang des 13. Jahrhunderts gerne unter einer Linde sang. Das ist eine schöne Vorstellung, aber unter dieser Linde kann es mit Sicherheit nicht gewesen sein. Hingegen ist es gut möglich, dass an dieser Stelle schon ein Vorgängerbaum stand, den Burkhart liebte und verehrte – und unter diesem daher öfters gesungen hat.

rechts: Als besondere Herausforderung hier das Verhindern von weiteren Stamm- und Wurzelbeschädigungen

Burkhartlinde am Haldenhof

Der seit dem Wegbrechen des 2. Stammteils vor über 100 Jahren offene Stamm mit Seeblick und Alpenpanorama

Wohl alle Altbaumkenner sind sich einigermaßen einig, dass dies heute unmöglich der Ursprungsbaum aus dem 12. Jhdt. sein kann – denn dann wäre er jetzt 900 Jahre alt! Aber es könnte sich um seinen direkten Nachfolger mit inzwischen dann etwa 450 Jahren Alter handeln. Denn Linden haben die regelmäßige Angewohnheit, bei Totalschaden durch Feuer, Sturm oder Umstürzen aus dem Stock (den noch vorhandenen Wurzeln) wieder auszutreiben. Die Folgebäume sind dann genetisch identisch zum Ursprungsbaum, aber das Alter zählt man wieder neu, es sei denn, dass wesentliche Stammbereiche vom Vorgängerbaum damals noch erhalten geblieben sind und seitdem ununterbrochen weiterleben. Das ist hier jedoch definitiv nicht gegeben.

Der heutige imposante Stammumfang beträgt 8,25 m. Man stelle sich vor, es gäbe den verlorenen Stammteil noch: Dann wäre der Umfang heute deutlich über 10 m. Die Burkhartlinde zeigt einen enormen Lebenswillen; sie treibt an vielen Stamm- und Astbereichen aus und repariert zudem fortlaufend die natürlichen und menschverursachten Schäden. Da sie weitgehend hohl im Stamminneren ist, verlockte dies regelmäßig Kinder zum Hineinklettern und zum Verstecken im höhlenartigen Stammfuß.

Offizieller Baumeigentümer sind nicht wie vielleicht zu erwarten die Gasthofbetreiber, sondern ist ein „Spital- und Spendenfond Überlingen", welcher durch den Überlinger Oberbürgermeister vertreten wird. Alle 3 genannten Beteiligten – Gasthofbetreiber, Stadt und Stiftung – sind enorm engagiert, den Baum zu pflegen, zu sichern und zu schützen und haben die erfolgten Schutzmaßnahmen befürwortet.

Für die Betreiberfamilie des Gasthofes ist die Burkhartlinde ein kostbares Familienmitglied: Sie achten ihn sehr, sind begeistert von der erfolgten Ehrung als Nationalerbe und haben großes Interesse, ihn zu schützen, da sie schon länger mit Sorge die Beschädigung des Baumes sahen. In dem schönen Ambiente des Gasthofes mit großem Außenbereich kann man gut einige Stunden verbringen und es sich gut gehen lassen.

Die Eingrenzung am Steilhang, einer der schönsten Aufträge für den Holzbearbeitungs-Experten

Der Baum ist nun vor Beklettern und Herumtrampeln auf den Wurzeln mit stilvoller Eingrenzung geschützt

SO1 BY.1

Alte Eiche am Schloss Nagel

(bei Kronach, Oberfranken)

Stiel-Eiche
(Quercus robur)

Standort: Gemeindeteil Nagel des Marktes Küps, Ortseingang Nagel an der Kümmelbergstraße (Pfad nach links, hinter Haus Nr. 21, unterhalb des Schlosses vor Golfplatz); Landkreis Kronach, Regierungsbezirk Oberfranken, Bayern

Alter: ca. 600 Jahre

Stammumfang: ca. 9,70 m

Höhe: ca. 25 m

GPS-Daten:
N 50.190234, O 11.242383

NEB seit:
22. Aug. 2020

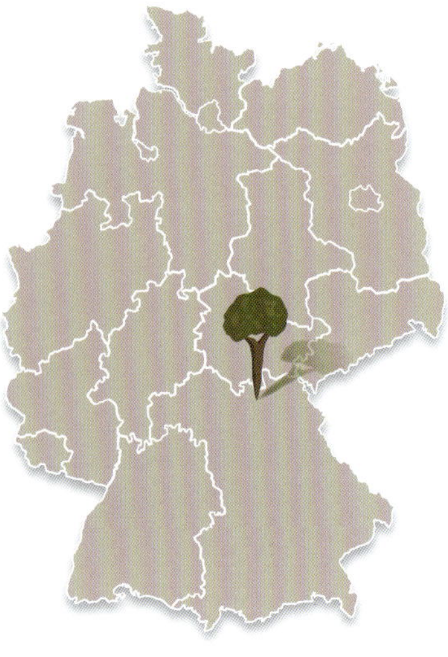

Diese starke Eiche wird – wie viele andere alte Bäume in Deutschland – in Naturwanderführern und bei weiteren Erwähnungen als „Tausendjährige Eiche" bezeichnet, sie ist in der Region Oberfranken mit diesem Namen bekannt. Aufgrund ihres Standortes und ihrer Lebensgeschichte ist eher von 500–600 Jahren Lebensalter auszugehen, was man nur absichern könnte, indem man sie anbohrt – aber das wäre nicht angemessen, nur um das tatsächliche Alter zu erfahren (und auch nicht weiterführend, da der Stamm hohl ist). So bleibt dies eben ein Geheimnis – wie heißt es doch derzeit in mehreren Baum-Bestsellerbüchern so schön: das geheime Leben oder die geheime Sprache der Bäume ... Dann lassen wir es eben ein spannendes Rätsel bleiben.

Sie steht auf Privatgrund, ist jedoch öffentlich zugänglich. Besonders eindrucksvoll an diesem Baum ist der etwa 12 m lange vollholzige, fast astfreie Stamm, was nur zu erklären ist durch langanhaltende Konkurrenz benachbarter Bäume im früheren Baumleben. Dadurch musste sich der Baum mit vermutlich lange Zeit eingeklemmter Krone nach oben „recken", um ans Licht zu gelangen, welches Eichen ab ihrer Jugend unbedingt benötigen, um zu überleben. Diese Situation wird dann auch zu einem langsameren Dickenwachstum geführt haben als sonst bei freistehenden Eichen. Nahe ihrem Wuchsort befindet sich eine Quelle, die seitlich etwa 10 m vom Stamm entfernt aus dem Hang austritt und nach Aussagen vor Ort auch in sehr trockenen Sommern wie 2018/19 nicht versiegt. Dorthin wird die Eiche seit Jahrhunderten ihre Wurzeln entwickelt haben, so dass ihr Trockenjahre (und der Klimawandel) voraussichtlich und hoffentlich nichts anhaben werden – das sind gute Aussichten für die Zukunft dieses bemerkenswerten besonderen Baumes.

Oberhalb des unverzweigten Stammes setzt relativ abrupt die Krone an mit mehreren starken und steil stehenden Ästen, die sich hoch oben weiter verzweigen und von denen einzelne wiederum durch zu viel Beschattung abgestorben oder am Absterben sind. Eine moderate Freistellung der Eiche soll ihr zu besserer Zuckerproduktion durch Photosynthese verhelfen, was sie unempfindlicher gegenüber Stress machen wird.

Die Umfangmessung an diesem Baum gestaltet sich als extreme Herausforderung, da der Baum so

rechts: Beeindruckende Stammdimension, -länge und Wurzelanläufe

Kurz vor der Ausrufungszeremonie

dick und der Hang hier sehr steil ist: Wenn man hangaufwärts am Stammfuß anfängt zu messen und um den Stamm herumgeht, steht man auf der hangabwärtigen Seite auf den z. T. 5–7 m langen Wurzelanläufen fast 3 m unterhalb der Messebene und kann daher nicht mehr in derselben Höhe weitermessen! Infolge seines Stammdurchmessers von über 3 m ist somit keine Messung in 1,3 m Stammhöhe möglich bzw. sinnvoll, und bei jeder Messung kommt ein anderes Ergebnis heraus. Zudem rutscht man unterhalb auf den moosbewachsenen Wurzelanläufen den Hang hinab und beschädigt womöglich sogar den Baum, also sollte man es lassen oder es höchstens barfuß oder in Strümpfen tun. Der Stammumfang gemessen hangoberseits über den Wurzelanläufen beginnend ist nach 3 Messungen 9,70 m. Die Baumhöhe beträgt etwa 25 m, auch dabei wieder je nachdem, wo man am Stammfuß zu messen beginnt. Diese Daten wären also das nächste Geheimnis der Eiche, sie behält somit viele Informationen für sich. Es handelt sich um eine der 10 stärksten und massereichsten Eichen Deutschlands.

Die „Tausendjährige Eiche“ ist seit 1936 als Naturdenkmal der Marktgemeinde Küps im Landkreis Kronach (Oberfranken) ausgewiesen. Sie steht östlich unterhalb vom Außenzaun des Jagdschlosses Nagel (zum Ortsteil Oberlangenstadt gehörend) am Steilhang, welches Anfang des 15. Jahrhunderts erbaut wurde. Ursprünglich sollen hier vier Eichen gestanden haben, die nach den vier Himmelsrichtungen ausgerichtet waren und einen gleichen Abstand voneinander hatten. In der Nähe führte eine alte Handels- und Heerstraße vorbei, die Berlin mit München verband und in diesem Abschnitt der heutigen Bundesstraße 173 entsprach. Bei dem Standort der Eiche könnte es sich um einen alten germanischen Thingplatz handeln.

Im Dreißigjährigen Krieg wurde das Schloss erfolglos belagert und beschossen, von damals sollen sich noch Geschosse im Stamm der Eiche befinden. Ihre Borke hat sehr eindrucksvolle tiefe Spalten und Rippen, die sich bis zur Krone hochziehen.

Fest verankert im Steilhang mit ihren riesigen Wurzelanläufen

Ausrufung mit Klarinettenquartett und begrenzter Teilnehmerzahl während der Corona-Restriktionen

SO2 BY.2

Tanzlinde Effeltrich

(bei Forchheim, Oberfranken)

Sommer-Linde
(Tilia platyphyllos)

Standort: mitten im Dorf Effeltrich der gleichnamigen Verwaltungsgemeinschaft, an der Kreuzung von Hauptstraße und Neunkirchener Straße/Lindenstraße, nahe der großen Wehrkirche; Landkreis Forchheim, Regierungsbezirk Oberfranken, Bayern

Alter: ca. 700 Jahre (600–800 Jahre, hergeleitet aus Stammdimension, -strukturen sowie Baumhabitus, Behandlung, Standort und Historie)

Stammumfang: 8,02 m in 0,7 m Stammhöhe (Taille, gemessen Mai 2024)

Höhe: ca. 8 m

GPS-Daten:
N 49.659544, O 11.092795

NEB seit:
10. Aug. 2024

Nun hat es sogar auch einmal mit einer Tanzlinde geklappt, das freut uns sehr! Die meisten heute noch existierenden und gemeldeten solcher besonders geformten Linden erreichen nicht den notwendigen Mindest-Stammumfang von über 4 Metern. Zudem ist der Einbau einer Tanzplattform in die Krone oft sehr problematisch, da sie häufig zu Schäden am Baum führt, weshalb er damit dann nicht besonders alt wird. Wir haben daher ein Exemplar ohne diese Konstruktion gewählt, wo früher häufiger nur unter der Krone getanzt wurde. Da dies aber den Boden stark verdichtet, ist es gut, dass unter diesem Exemplar heute nur noch selten getanzt wird, hingegen häufiger Treffen und Feiern stattfinden.

Über den Begriff Tanzlinde wird diskutiert: Es gibt eine seltene enge Auslegung, dass dieser Begriff nur für Linden verwendet wird, bei denen in der Krone auf einer eingebauten Plattform getanzt wurde und wird (selten sogar in 2 Etagen). Und alternativ besteht die weiter verbreitete offenere Auslegung, dass dies Linden sind, in, unter oder an denen häufiger getanzt wurde (und wird). Wir halten uns hier an die letztgenannte Definition. Wenn man die enge Definition verwendet, sollte man besser einfach von Tanzbodenlinde sprechen, dann ist jedem klar, was gemeint ist.

Die Kronenform dieser Linde ist sehr außergewöhnlich, denn sie wurde seit Jahrhunderten niedrig gehalten (durch Schnittmaßnahmen alle 2 Jahre) und hat sich dadurch sehr ausgeprägt schirmartig in die Breite entwickelt. Das nennt man eine „geleitete“ Linde, da die Äste durch Schnitt und Fixierung an einer Stützkonstruktion nach außen gelenkt werden.

Die hier ausgewählte Tanzlinde erhält seit Jahrhunderten eine enorme Wertschätzung wegen ihrer kulturellen Bedeutung und ihrer sehr intakten geleiteten Krone. Entstanden ist dies durch den hohen Bastbedarf umliegender Gartenbaubetriebe, die den Baum regelmäßig geschnitten haben zur jährlichen Zweiggewinnung. Denn Linden haben einen besonders reißfesten Bast in der Rinde und eignen sich daher vorzüglich zu seiner Nutzung. Er wird verwendet zur Veredlung von Obstbäumen und Formgehölzen für Baumschulen. Dabei wird ein Pfropfreiser mit einer Unterlage verbunden und mit Lindenbast umwickelt, damit beide Baumteile miteinander verwachsen und die Krone dann mit Sicherheit ganz bestimmte Merkmale wie Fruchtqualität/-sorten oder z. B. eine als Straßenbaum gewünschte schlanke Kronenform aufweist.

rechts: Tanzlinde Effeltrich mit Stütz- und Leitungskonstruktion der Äste für ihre Lenkung nach außen

Schirmartiger Habitus der riesigen Krone mit Versammlungsort und „Tanzfläche" darunter

Der zweijährige behutsame Rückschnitt aller immer wieder nach oben treibenden Zweige führt zu keiner nennenswerten Schädigung des Baumes. Immerhin ist er so schon 700 Jahre alt geworden. Das hohe Alter leitet sich her aus den am Wuchsort mitten im Siedlungsbereich ziemlich problematischen Bodenverhältnissen (Bodenverdichtung und -versiegelung, wenig Wurzelraum, Trockenheit etc.), den regelmäßigen Schnittmaßnahmen (Verlust von Zweigen und Blattfläche) und starkem Besucherverkehr im Wurzelraum (Versammlungen, Feste, Märkte, Tanzveranstaltungen ...). Linden sind bekannt dafür, dass sie all dies erstaunlich gut verkraften, sonst gäbe es im Stadtbereich nicht so viele Altlinden.

Der Stamm dieses Baumes besteht noch zu größeren Anteilen aus dem Ursprungsstamm, es handelt sich bei ihm nicht wie oft bei „tausendjährigen" Linden komplett um Wiederaustriebe. Bei diesen würde das Alter ihrer Wiederaustriebe gezählt werden, nicht das des Vorgängerbaumes, von dem die Wurzeln für die Nachkömmlinge weitergenutzt werden konnten.

Die aufwändige Stützkonstruktion aus Eichenholz für die schweren, weit ausladenden Äste muss regelmäßig kontrolliert und einfühlsam ausgebessert werden. Das ist hier sehr verantwortungsvoll und fachmännisch seit langer Zeit erfolgt. Sehr gut gelöst ist die Abgrenzung des Kronenraumes mit einer niedrigen Mauer als Umrandung im Achteck, mit Hinweisschildern gegen das Beklettern des Baumes, aber ansonsten freiem Zutritt durch mehrere Mauerlücken.

Die Linde war früher Rats- und Gerichtsort, Dorftreffpunkt und Festplatz. Höhepunkt ihrer aktuellen kulturellen Nutzung sind gelegentliche Versammlungen oder Feiern (z. B. abends mit Illumination/Beleuchtung der Krone), musikalische Veranstaltungen, als Station der Fronleichnamsprozession im Juni (Mai) oder für Treffen von Vereinen.

Eindrucksvoller Stamm noch mit nennenswerten Bereichen des Ursprungsstammes

Zum Ausrufungs-Dorffest wurde die Linde beeindruckend als Versammlungs-, Musik- und Tanzort genutzt

Wolfgangseiche Thalmassing

(bei Regensburg, Oberpfalz)

Stiel-Eiche
(Quercus robur)

Standort: 300 m östlich von Schloss Haus an einem Waldweg (Ende einer Zufahrtsstraße mit Parkplatz): die Wolfgangseiche vor Ort sehr gut ausgeschildert, da Wahrzeichen der Gemeinde Thalmassing im Ortsteil Neueglofsheim; Landkreis Regensburg, Regierungsbezirk Oberpfalz, Bayern

Alter: ca. 800 Jahre (700–850, die bei Recherchen gefundenen Angaben reichen von 400 bis 1.300 Jahre)

Stammumfang: 9,80 m in 1,3 m Stammhöhe (gemessen Jan. 2025)

Höhe: ca. 20 m

GPS-Daten:
N 48.901827, O 12.182629

NEB seit:
21. Juni 2025

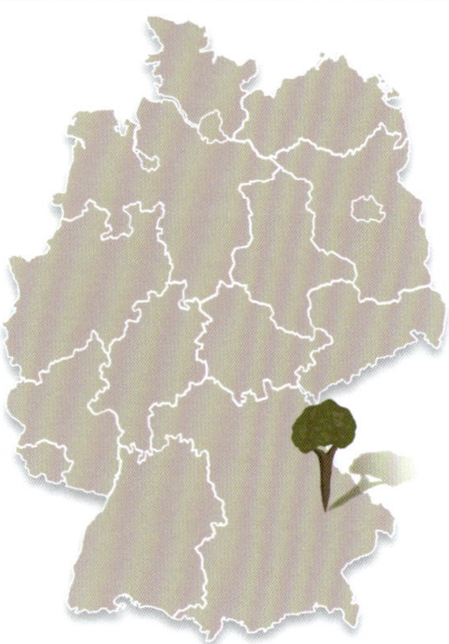

Diese beeindruckende Stiel-Eiche ist in Bayern und unter Baumkennern sehr bekannt, wegen ihrer Dimension und ihres markanten bodennahen Seitenastes. Und um den ranken sich schon seit Jahrhunderten schöne Geschichten, u. a. dass der Regensburger Bischof St. Wolfgang im 10. Jahrhundert vor, unter oder auf diesem Ast eine Predigt gehalten haben soll, in einer etwas neutraleren Variante heißt es „unter der Eiche". Letzteres könnte ja tatsächlich so geschehen sein, allerdings nicht unter *dieser* Eiche. Denn die heutige Wolfgangseiche ist etwa 800 Jahre alt, davon kann man bei ihrem Erscheinungsbild und ihrer Dimension ausgehen. Dann müsste (und kann) es also dort einen Vorgängerbaum gegeben haben.

Wir hatten bisher noch keinen Baum mit einer solchen Altersspanne der Nennungen: von 400 bis 1.300 Jahren reichen sie, also bis zu 900 Jahre Unterschied! Es ist schon ziemlich interessant, wie das möglich sein kann. Zudem gibt es so viele schöne Geschichten (je nach Baumalter), die hier nun nicht alle ausgebreitet werden können; sie sind ggf. im Internet unter Wolfgangseiche nachzulesen.

Bei dieser monumentalen Eiche ist zunächst rein äußerlich das sehr Besondere ihre eindrucksvolle Gestalt: ein extrem urtümlicher Stamm mit vielen großen und kleinen Beulen, Knollen, Rissen, Öffnungen und einem riesigen Wurzelanlauf, so dass man Probleme mit der Stammumfang-Messung hat, da die Wurzelanläufe fast rundherum bis über 1,3 m Höhe reichen. Daher variieren auch die Umfangangaben sehr, denn die Taille befindet sich in fast 2 m Höhe, was deutlich oberhalb der vorgegebenen Messhöhe liegt. Man soll in 1,3 m Stammhöhe messen, bei Beulen darüber oder darunter, oder an der Taille, falls sie unter dieser Höhe auftritt.

Wenn man vor dem Baum steht, braucht man erstmal eine Weile, um seine Körpersprache zu verarbeiten, und man fragt sich zwangsläufig: Was muss dieser Baum schon alles erlebt haben? Und so kam und kommt man dann auf mystische Altersschätzungen und ließ sich auch schon früher schöne Geschichten dazu einfallen – die dann über Jahrhunderte immer mehr „ausgeschmückt" wurden.

Dass diese Eiche mit ihrer sagenhaften Gestalt dazu verleitet, kann ich sehr gut nachvollziehen. Das Baumalter aus verschiedenen

rechts: Riesiger Stammanlauf bis fast 2 m Höhe, Beulen, Risse, Löcher – eine besonders eindrucksvolle Uralteiche

Der seit Jahrhunderten vorhandene berühmte Ast über dem Boden mit eigener Teilkrone

Stammumfang-Messungen herzuleiten, die zu verschiedenen Jahren erfolgt sind, ist auch nicht hilfreich, da man schon bei mehreren zeitnahen Messungen hintereinander verschiedene Ergebnisse erhält. Das liegt am gewaltigen beuligen Stammanlauf und daran, in welcher Stammhöhe man misst und wo andere gemessen haben (wenn es überhaupt genau genannt bzw. eingehalten wurde).

In diese Eiche haben schon öfters Blitze eingeschlagen. Sie hat bereits mehrmals gebrannt und der über 10 m fast waagerecht ausladende dicke unterste Ast liegt seit über einem Jahrhundert auf Stützen nahe dem Boden (das sieht man auch schon auf alten Zeichnungen und Fotos); ursprünglich war er freitragend und viel dicker als heute. Es wird diskutiert, wie man mit den drei heutigen Aststützen umgeht: ob sie ideal sind oder den Ast schädigen könnten oder evtl. zu störend für den ästhetischen Eindruck der Eiche sind? Man muss jedenfalls behutsam damit umgehen, da der Baum die Stützen inzwischen in seine Statik „eingebaut" hat. Und bisher hat der Ast ja die Stützmaßnahmen gut „verkraftet" – vor langer Zeit war er sogar zeitweise aufgehängt am Stamm, z. B. mit einer Leiter (dazu gibt es ein Bild im Buch „Der Heilige Wolfgang" von 1894).

Mehrere große Löcher im Stamm sind beim Ausbrechen großer Äste entstanden, die im dünnen Stammmantel des Baumes keinen Halt mehr fanden. Denn der Stamm ist seit jeher fast vollkommen hohl, wie meistens bei so alten Eichen.

Es wurden auch schon ganz nah Nachfolge-Eichen gepflanzt, was allerdings sehr gemischte Gefühle auslöst – denn derzeit ist nicht zu erwarten, dass die Methusalemeiche übermorgen abstirbt, und die Nachfolger könnten in fortgeschrittenem Alter das Bild der heutigen Wolfgangseiche erheblich stören (wie heute schon zwei mittelalte Ulmen rechts und links neben der Eiche), da ihre phänomenale Wirkung seit Jahrhunderten auf Alleinstellung beruht.

Ein Gebirge von Stammfuß, besonders betont durch frisch gefallenen Schnee

Von jeder Seite anders und seit Jahrhunderten hohl

SO4 BY.4

Urwaldtanne NP Bayerischer Wald

(Niederbayern)

Weiß-Tanne
(Abies alba)

Standort: beim Zwieslerwaldhaus, auf der Waldhaustraße von Ludwigsthal kommend, am Straßenende links abbiegen zum Parkplatz Brechhäuslau, dann noch etwa 500 m Fußweg auf dem Forstweg Richtung Schwellhäusl, dort links die Tanne 50 m vom Weg entfernt – nicht zu übersehen, da durch Bohlenweg in Szene gesetzt; Landkreis Regen, Regierungsbezirk Niederbayern; Bayern

Alter: ca. 605 Jahre (durch Jahrringzählung einer ebenfalls sehr starken, etwas jüngeren Nachbartanne hergeleitet)

Stammumfang: 6,93 m (in 1,3 m Stammhöhe, gemessen Jan. 2023)

Höhe: ca. 53 m

GPS-Daten:
N 49.098683, O 13.230611

NEB seit:
23. Juni 2023

Was für eine sensationelle Überraschung: Sogar eine etwa 600 Jahre alte Weiß-Tanne hat es zum Nationalerbe-Baum geschafft! Denn der ausgewählte Baum zeigt eindrucksvoll, dass Tannen in höheren Lagen von Mittelgebirgen dieses Alter erreichen können. Und sie steht in einer Urwaldparzelle des Nationalparks bei Bayerisch Eisenstein, in 700 m Höhe und umgeben von einem spektakulären Waldbild – dort lebt und stirbt jeder Baum seit langem so, wie es die Natur will.

Beeindruckend ist auch der ganze Wald in der Umgebung des Baumes, da extrem arten- und strukturreich. Wenn man auf die Tanne zugeht, kann man zunächst ihre unfassbare Höhe nicht ganz einordnen – sie ragt regelrecht in den Himmel, überragt die Nachbarbäume weit mit ihrem tannentypisch kerzengeraden Stamm. Eine vor einigen Jahren erfolgte Untersuchung durch Biologen und Baumkletterer ergab alleine 257 Insekten- und Spinnenarten in ihrer Krone – das muss man sich klarmachen, was dies für den Lebensraum Baumkrone unserer Uraltbäume bedeutet. Und auch die Tannen-Mistel gehört mit dazu bei diesem Baum.

Als erstes folgt hier die spannende und schöne Story zur Geschichte der Altersermittlung dieser Tanne. Denn gleich in der Nähe stand eine ebenfalls sehr dicke Tanne und wurde vor fast 60 Jahren (1965) vom Sturm geworfen, und ihr Stammquerschnitt (eine intakte Baumscheibe, sie hatte noch alle(!) Jahrringe, war also nicht hohl im Inneren) steht im sehenswerten Waldmuseum Zwiesel. Die Jahrringzählung an dieser Nachbartanne ergab 450 Jahre, sie war 1,65 m dick. Die nun von uns auserkorene Tanne hat einen Stammdurchmesser von 2,20 m (Umfang 6,93 m), d. h. bei gleicher Jahrringentwicklung (die man berechtigt annehmen darf) wäre unser Nationalerbe-Baum damit 602 Jahre alt! Auf diese Weise erhält man eine sehr gut abgesicherte Altersangabe. Und da es noch mehr dicke Tannen im Bayerischen Wald und im Schwarzwald in ähnlicher Höhenlage gibt, ist sie also auch nicht die einzige mit einem Alter von über 400 Jahren, womit die Baumart Weiß-Tanne nun ebenfalls zu den von uns gesuchten langlebigen Baumarten gehört – was uns erst gar nicht bewusst war. Somit wird diese Tanne auch stellvertretend für viele weitere Alttannen in den Bergwäldern als Nationalerbe ausgerufen und zeigt das enorme Potenzial der Weiß-Tannen.

rechts: Mit einem Foto kaum darstellbar, die enorme Wirkung dieses Urwald-Baumriesen – wenn man davor steht

Alle Umgebungsbäume überragend

Dieser Baum steht in einer alten Tannengruppe und ist die höchste, dickste und älteste dokumentierte Tanne Deutschlands! Weiß-Tannen gehören heute in Deutschland zu den seltensten heimischen Baumarten. Sie blühen erst spät in ihrem Leben, nämlich mit etwa 50 Jahren, und eine stärkere Blüte tritt nur alle 3–5 Jahre auf. Dabei reifen die aufrecht stehenden weiblichen Blütenstände dann im Herbst zu Tannenzapfen heran. Bei den bis zu 16 cm lang werdenden Zapfen am Baum ist zunächst bemerkenswert, dass sie nicht wie bei fast allen anderen Nadelbäumen hängen, sondern wie Kerzen auf den Zweigen stehen. Das kann richtig chic aussehen, und das können Sie auch bei diesem Baum erkennen (ein Fernglas hilft dabei). Und bei der Reife fallen die Samen im Herbst und Winter dann nach und nach, von der Zapfenspitze beginnend, aus der Krone herunter – oder richtiger beschrieben: sie segeln, denn sie haben einen Flügel, der sie zu „Schraubdrehfliegern" macht. Schließlich stehen nur noch die Spindeln der Zapfen auf den Ästen und mancher Naturfreund hat sich schon gefragt, was das denn für Spieße auf den Tannenzweigen sind. Darauf auch mal achten, wenn Sie vor dieser oder einer anderen Tanne mit Zapfen stehen.

Die Weiß-Tanne gehört zu den immergrünen Nadelbaumarten, das wussten Sie natürlich schon. Weniger vielleicht, dass ihre Nadeln ca. 10 Jahre alt werden, im Hochgebirge auch bis 14 Jahre. Das ist unter den heimischen Nadelbaumarten Rekord. Immergrüne Nadelbäume können in warmen Perioden auch im zeitigen Frühjahr und im Herbst Zucker produzieren, wenn Laubbäume keine Blätter tragen. Das ist ihr Konkurrenzvorteil in kühleren Regionen und Höhenlagen sowie bei wärmer werdenden Wintern.

Wir bewundern das großartige Engagement der Nationalparkleitung und -verwaltung mit ihrem kompetenten Team und wünschen der Tanne und dem Nationalpark weiterhin eine gute und ebenso erfolgreiche Zukunftsentwicklung!

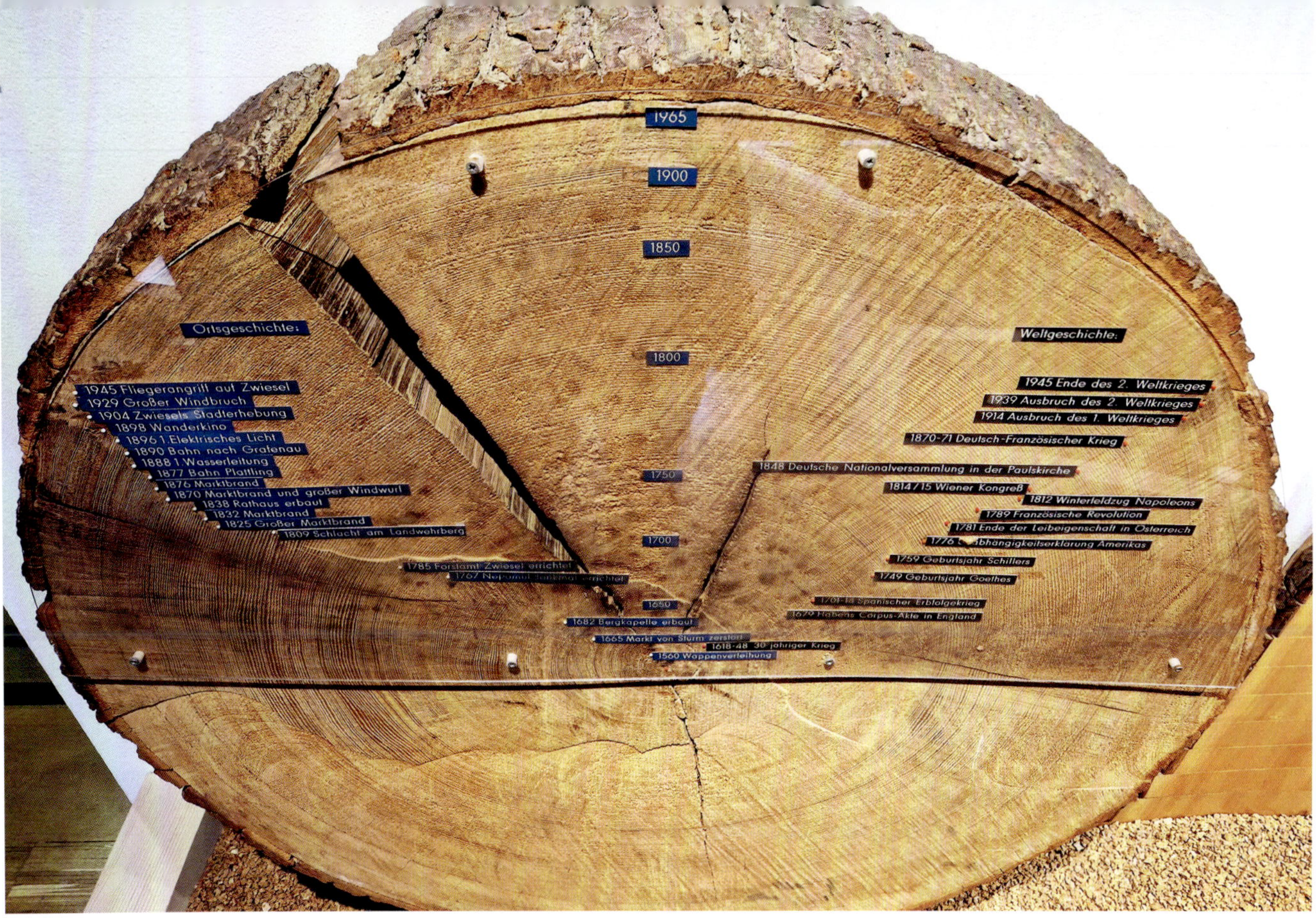

Die vollkommen intakte Stammscheibe der umgefallenen 450-jährigen Nachbartanne im Waldmuseum Zwiesel

Die Baummelder-Familie aus Weinböhla bei Meißen, mit ihrer überwältigenden Urlaubsbekanntschaft Urwaldtanne

SO5 BY.5

Tassilolinde Wessobrunn

(nahe Ammersee, Oberbayern)

Sommer-Linde
(Tilia platyphyllos)

Standort: Gemeinde Wessobrunn (etwa 15 km südwestlich vom Ammersee); im Ort nicht zu verfehlen, da von überall ausgeschildert: in unmittelbarer Nachbarschaft zum Klostergelände; östlich vom Rathaus und Kloster, von wo ein ausgeschilderter Fußweg hinführt (5 min); oder über die Straße Tassiloweg zu erreichen; Landkreis Weilheim-Schongau, Regierungsbezirk Oberbayern; Bayern

Alter: ca. 800 Jahre (700–900 Jahre, hergeleitet aus Stammdimension und -strukturen)

Stammumfang: 14,15 m (in 0,9 m Stammhöhe: Taille, gemessen Feb. 2023)

Höhe: ca. 17 m

GPS-Daten:
N 47.875806, O 11.029992

NEB seit:
14. Okt. 2023

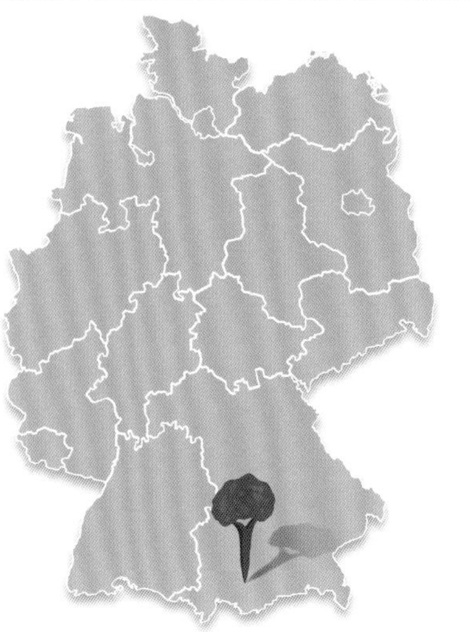

Was für ein mächtiger, beeindruckender Baum: die Tassilolinde in Wessobrunn! Die Ortsangabe dazu ist immer wichtig, da es noch 2 weitere Tassilolinden in Bayern gibt. Es handelt sich hier aber nicht um eine Winter-Linde, wie sie meist beschrieben wird, sondern ist eindeutig eine Sommer-Linde. Zur Unterscheidung beider Arten bitte bei Klosterlinde Pehlitzwerder (NO6, BB.2) nachschauen.

Die überall geschilderte schöne Legende über die angebliche Entstehung dieser Tassilolinde vor 1270 Jahren mit dem Traum von Herzog Tassilo III. (sog. „Klostergründungslegende") erspare ich mir hier, da sie frei erfunden ist, wenn sie auch interessant ist. Umso weitreichender wird die Diskussion über das „legendäre" Alter dieser Linde geführt – die seriösen Angaben schwanken von 400 bis 900 Jahren. Eine längere intensive Analyse der Stammstrukturen hat zu diesem Ergebnis geführt: Ihr Alter kann maximal 700–900 Jahre sein, ich wähle davon den Mittelwert 800 Jahre als wahrscheinlichste Angabe.

Denn es gibt einen Teil des heutigen Stammes (auf seiner hangabwärts orientierten Seite), der noch urtümlichste Strukturen aufweist: Knollen, Verwirbelungen, Vermischung von jungen bis sehr alten Innenwurzeln sowie noch einen Teil des ursprünglichen äußeren Stammmantels. Da dieser deutlich aus dem Boden herausragt und demnach nicht zur Wurzel gehört, ist er ein Überbleibsel des Original-Stammes. Alle weiteren heutigen Stämmlinge des „Stammringes" sind viel spätere Wiederaustriebe aus der Wurzel seit etwa 300 Jahren bis heute. So spannend war eine Stammanalyse selten. Und dieses ermittelte Alter passt auch zum Umfang des heutigen Baumes von über 14 m.

In der Historie des Klosters Wessobrunn wären zu dieser Alterseinschätzung folgende Ereignisse passend (aus www.klosterwessobrunn.de): *„Mit dem Ende des Nonnenklosters und durch eine gewaltige Brandkatastrophe um 1220, die Kloster und Kirche bis auf die Grundmauern vernichtete, setzte eine neue und lang anhaltende Bauperiode ein. Das neue Münster konnte jedoch erst 1285 vollendet werden."* Somit könnte die Linde im Zuge der Baufortschritte im 13. Jahrhundert gepflanzt worden sein, z. B. zur Vollendung des Münsters 1285. Dann wäre sie 740 Jahre alt, was auch sehr gut zu o.g. Ausführungen zur Alterseinschätzung passen würde. Erklärungsbedürftig bleibt aller-

rechts: Monumentaler Riesenstamm mit Ursprungsstrukturen und etlichen jüngeren Austrieben

Methusalembaum mit Riesenkrone: neu angelegter Weg am Baum entlang und Bank am Ort dieses Fotos

dings der Pflanzort: Warum wurde sie dann nicht direkt im Klostergelände gepflanzt?

Die Tassilolinde ist seit 1980 Naturdenkmal, Landkreis und Freistaat Bayern (Untere Naturschutzbehörde am Landratsamt) kommen in vorbildlicher Weise ihrer Verantwortung für den Erhalt dieses Baumveteranen nach. Sie übernehmen gemeinsam mit der Gemeinde diese Aufgabe einschließlich der Finanzierung der Erhaltungsmaßnahmen. Für den Erhalt und Schutz der Tassilolinde Wessobrunn ist ihre geschützte Lage am Steilhang und die Weitsicht aller bisherigen Eigentümer bzw. Bürgermeister von Bedeutung – großer Dank.

Allerdings haben zu viele Baumfreunde in den letzten Jahren die Tassilolinde aufgesucht, daher musste ihr Umfeld im Jahr 2023 umfassend neu gestaltet werden: Der Weg zum Baum wurde verlegt, und der Zutritt unter die Krone ist nun nicht mehr gestattet, um Wurzel- und Stammschäden zu vermeiden. Dies wird auch von den allermeisten Besuchern akzeptiert und hat schon positive Auswirkungen. Auch die Ausrufungsfeier wurde natürlich danach ausgerichtet, denn alle wollen, dass dieser Baum ein Alter von 1.000 Jahren erreicht. Gemeinde, Untere Naturschutzbehörde beim Landratsamt und der Landkreis sind mächtig stolz auf diesen Veteran, der nun also geadelt ist.

Und noch ein Baum-Highlight ganz in der Nähe sollte man mit ansehen, wenn man die Tassilolinde besucht: den Paterzeller Eibenwald. Er ist ebenfalls deutschlandweit unter vielen Bauminteressierten bekannt aufgrund seiner besonderen Bestandesstruktur mit über 1.000 alten und mittelalten Eiben. Diese wachsen sehenswert in einem von Wasserläufen durchzogenen Waldstück bei Paterzell und machen mit ihrer rötlichen Rinde und den dunkelgrünen Kronen mächtig Eindruck. Der Eibenwald ist etwa 5 km von der Tassilolinde entfernt, sehr gut ausgeschildert und nicht zu verfehlen.

Atemberaubende „Körpersprache" zur Lebensgeschichte dieser Linde (vorne Ursprungsstamm-Strukturen)

Die Ausrufungszeremonie beginnt mit dem zünftigen Aufspielen der örtlichen Trachten-Bläsergruppe

SO6 BY.6

Riesen-Lebensbaum Lindau

(Bodensee, Schwaben)

Riesen-Lebensbaum
(Thuja plicata, englisch: Western Red Cedar)

Standort: Stadt Lindau am Bodensee, bei Bregenzer Str. 2 (im Festlandsteil der Stadt am Bodensee-Ufer); im Toskanapark an seinem östlichen Ende, mit Panoramablick über den Bodensee auf die Alpen (meist schneebedeckte Bergkette bis über 2.500 m Höhe mit Säntis); Landkreis Lindau (Bodensee), Regierungsbezirk Schwaben, Bundesland Bayern

Alter: ca. 150 Jahre (aus Parkhistorie hergeleitet: Parkanlegung 1876 – er kann aber auch etwas jünger sein)

Stammumfang: 5,25 m in 1,3 m Stammhöhe (gemessen im Juli 2024)

Höhe: ca. 30 m

GPS-Daten:
N 47.550192, O 9.694856

NEB seit:
5. Juni 2025

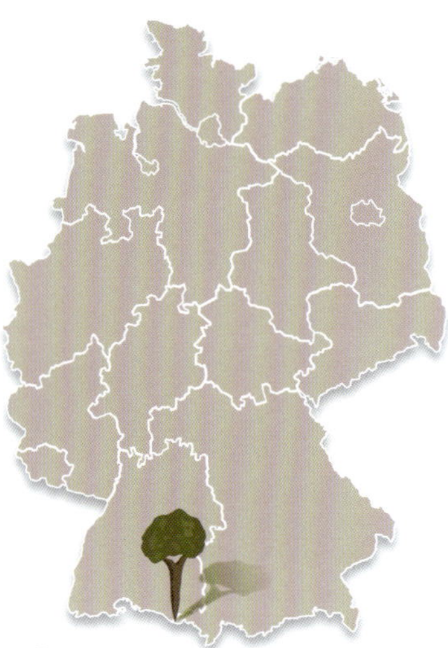

Nun sicher für viele Bauminteressierte eine Überraschung: Ein alter Riesen-Lebensbaum im Lindauer Toskanapark am Bodensee ist Nationalerbe. Er war eine „Urlaubsbekanntschaft" im März 2024. Die Baumart schafft es in ihrer Heimat im Westen Nordamerikas entspannt, bis zu 1.000 Jahre alt zu werden. Dort stand ein Gigant mit 18,80 m Stammumfang, bis er tragischerweise 2014 bei einem Gewittersturm auseinanderbrach und seitdem nur noch halb so dick ist – aber mit der Hälfte noch problemlos weiterlebt. Somit gehört *Thuja plicata* auch mit zu den uns interessierenden Baumarten, obwohl Riesen-Lebensbäume hierzulande erst etwa 170 Jahre alt sein können, da sie nicht vor 1855 aus Nordamerika nach Deutschland kamen.

Dieser Ehrenbaum ist einer der 5 dicksten Riesen-Lebensbäume in Deutschland und noch relativ unbekannt. Sein Stamm ist sehr gut sichtbar, bei den meisten anderen Riesen-Lebensbäumen hingegen ist er durch Äste verdeckt. Unser ausgewählter Baum sieht insgesamt einfach perfekt aus, und auch das Ambiente um ihn herum ist einmalig. Er steht auf dem vor 155 Jahren aufgeschütteten Uferbereich des Bodensees (2,5 m über Mittelwasser) in einer kleinen Parkanlage mit Toskana-Villen, Freitreppe zum See und einem sagenhaften Blick über den Bodensee auf das Alpenpanorama. Wer hier ankommt, wird sich erstmal ein schönes Plätzchen in Baumnähe suchen (Bänke gibt es genug), um die einmalige Bodensee-Stimmung mit Blick auf die nahe Lindau-Insel und das Alpenpanorama zu genießen – und anschließend sind es ungefähr 15 min Fußweg bis zur Insel. Für seine Insel war Lindau schon bisher berühmt und ganzjährig sehr beliebt, nun kommt als Attraktion also noch dieser Lebensbaum als Nationalerbe hinzu.

Riesen-Lebensbäume können bis zu 70 m hoch werden, in Deutschland erreichen sie bisher an die 40 Meter – dieser Baum ist etwa 30 m hoch. Abgestorbene Äste verbleiben beim Lebensbaum lange am Stamm, da das Holz sehr pilzresistent ist. Untere herabhängende Äste bewurzeln sich zudem, wenn sie dem Boden aufliegen, und richten sich dann am Ende auf: die sog. „Schleppenbildung" von aufrechten Nachkommen um den Mutterbaum herum. Ein dafür besonders beeindruckendes Exemplar steht nicht weit entfernt im frei zugänglichen Schlosspark Lindau-Holdereggen

rechts: Perfekte Wuchsform, traumhafter Standort am Bodensee mit Blick auf den See und die Alpen

Markanter Stamm, frei sichtbar (nicht wie sonst durch herabhängende Äste verdeckt)

gleich neben der im dortigen Schloss befindlichen Musikschule.

Dies ist eine immergrüne Nadelbaumart mit Schuppenblättern. Die Zapfen sind im Unterschied zu Scheinzypressen länglich, und ihre länglichen Schuppen öffnen sich nur an einem Ende, bei Scheinzypressen rundherum.

Das Heimatareal des Riesen-Lebensbaums ist ein Streifen entlang der nördlichen Pazifik-Westküste der USA und der südlichen Pazifikküste Kanadas, mit den Städten Vancouver und Seattle und bis an die Westhänge der Rocky Mountains reichend. Dort kommt er einerseits direkt an der Küste vor, steigt aber auch bis über 2.000 m Seehöhe ins Gebirge. In seinem Verbreitungsgebiet ist es in Küstennähe im Sommer regelmäßig sehr trocken (oft monatelang ohne Niederschläge), und im Gebirge kann die Temperatur im Winter bis unter –50 °C sinken. Es gibt dort etliche uralte Methusalems dieser Baumart. Den wohl ältesten im Nationalpark auf der Olympic Peninsula habe ich mehrmals aufgesucht, als wir vor 30 Jahren jährlich ein mehrwöchiges internationales Forststudenten-Praktikum zum Kennenlernen nordamerikanischer Wälder veranstaltet haben. Bei Interesse an diesem Baumgiganten am besten googeln: Kalaloch Cedar Tree.

Der englische Name ‚Western Red Cedar' ist ein bisschen verwirrend, da es ja keine Zeder ist. Aber das Holz riecht ähnlich aromatisch und hat eine ähnlich schöne rötliche Färbung wie bei Zedern. Und es ist so dauerhaft, dass es 100 Jahre und länger ohne Pilzschutzmittel bei Verwendung im Freien hält! Daher gibt es eine unglaubliche Vielfalt seiner Holznutzungen. Und auch als lebende Pflanze wird der Riesen-Lebensbaum vielfältig und gerne verwendet (z. B. als sehr beliebte immergrüne und gut zu schneidende Heckenpflanze), hat allerdings den „Makel" eines Friedhofsbaumes – was aber unfair ist, denn er kann ja nichts dafür, dass man ihn so oft auf Friedhöfen sieht. Seine Anspruchslosigkeit ist einfach genial.

Toskana-Villen im gleichnamigen Park, hinten der Riesen-Lebensbaum

Traumhafter Blick vom Baum, auf schneebedeckte Alpengipfel (wenn das Wetter passt)

SO7 BY.7

Zirbe am Schachen

(bei Garmisch-Partenkirchen, Oberbayern)

Zirbe, Arve
(Pinus cembra)

Standort: auf dem Schachen in 1.900 m über Meereshöhe, im Alpengarten nahe dem Schachenhaus und Königshaus, geöffnet ca. Mitte Juni bis Mitte Sept., Baum etwa 8 m vom Eingang entfernt (vom Zaun links neben Eingang aus jederzeit gut sichtbar), an darunter stehender Bank zu erkennen; Landkreis Garmisch-Partenkirchen, Regierungsbezirk Oberbayern; Bayern

Alter: ca. 270 Jahre

Stammumfang: 2,70 m in 1,55 m Stammhöhe (Taille, gemessen 09.2023)

Höhe: Ca. 13 m

GPS-Daten:
N 47.420680, O 11.112392

NEB seit:
28. Juni 2024

Der bedeutendste Zirbenbestand in Deutschland befindet sich wohl beim Schachentorkopf vor der bis zu 2.500 m hohen Wettersteinwand, nur etwa 11 km Luftlinie von der Zugspitze entfernt, die man beim Aufstieg sehen kann. Und dort oben befindet sich auch seit über 100 Jahren ein wunderbarer, ganz besonders liebevoll gepflegter Botanischer Alpengarten, als Außenstelle des Botanischen Gartens München-Nymphenburg. Dort sind wir schließlich bei unserer langwierigen Zirbensuche unter den Kandidatenbäumen gelandet, bei einer sehr schönen ‚Miss Cembra' in diesem botanischen Kleinod nahe Schachenalpe und Schachentor in etwa 1.900 m Höhe über dem Meeresspiegel.

Denn nur dort oben wachsen in Deutschland so viele besonders attraktive Zirben dicht beieinander auf den Bergwiesen, dass man sich daran sattsehen kann und – wie wir es gemacht haben – das Spielchen betreiben: „Wer ist die schönste [Zirbe] im ganzen Land?" Miss Zirbe stand bereit und wurde nachmittags Ende Juni 2024 als Nationalerbe-Baum ausgerufen, als dort oben endlich der Frühling angekommen war.

Wenn Sie in Zirben „baden" möchten, dann sollten Sie einen Aufstieg zum Schachen planen: diese riesige Fläche steht voller älterer Zirben, eine schöner als die andere. Nur wenige 100 m von der Grenze zu Österreich entfernt (die auf dem Grat des Wettersteingebirges verläuft), und unfassbar eindrucksvoll und malerisch vor der etwa 500 m aufragenden, fast senkrechten Wettersteingebirge-Felsnordwand, befindet sich der Alpengarten am Schachen. Und in unmittelbarer und weiterer Umgebung in dieser Höhenlage mit knapp 2.000 m scheint einer der ganz besonderen Lieblingsorte von Zirben in Deutschland zu sein.

Es wachsen dort oben sogar etliche Zirben mit über 4 m Stammumfang und also einem Alter von über 400 Jahren auf den Bergwiesen, aber die Natur ist dort zu sensibel, um diese Champions hier mit genauer Position bekannt zu machen. Somit wird nun hiermit auch dieser Alpengarten gewürdigt und bekannter gemacht, was ein sehr schöner Nebeneffekt ist. Man kann vor dem etwa vierstündigen Fußmarsch bergauf (etwa 1.000 m Höhenunterschied) dorthin klären, ob der Garten geöffnet ist: https://botmuc.snsb.de/alpengarten-schachen/, denn das ist nur immer

rechts: ‚Miss Cembra' im Alpengarten am Schachen in fast 2.000 m Höhe

Typischer Wuchs der ausgewählten Zirbe auf einem Felsen im Alpengarten, in dessen Ritze sie gekeimt ist

etwa von Mitte Juni bis Mitte September täglich von 8–17 Uhr der Fall.

Die Baumart hat ihre natürliche Nische im Bereich der Waldgrenzen in den Alpen, weil Zirben nur dort allen anderen Baumarten im Konkurrenzgeschehen und Überlebenskampf (wegen der niedrigen Temperaturen) überlegen sind. Das ist ungemein faszinierend und beeindruckend, und jeder Zirbenbaum hat daher eine ganz einmalige Gestalt infolge seiner individuellen Lebens- und Überlebensgeschichte.

Wie wandert man zu den Zirben am Schachen? Am besten geht es vom Wanderparkplatz am Schloss Elmau auf dem geschotterten Fahrweg etwa 3–4 Stunden gleichmäßig bergan, und wenn es dann nach 3 Stunden beginnt ein bisschen eintönig zu werden, öffnet sich der Wald (bald hinter der Abzweigung nach links zur Wettersteinalm), und es treten immer mehr Einzelbäume in Erscheinung, darunter auch die ersten und dann immer mehr Zirben. Den Aufstieg dorthin wird man auch außerhalb der Öffnungszeiten des Alpengartens nicht bereuen, dabei nur bitte die Wege nicht verlassen, denn hier befindet man sich im Naturschutzgebiet. Hin und zurück kommen dann etwa 10–12 Stunden Outdoor-Bewegung zusammen, mit Einkehr im Schachenhaus und/oder in der Wettersteinalm: Beide sind sehr empfehlenswert, wenn man schon dort oben ist – die lokalen Berg-Spezialitäten sollte man sich nicht entgehen lassen, außerdem schmeckt dort oben in der dünnen Luft einfach alles besser …

Zirbenholz riecht zudem unverwechselbar aromatisch und wird daher z. B. für Möbel wie Betten und Gebrauchsgegenstände wie Brotdosen genutzt. Man sagt ihm sehr viele positive Eigenschaften für das Wohlbefinden (gegen Stress und für gesunden Schlaf) in geschlossenen Räumen und vor allem in Wohnstuben und Schlafzimmern nach. Das Holz der Zirbe ist seit Alters her sehr begehrt und die Nachfrage in neuerer Zeit so gestiegen, dass in den Alpen ein weiterer Rückgang des Bestandes befürchtet wird. In Deutschland sind alle Zirbenbestände geschützt.

Zirbenbestand am Schachen in fast 2.000 m Höhe mit spektakulärem Stammfuß eines Uraltbaumes links

Der Hüttenwirt spielte zur Zirben-Ausrufung auf seiner Trompete ein Duett mit dem eigenen Echo von der Felswand

SO8 BY.8

Hindenburglinde Ramsau

(bei Berchtesgaden, Oberbayern)

Sommer-Linde
(Tilia platyphyllos)

Standort: in der Gemeinde Ramsau, weit außerhalb des Ortskernes unübersehbar an der Alpenstraße 66 beim gleichnamigen Hotel (an der B305 nach Berchtesgaden, 13 km von dort entfernt), in 850 m über Meereshöhe; Landkreis Berchtesgadener Land, Regierungsbezirk Oberbayern; Bayern

Alter: 750 Jahre (geschätzt ca. 600–800 Jahre)

Stammumfang: 10,80 m in 1,55 m Stammhöhe (Taille, gemessen Mai 2022)

Höhe: ca. 31 m

GPS-Daten:
N 47.616264, O 12.884665

NEB seit:
30. Sept. 2022

Die früher als Große Linde bezeichnete heutige Hindenburglinde befindet sich in der Gemeinde Ramsau an der Deutschen Alpenstraße (B 305) auf einem Grundstück der Bundesstraßenverwaltung, vertreten durch das Staatliche Bauamt Traunstein. Die Pflege dieses gleichzeitig als Naturdenkmal ausgewiesenen Baumes erfolgt durch die Untere Naturschutzbehörde beim Landratsamt Berchtesgadener Land.

Diese Linde übertrifft in ihrer Wirkung etliche andere Nationalerbe-Kandidaten, da der Baum bei seinem Umfang von fast 11 m noch fast vollkommen intakt mit größtenteils seiner ursprünglichen Krone ist. Er hat einen eindeutig durchgehendem, noch sehr gut erhaltenem Ursprungsstamm und eine sich daran und darauf aufbauende riesige Originalkrone mit 7 Stämmlingsästen, die für sich bereits Baumdimensionen haben mit z.T. über einem Meter Basisdurchmesser.

Über das Pflanzjahr dieses Baumes ist nichts bekannt, wie fast immer bei diesen Methusalems. Sein Standort hat eine eindeutige Beziehung zum heute benachbarten „Hotel Hindenburglinde", welches bereits vor 150 Jahren ein Bauern- und Gasthof war. Linden waren schon seit Jahrhunderten sehr beliebte Hofbäume wegen ihrer positiven ästhetischen und Geruchswirkungen, für ihre medizinische und Holznutzung, zur Herstellung von Lindenblütentee und -honig, und wegen ihrer schon damals bekannten Langlebigkeit und Robustheit. Die Blätter wurden als Stall-Einstreu verwendet (bei dieser Linde ist dies bis in die 1990er Jahre geschehen) oder als Viehfutter, was in der Region als Tratten bezeichnet wird. Der Baum wurde bereits in den 1850er Jahren im damaligen Baedeker-Reiseführer erwähnt.

Wenn man das erste Mal vor dem Baum steht, kann man seine Dimensionen kaum glauben und denkt an eine optische Täuschung. Kein Foto schafft es, auch nur annähernd wiederzugeben, was man empfindet, wenn man real den Baum aufsucht. Dafür muss man allerdings in einen der entlegensten Winkel Deutschlands fahren, und wir sind mächtig stolz, gerade dort diesen Baum gefunden zu haben.

Der Name Hindenburglinde stammt noch aus vergangener Zeit: Nachdem Anfang der 1930er Jahre die Deutsche Alpenstraße gebaut wurde und seitdem direkt unterhalb der Großen Linde vorbeiführt,

rechts: Fast vollkommen intakter Ursprungsstamm, etwas außergewöhnlich Seltenes

Standort auf dem Gelände der Bundesstraße „Deutsche Alpenstraße", also ein Bundesbaum (was sehr selten ist)

erhielt der damals schon weithin bekannte Baum 1933 seinen heutigen Namen. Es wurde in jüngerer Zeit vor Ort diskutiert, ob nicht der Name wieder auf den ursprünglichen ‚Große Linde' umbenannt werden sollte, aber man hat sich bewusst dagegen entschieden, da die Historie nicht nachträglich wieder verändert werden soll.

Die Krone teilt sich ab der Stammhöhe von etwa 5 m nach und nach in 7 Stämmlinge, die als einzelne Äste z. T. schon Altbaumgröße erreichen. Es gibt keine Sekundärkrone oder ehemalige Kappungsstellen im Kronenbereich unter 13 m Stammhöhe, was für eine so alte Linde sehr ungewöhnlich ist. Dabei ist interessant, wie es der Baum zu solch intakter Krone und seiner ungestörten Wüchsigkeit geschafft hat. Der kühle Standort in 850 m Meereshöhe wird dazu entscheidend beigetragen haben, denn die Wasserversorgung war und ist dort immer gesichert, noch dazu mitten im Alpenraum mit sowieso höheren Niederschlägen (das nahe Berchtesgaden hat 1870 mm Jahresniederschlag bei einer Durchschnittstemperatur von nur 5 °C). Zudem hat die Linde offenbar bereits seit Jahrhunderten Fürsorge erhalten und wurde bis in die jüngste Zeit feinfühlig gepflegt und gesichert. Dies soll auch so bleiben und sie erhält nun seit ihrer Ausrufung als Nationalerbe-Baum und durch die Beteiligung der DDG zusätzliche Beachtung und Wertschätzung.

Phänomenal ist auch die Kulisse um den Baum: Gebirge und Berge wohin man schaut, dabei etliche Zweitausender mit bis zu 2.700 m Gipfelhöhe. Und das nahe Berchtesgaden mit dem Königssee und seinem türkisblauen Wasser, umringt von steilsten Felswänden mit mehreren hundert Metern Höhe, ist natürlich auch eine Attraktion in unmittelbarer Nähe – wie auch der Ortskern von Ramsau, wenn man ihn gefunden hat: fernab der Bundesstraße in idyllischer Tallage (Rams-Au).

Gewaltiger Stammfuß mit interessanten Strukturen ...

Zur Ausrufung gab es wunderbare lokale Volksmusik

9. Zum Abschluss: Ein- und Ausblicke

Nach nunmehr 50 ausgewählten und ausgerufenen Nationalerbe-Bäumen gibt es umfangreiche Erfahrungen bei der Vorbegutachtung von über 400 Altbäumen. Dazu soll hier berichtet werden, welche Bäume ggfs. für unser Anliegen nicht geeignet sind und warum.

9.1 Gründe für eine Nichteignung von Altbäumen als Nationalerbe

Die Anzahlen der 17 Baumarten (s. Kap. 6) unter den bisher ausgewählten Nationalerbe-Bäumen haben sich zum einen aus dem Bestand der inzwischen eingegangenen über 450 Baummeldungen für ganz Deutschland ergeben, zum anderen aus umfassenden Überblickswerken von Dendrologen und aus Datenbanken (z.B. FRÖHLICH 2000, BRUNNER 2007, PATER 2017, ROLOFF 2020, MICHELS 2021, BLÜMLE 2022, www.baumkunde.de 2025, www.championtrees.de 2025, www.ostdeutsches-baumarchiv.de 2025) sowie aus eigenen Recherchen und Kenntnissen der Kuratoriumsmitglieder.

Eine Vorprüfung und die unangekündigt erfolgende Vorbegutachtung vor Ort führen dabei nicht ganz selten zum Ausschluss von Kandidatenbäumen, z.B.

- weil der Baum zu keiner langlebigen Baumart gehört (dies ist z.B. bei den häufiger gemeldeten Rot-Buchen, Eschen, Rosskastanien und Spitz-Ahornen ein Ausschlussgrund, da sie regelmäßig nur maximal etwa 350 Jahre alt werden können);
- weil der Baum nicht frei zugänglich/sichtbar ist oder das Risiko als zu hoch eingeschätzt wird, dass er nicht zugänglich bleiben wird (ggf. bei Privatbäumen, wenn sie zu weit von der Grundstücksgrenze zum öffentlichen Raum entfernt stehen); Abb. 9.1
- wenn die Bäume vor kurzem verstümmelt oder gekappt worden sind, denn wir wollen ja gerade zeigen, dass ein hohes Baumalter nur ohne diese nicht fachgerechten Maßnahmen erreichbar ist (s. Kap. 5):
- weil der Baumstandort oder die unmittelbare Umgebung zu sehr von dichtem Verkehr belastet sind (im Extremfall stand ein Kandidat mitten in einem stark umfahrenen Verkehrskreisel, so dass man ihn nur unter Lebensgefahr hätte erreichen können; ein anderer stand nur 0,5 m vom Rand einer stark befahrenen 6-spurigen Schnellstraße entfernt und man hätte auf die Fahrbahn gehen müssen, um den Baum im Ganzen zu betrachten); Abb. 9.2
- weil der Baum sich bereits zu deutlich seinem baldigen Ende nähert und schon zu großen Teilen abgestorben ist (z. B., wenn bei etlichen Uralteichen nur noch einzelne kleine Äste am Leben sind); Abb. 9.3
- wenn das Alter des Baumes auf bereits installierten Hinweistafeln zu übertrieben/unseriös aufgerundet wird, z.B. von 350 auf 1000 Jahre (das würde sonst zuerst zu aussichtslosen Diskussionen mit den Baumverantwortlichen bei der ersten Besprechung vor Ort führen);
- wenn noch zu viele offene Fragen zum Baum unbeantwortet geblieben sind und nicht durch eigene Recherchen geklärt werden konnten;
- wenn es Probleme am Baum gibt, die unlösbar sind und sein Altern in Würde beeinträchtigen bzw. unmöglich machen (z.B. die Installation überdimensionierter technischer Hilfs- oder Stützkonstruktionen zur Sicherung); Abb. 9.4
- wenn in der Umgebung (z.B. im Landkreis oder in derselben Stadt, außer Stadtstaaten) bereits weitere Bäume Nationalerbe sind;
- wenn absehbar in Zukunft Baumaßnahmen stattfinden werden, die den Baum beeinträchtigen (z.B. Straßenverbreiterung, Bodenversiegelung o.ä.);
- oder aus anderen baumspezifischen Gründen.

Abb. 9.1: Ungeeigneter Kandidat als Nationalerbe-Baum, da er unerreichbar auf einem Privatgrundstück steht

Abb. 9.2: Baum kommt nicht in Frage, da er zu nah an 6-spuriger Schnellstraße steht (ohne Fußweg)

Abb. 9.3: Uraltеiche mit nur noch 5 kleinen lebenden Ästen und daher ungewisser Lebenserwartung

Abb. 9.4: Baum ungeeignet wegen zu massiver, den Baum entstellender Sicherungsinstallationen

9.2 Bedeutung, Wertschätzung und Schutz uralter Eichen in Deutschland

Wie steht es bei uns um den Zustand alter Eichen, was sind ihre Besonderheiten und wie können sie erfolgreich geschützt werden? Alte Bäume und besonders Eichen sind im Hinblick auf ihre Klimawirkung sehr interessant. Dies zum einen wegen ihrer Jahrhunderte langen CO_2-Speicherung, aber auch durch ihre großen Kronen im Hinblick auf Kühlung, Beschattung, Luftbefeuchtung etc. (s. Kap. 4). Zudem leben auf ihnen regelmäßig besonders viele Tierarten und deren aufeinander „eingespielte" Lebensgemeinschaften, weshalb sie für die Biodiversität als Habitatbäume herausragende Bedeutung haben. Auch ihre forstliche Bedeutung ist attraktiv.

Im Wald sind Stiel- und Trauben-Eichen mit einem Alter von über 400 Jahren bzw. mit einem Stammumfang über 4 m sehr selten, da sie nach Erreichen ihrer maximalen Kronengröße (mit meist etwa 80–100 Jahren) die Eigenschaft haben, ihre Kronen ab einem Alter von etwa 200–300 Jahren wieder zu verkleinern: Es sterben dabei Äste des Wipfelbereiches ab und es erfolgt ein allmählicher Kronenrückzug und -umbau. Daher werden sie dann in der Folge oft von Nachbarbäumen bedrängt bzw. vom umgebenden Bestand überwachsen (z.B. Eiche Dicke Marie in Berlin: Baum NO4-BE.1), wenn nicht Dutzende von Förstergenerationen darauf achten und geachtet haben, sie ständig von Beschattung freizuhalten. Da alte Eichen sehr lichtbedürftig sind, kann dieser Prozess anderenfalls sonst sehr schnell und schließlich unwiderruflich zum Absterben führen. Beispiele dafür findet man im Wald überall reichlich (wenn man darauf achtet), besonders eindrucksvoll z.B. im „Urwald" Sababurg (Naturpark Reinhardswald bei Kassel) und im „Urwald" Hasbruch bei Oldenburg.

Was können wir tun, um alte Eichen zu schützen und zu fördern? Darauf kann die Initiative Nationalerbe-Bäume Antworten geben. Vor kurzem wurde z.B. der 50. Nationalerbe-Baum im Ivenacker Tiergarten-Wald (Mecklenburg-Vorpommern) ausgerufen, die sog. Ivenacker Methusalemeiche, mit ihren etwa 850 Jahren eine der ältesten Eichen von Deutschland (Baum NO2-MV.2). Sie ist ihr Leben lang in einem Hutewald aufgewachsen und hatte dadurch immer eine freie Krone. Ihr Stammumfang beträgt 11,55 m, womit sie aktuell die dickste Eiche von Deutschland mit intaktem Stamm ist.

Die älteste Eiche von Deutschland ist die etwa 900-jährige Erler Femeiche in Raesfeld (bei Borken in NRW). Sie wurde bereits 2021 als 12. Nationalerbe-Baum ausgerufen. Es handelt sich um einen der ältesten Gerichtsbäume des Mittelalters mit Urteilsvollstreckung, dazu existiert eine Urkunde von 1363. Damals muss sie dann schon so groß und stark gewesen sein, dass verurteilte Verbrecher an einem starken Ast aufgehängt werden konnten. Heute sind nur noch Stammteile von ihr vorhanden („Stammumfang" 12,45 m), die aber in der Krone noch miteinander verbunden sind (Baum MW3-MW.3). Gerichtsbäume und zuvor Bäume auf Thingplätzen waren oft Eichen und über Jahrhunderte vor Beschädigung und Eingriffen geschützt.

Dasselbe galt für besondere Altbäume nahe einer Kirche auf dem Kirchengrundstück. Dies waren allerdings am häufigsten Linden, wie z.B. die Collmer Linde (Sachsen, Alter etwa 800 Jahre, Stammumfang 11,05 m: Baum MO6-SN.1), da Eichen im Zuge der Christianisierung oft beseitigt wurden.

Eine der ältesten Trauben-Eichen von Deutschland ist die Königseiche im Kammerwald bei Roth a.d. Our (Rheinland-Pfalz). Sie hat im Wald durch Jahrhunderte lange Freistellung überlebt und überragt den Nachbarbestand in ihrem hohen Alter von etwa 360 Jahren immer noch mit einer Baumhöhe von 38 m bei einem Stammumfang von 5,05 m (Baum SW1-RP.1).

Eine weitere uralte Eiche ist die Wolfgangseiche in Thalmassing bei Regensburg (Bayern), die bei einem geschätzten Alter von etwa 800 Jahren und einem Stammumfang von 9,80 m seit Jahrhunderten als Charakteristikum einen dicken langen, auf dem Boden aufliegenden Ast aufweist. Sie war wohl Jahrhunderte lang ein besonderer Versammlungsort (Baum SO3-BY.3).

Sehr alte Eichen haben nach unseren Recherchen und Untersuchungen regelmäßig in der Vergangenheit große kulturelle/kulturhistorische

Bedeutung gehabt: für mystische Orte, Thingplätze, Gerichtsorte, Grenzbäume, Feier- und Versammlungsorte und in der Mythologie. Inzwischen sind deshalb bereits 16 Eichen zum Nationalerbe erklärt worden, darunter 13 Stiel-Eichen.

Uralteichen sind in Deutschland seltener unter den Baumveteranen als Linden: Erstere machen etwa 35% aus, letztere etwa 55%. Unter unseren bisher 450 Baummeldungen sind sie allerdings etwa gleichauf mit je 35% vertreten.

Ziel eines 2025 neu etablierten Projektes ArBoR:Net (Netzwerk zur AltBaum-Rettung, für ausgewählte junge Arboristen zur Schulung in Besonderheiten der Baumpflege und Sicherungsmaßnahmen an alten Bäumen, gefördert von der Deutschen Bundesstiftung Umwelt DBU) ist der Aufbau eines Netzwerkes von in der Baumpflege tätigen Altbaum-Spezialisten. Dafür wurden geeignete junge Fachleute (Teams von 2-3 Engagierten, Altersdurchschnitt höchstens 35 Jahre, da ausdrücklich junge Baumpflege-Teams beim Aufbau ihrer beruflichen Laufbahn unterstützt werden sollen) eingesetzt, die durch Kompetenz, Offenheit für Innovationen, Weitsicht, Einfühlungsvermögen und Respekt für die Lebensweise alter Bäume ausgewiesen sind.

Es wurden in 6 Regionen Deutschlands (NW, NO, MW, MO, SW, SO) Arbeitsgruppen gebildet, die dort an besonders alten und wertvollen Bäumen modellhaft Pflege- und Sicherungsmaßnahmen begleiten (Abb. 9.5) und diskutieren oder sogar selbst erarbeiten und umsetzen (unter Begleitung eines erfahrenen älteren Altbaumspezialisten). Dafür sind die Nationalerbe-Bäume (NEB) eine optimale Grundlage, da sie zur Ausrufung von Spezialisten eingehend untersucht und mit sensiblen Pflege- und Sicherungsmaßnahmen für ein „Altern in Würde" behandelt werden – falls dies notwendig ist.

Bis zum Ende der Projektlaufzeit wird ein Handlungsleitfaden mit den beteiligten Netzwerk-Akteuren erarbeitet, der dann digital verfügbar ist sowie auch als Print-Broschüre, etwa 50 Seiten umfassend, kostenlos verteilt wird.

Abb. 9.5: Typische Situation von feinfühligen Baumpflege- und -sicherungsmaßnahmen an Uraltlinde

10. Register zu den Baumporträts

Angabe der Seitenzahlen, auf denen die Beschreibung des Baumes beginnt

10.1 Baumarten

nach wissenschaftlichen Namen

nach deutschen Namen, alphabetisch nach Gattungsnamen

10.2 Bundesländer

10.3 Landkreise

10.4 Orte, Städte/Gemeinden/Ämter